TRAITÉ

DE

MINÉRALOGIE.

DE L'IMPRIMERIE DE HUZARD-COURCIER,
RUE DU JARDINET-SAINT-ANDRÉ-DES-ARCS, Nº 12.

TRAITÉ

DE

MINÉRALOGIE,

PAR M. L'ABBÉ HAÜY,

Chanoine honoraire de l'Église métropolitaine de Paris, Membre de la
Légion-d'Honneur, Chevalier de l'Ordre de Saint-Michel de Bavière, de
l'Académie royale des Sciences , Professeur de Minéralogie au Jardin
du Roi et à la Faculté des Sciences de l'Université royale, de la Société
royale de Londres, de l'Académie impériale des Sciences de Saint-Pétersbourg , des Académies royales des Sciences de Berlin , de Stockholm ,
de Lisbonne et de Munich; de la Société Géologique de Londres, de
l'Université impériale de Wilna , de la Société Helvétienne des Scruta-
teurs de la Nature, et de celle de Berlin; des Sociétés Minéralogiques de
Dresde et d'Iéna, de la Société Batave des Sciences de Harlem, de la
Société Italienne des Sciences, de la Société Philomatique et de la Société
d'Histoire naturelle de Paris, etc.

SECONDE ÉDITION,

REVUE, CORRIGÉE, ET CONSIDÉRABLEMENT AUGMENTÉE
PAR L'AUTEUR.

TOME TROISIÈME.

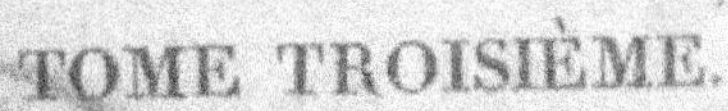

PARIS,

BACHELIER, Libraire, Successeur de Mme Ve Courcier,

QUAI DES AUGUSTINS.

1822.

TRAITÉ

DE

MINÉRALOGIE.

SUITE DE L'APPENDICE

A LA CLASSE DES SUBSTANCES MÉTALLIQUES HÉTÉROPSIDES.

SILICE COMBINÉE AVEC L'ALUMINE ET LA MAGNÉSIE.

ESPÈCE UNIQUE.

CORDIÉRITE.

(*Iolith*, W. *Dichroïte*, Cord.)

Caractères spécifiques.

CARACTÈRE GÉOMÉTRIQUE. Forme primitive : prisme hexaèdre régulier (fig. 192, pl. 76), dans lequel le rapport entre B et C est à peu près celui de 10 à 9 (*). Suivant M. Cordier, ce prisme se sous-divise parallèlement à des plans qui, en passant par l'axe, seraient perpendiculaires aux côtés des bases.

Molécule intégrante : prisme triangulaire à base rectangle scalène.

Molécule soustractive : prisme rhomboïdal de 120°.

Caractères physiques. Pesant. spécif., 2,56.

Dureté. Rayant fortement le verre, et légèrement le quarz.

Cassure. Vitreuse et inégale, quelquefois imparfaitement conchoïde.

Réfraction. Double à travers une face parallèle à l'axe et une autre qui lui est oblique.

Couleur. Lorsque, en regardant à travers un cristal transparent de cordiérite, on dirige le rayon visuel parallèlement à l'axe, la couleur est d'un bleu-violâtre, comme celle que réfléchit la surface. Si, au contraire, le rayon visuel est dirigé perpendiculairement à l'axe, la couleur est d'un jaune-brunâtre. C'est ce caractère, observé par M. Cordier, qui lui a suggéré le nom de *dichroïte*.

Ces effets paraissent dépendre, au moins en partie, d'un certain arrangement qui s'établit entre les molécules, lorsqu'elles se réunissent conformément aux lois de la cristallisation ; car parmi les fragmens détachés des masses informes, on en trouve

---

(*) Plus exactement, celui de $\sqrt{16}$ à $\sqrt{13}$.

qui sont entièrement blancs, et d'autres qui paraissent bleus dans les deux sens.

Caract. chim. Un fragment du même minéral, exposé à l'action du chalumeau, se fond avec difficulté en émail gris nuancé de verdâtre (Cordier). On obtient le même résultat avec le borax.

VARIÉTÉS.

FORMES DÉTERMINABLES.

Quantités composantes des signes représentatifs.

$$\overset{\text{x}}{M}PB'G'.$$
$$M\,P\,e\quad e$$

Combinaisons deux à deux.

1. Cordiérite *primitive.* MP (fig. 192).

Trois à trois.

2. *Péridodécaèdre.* MP'G' (fig. 193).
$$M\,P\quad e$$

Quatre à quatre.

3. *Émarginée.* M'G'BP (fig. 194).
$$M\quad e\quad eP$$

A Baudemnais en Bavière.

Formes indéterminables.

Cordiérite *massive.* En petites masses engagées dans une gangue que je vais bientôt faire connaître.

C'est à cette variété que se rapportent le *peliom* de Werner et le *saphir d'eau* des lapidaires.

Annotations.

La cordiérite a été rapportée, il y a très long-temps, des environs du cap de Gate en Espagne, par M. Launoy, qui en a donné des échantillons à Romé de l'Isle et à M. Sage. Sa couleur bleue, jointe à l'analogie de sa forme avec celle du corindon prismatique, firent d'abord soupçonner qu'il appartenait à la variété de ce minéral nommée *saphir oriental*; mais cette conjecture n'eut aucune suite. M. Cordier, qui a voyagé plus récemment en Espagne, y a retrouvé la cordiérite dans un lieu différent appelé la *baie de San-Pedro*. La roche qui, en général, sert de gangue à ce minéral, présente les caractères d'un tuf. On y voit des grenats trapézoïdaux et des lames de mica noir enveloppées par une matière argileuse qui paraît être le résultat de l'altération d'un feldspath porphyrique semblable à celui qui renferme les amphiboles que l'on trouve dans le même pays.

On a trouvé aussi la cordiérite près de Baudemnais, au pays de Salzbourg en Bavière. C'est de là que vient le cristal de la variété émarginée que je possède dans ma collection. On connaissait déjà depuis un certain nombre d'années la variété massive du même endroit; elle est entremêlée de chaux carbonatée laminaire, et la masse environnante renferme de l'amphibole vert, de la chaux carbonatée lamellaire blanchâtre, du fer oxidé brun, du fer oligiste lamelliforme. Werner a fait de cette variété une espèce particulière à laquelle il a donné le nom de *peliom*, apparemment à cause de son aspect plus vitreux que celui de la cordiérite du cap de Gate, et peut-être aussi parce que sa gangue était toute différente; car les alentours des minéraux entrent pour quelque chose dans leur détermination, aux yeux de plusieurs minéralogistes étrangers.

La cordiérite a été retrouvée depuis au Saint-Gothard, près d'Arendal en Norwége, où elle est accompagnée de quarz hyalin et de mica noir, et au Groenland, avec les mêmes substances et le feldspath.

La seule substance avec laquelle la cordiérite paraissait avoir des rapports, était l'émeraude; mais, d'après les résultats de ma théorie, le côté de sa base, dans le prisme de la cordiérite, surpasse la hauteur de $\frac{1}{9}$, tandis que dans l'émeraude les deux dimensions sont égales. Ainsi les deux formes primitives sont incompatibles dans un même système de cristallisation. D'une autre part, M. Gmelin, fils du célèbre naturaliste de ce nom, a cherché inutilement la glucine dans des fragmens de cordiérite du cap de Gate, que je lui avais remis, pendant le séjour qu'il a fait ici en 1815; et M. le docteur Wollaston a dit à M. Cordier qu'ayant fait

un essai d'analyse sur la cordiérite, il s'était assuré
que ce minéral renfermait une grande quantité de
magnésie, tandis que la présence de cette terre est
nulle dans l'émeraude. Ainsi la Chimie et la Cristallographie sont parfaitement d'accord sur la distinction des deux substances.

A l'égard de la variété de cordiérite que l'on débite dans le commerce sous le nom de *saphir d'eau*,
on la trouve dans les Indes, et particulièrement
dans l'île de Ceylan. Les morceaux taillés présentent
d'une manière très sensible le phénomène de la
double couleur. La couleur bleue est très intense ;
leur éclat est beaucoup moins vif que celui du saphir oriental, dont ils diffèrent encore non-seulement par la double couleur, mais par leur pesanteur
spécifique, qui est plus faible au moins d'un quart.

Cette double couleur est due à ce que les molécules de la cordiérite produisent, comme celles de
certaines variétés de spath fluor, mais seulement
dans le sens perpendiculaire à l'axe de la forme
primitive, un phénomène analogue à celui des anneaux colorés, dans lequel chaque point de la lame
d'air comprise entre les deux verres, réfléchit certains rayons et transmet les autres (*).

Cette analogie est une suite de ce que le jaune
mêlé d'orangé est la couleur complémentaire du
bleu indigo, en sorte que si l'on soustrait de la

______

(*) Voyez tome I, p. 522.

lumière blanche les rayons de cette dernière couleur, le mélange des autres couleurs donnera la première. Or c'est effectivement celle que présente la cordiérite lorsqu'on la regarde par réfraction, de manière que le rayon visuel soit perpendiculaire à l'axe. Quant à la couleur vue par un rayon visuel parallèle à l'axe des cristaux, comme elle est la même que celle qui est vue par réflexion, elle est censée s'identifier avec cette dernière. Le phénomène de lumière dont il s'agit pouvant se rencontrer dans plusieurs espèces minérales, j'ai cru devoir supprimer le nom de *dichroïte*, qui y faisait allusion, en adoptant celui de *cordiérite*, comme un hommage rendu au savant qui le premier a donné une description exacte de l'iolithe, et dont les recherches intéressantes ont contribué sous plusieurs rapports au perfectionnement de la méthode minéralogique et au progrès de la Géologie.

La substance à laquelle Werner avait donné le nom de *peliom*, et qu'il regardait comme une espèce particulière, n'est autre chose que la variété massive de cordiérite que l'on trouve près de Salzbourg. Le cristal de la variété émarginée qui m'a donné les dimensions de la molécule intégrante de la cordiérite, offre une preuve convaincante de la justesse du rapprochement dont il s'agit, puisqu'il a été trouvé au même endroit. Les fragmens de peliom présentent aussi les deux couleurs, l'une bleue, l'autre brun-jaunâtre; mais elles y sont distribuées inégalement. Il m'a paru que c'était principalement dans les cristaux qu'elles se montraient alternativement, suivant que le rayon visuel était dirigé dans un sens ou dans l'autre, en sorte que cette alternative dépendrait de la symétrie avec laquelle sont arrangées les molécules intégrantes qui composent ces cristaux. On a d'autant plus lieu d'être surpris que Werner, qui est le père de l'iolithe, mais qui a fait ses premières observations sur celle du cap de Gate, ait méconnu ici des individus de la même famille, qu'ils offrent aussi la couleur exprimée par le nom spécifique, et qu'ils sont de même accompagnés de grenats.

Il existe depuis très long-temps, dans le commerce, une pierre que les lapidaires nomment *saphir d'eau*, parce que le bleu est la couleur qui y domine, et qu'ils ont rangée parmi les pierres fines susceptibles d'être taillées à facettes, comme objets d'ornement. On a présumé qu'elle venait des Indes, et particulièrement de l'île de Ceylan, d'où on l'apportait en petites masses arrondies semblables à celles que l'on appelle *quarz roulé*. Un ancien auteur nommé Laët, qui a écrit sur les pierres fines, dit de celle-ci qu'on la trouve au Brésil. Cette pierre, inférieure de beaucoup au saphir oriental (corindon hyalin bleu), relativement à sa dureté et à son éclat, est peu estimée par les amateurs de bijoux.

D'une autre part, les minéralogistes ont cité des cristaux de quarz d'une couleur bleue, que l'on trou vait en Bohême et en Silésie, et j'en possède un très bel échantillon d'un bleu foncé, qui vient des environs d'Abo en Sibérie, et qui appartient évidemment au quarz, quoiqu'il ne soit pas cristallisé. Or, d'après l'opinion que le saphir d'eau des lapidaires était aussi un quarz, on a appliqué son nom à tous les quarz d'une couleur bleue, en sorte que *saphir d'eau* et *quarz bleu* sont devenus synonymes l'un de l'autre.

A l'époque où j'ai publié mon Traité, je ne connaissais ni le saphir d'eau des lapidaires, ni aucun des corps ainsi appelés par les minéralogistes ; et dans la synonymie du quarz bleu j'ai indiqué le saphir d'eau, d'après le tableau méthodique publié par le célèbre Daubenton.

En 1813, M. Cordier, après avoir étudié les caractères physiques et minéralogiques du saphir d'eau, publia un Mémoire qui avait pour but de prouver que ce minéral était une variété de l'iolithe, dont il avait déjà donné, sous le nom de *dichroïte*, une description beaucoup plus exacte que celle de Werner. Les preuves qu'il a alléguées pour motiver ce rapprochement, consistent principalement en ce que le saphir d'eau a la même pesanteur spécifique et la même dureté que l'iolithe ; en ce qu'il se fond difficilement, comme l'iolithe, en émail blanc-grisâtre un peu boursoufflé ; et en ce qu'il présente aussi le phénomène de la double couleur bleue et brune par réfraction.

A l'égard des joints naturels, M. Cordier n'en a observé dans le saphir d'eau que suivant une direction parallèle à celle du rayon visuel, lorsque la couleur paraît bleue.

Une autre analogie entre le saphir d'eau et la cordiérite était celle que présentait ce qu'on appelle le *facies*, qui est très sensiblement le même, lorsque l'on compare des fragmens de l'une et de l'autre substance. Les observations que j'ai faites plus récemment sur leur division mécanique, et sur leur réfraction, ont confirmé pleinement le rapprochement des deux minéraux dans une même espèce, en démontrant l'identité de leurs formes primitives, et l'accord de leurs principaux caractères physiques.

SILICE COMBINÉE AVEC L'ALUMINE ET LA SOUDE.

PREMIÈRE ESPÈCE.

TOURMALINE.

(*Schörl*, W. et H.)

Caractères spécifiques.

Caractères géométriques. Forme primitive : rhomboïde obtus (fig. 195, pl. 76), dans lequel l'incidence de P sur P est de 133^d 26', et celle de P sur P' de

46ᵈ 34′ (*). Ce rhomboïde se sous-divise suivant des plans qui passent par les arêtes B et par l'axe. Les joints naturels ne sont apparens que dans certains cristaux opaques.

Molécule intégrante : tétraèdre hémi-symétrique.

Cassure. Transversale, conchoïde à petites évasures, quelquefois articulée.

Caractères physiques. Pesant. spécif. , 3.....3,4.

Dureté. Rayant le verre.

Réfraction. Double à un degré médiocre.

Il y a des tourmalines dans lesquelles une des deux images est très faible, en sorte qu'elle paraît comme une ombre placée derrière l'autre, dans une position un peu plus élevée. Pour l'apercevoir nettement, il faut employer comme objet de la vision la flamme d'une bougie, en faisant passer la lumière à travers un trou d'épingle situé derrière la pierre; alors les intensités des deux images approchent beaucoup plus de l'égalité.

Transparence dans un sens , celui de l'épaisseur du prisme : opacité dans l'autre. Cela n'a pas lieu sans exception.

Électricité. Par le frottement : toujours vitrée.

Par la chaleur : les deux extrémités s'électrisent en sens contraire, et jusqu'à présent c'est le som-

____

(*) Le rapport des diagonales du rhombe primitif est celui de $\sqrt{19}$ à $\sqrt{8}$; d'où il suit que le côté du rhombe est à la moitié de la petite diagonale comme $3\sqrt{3}$ est à $2\sqrt{2}$.

met le plus simple qui acquiert l'électricité résineuse.

Caractère chimique. Fusible au chalumeau en
émail blanc ou gris.

Analyse de la tourmaline verte du Brésil, par
Vauquelin (Annales de Chimie, n° 88, p. 105) :

$$
\begin{aligned}
&\text{Silice}\dots\dots\dots\dots\dots\dots\quad 40\\
&\text{Alumine}\dots\dots\dots\dots\dots\quad 39\\
&\text{Chaux}\dots\dots\dots\dots\dots\dots\quad 3,84\\
&\text{Oxide de fer}\dots\dots\dots\dots\quad 12,5\\
&\text{Oxide de manganèse}\dots\quad 2\\
&\text{Perte}\dots\dots\dots\dots\dots\dots\quad 2,66\\
&\hline
&\qquad\qquad\qquad\qquad\quad 100,00.
\end{aligned}
$$

De la tourmaline noire, par Klaproth (Karsten,
Tabel. Min., p. 46) :

$$
\begin{aligned}
&\text{Silice}\dots\dots\dots\dots\dots\dots\quad 35\\
&\text{Alumine}\dots\dots\dots\dots\dots\quad 40\\
&\text{Fer oxidé}\dots\dots\dots\dots\dots\quad 22\\
&\text{Perte}\dots\dots\dots\dots\dots\dots\quad 3\\
&\hline
&\qquad\qquad\qquad\qquad\quad 100.
\end{aligned}
$$

De la tourmaline violette transparente de Sibérie, par Vauquelin (Annales du Muséum, t. III,
p. 243) :

Silice.................................... 42
Alumine.................................. 40
Soude.................................... 10
Oxide de manganèse mêlé d'un peu de fer.   7
Perte..................................... 1
                                         ——
                                         100.

De la tourmaline opaque, violet-noirâtre, du
même endroit, par le même (*ibid.*, p. 244):

Silice.................. 45
Alumine............... 30
Soude................. 10
Oxide de fer et de mangan. 13
Perte.................. 2
                       ——
                       100.

De la tourmaline rougeâtre de Rosena, par Klaproth (Journal des Mines, n° 137, p. 383):

Silice................. 43,5
Alumine............... 42,25
Soude................. 9
Oxide de manganèse.... 1,5
Chaux................. 0,1
Eau................... 1,25
Perte................. 2,4
                       ————
                       100,00.

Caractère d'élimination. Ses indications dans
l'amphibole, le pyroxène, le spinelle dit *pléonaste,*

l'émeraude, l'épidote et le péridot. Aucune de ces substances n'est électrique par la chaleur comme la tourmaline. Leur cristallisation n'est susceptible que de produire des prismes dont les pans soient en nombre pair, au lieu que les prismes de tourmaline ont ordinairement neuf pans. Plusieurs, comme le spinelle, le pyroxène et le péridot, sont infusibles ou presque infusibles au chalumeau, tandis que la tourmaline s'y fond aisément. Celles des mêmes substances qui ont de la transparence, la manifestent dans tous les sens, au lieu que la tourmaline est transparente dans un sens, et opaque dans l'autre.

L'amphibole diffère en particulier de la tourmaline par son tissu très lamelleux, et par le vif éclat de ses joints naturels, qui ont lieu sous des angles de $124^{\mathrm{d}}\frac{1}{2}$, $55^{\mathrm{d}}\frac{1}{2}$; tandis que les joints longitudinaux de la tourmaline, rarement et beaucoup moins apparens, sont inclinés entre eux de 120^{d}, comme les pans d'un prisme hexaèdre régulier.

VARIÉTÉS.

Quantités composantes des signes représentatifs (*).

$$\mathrm{Pp}A a A' E' E e (E D^a D' . D' D^a) e e B b D D D.$$

(*) Les deux lois relatives à des parties semblablement situées et opposées entre elles, sont exprimées ici séparément, parce qu'elles peuvent avoir lieu chacune indépendamment de l'autre.

Formes déterminables.

Observées complètes.

Combinaisons quatre à quatre.

1. *Trédécimale.* DÉ e Pp.oAa (fig. 196).

Voyez Traité de Cristallographie, t. II, p. 539.

Cette variété déroge doublement à la symétrie, tant à cause de la différence de configuration que présentent ses sommets, que parce que son prisme n'a que neuf pans au lieu de douze ; parmi ces neuf pans , il y en a trois qui naissent d'un décroissement par une rangée sur les angles latéraux de trois rhombes réunis autour d'un même sommet du noyau, tandis que les angles analogues situés dans la partie opposée ne subissent aucun décroissement.

La même observation s'applique à la plupart des variétés suivantes.

Se trouve en Sibérie.

Cinq à cinq.

2. *Sexdécimale.* DPE''Ee epa A (fig. 197).

Traité de Cristallographie, t. II, p. 539.
Au Saint-Gothard.

3. *Nono-septimale.* DE *e* PpA *a* (fig. 198).

4. *Isogone.* DE *e* Pp'E *e* (fig. 199).

A Madagascar; au Groenland.

5. *Binotriunitaire.* DE *e* Pp.oA *a* B (fig. 200).

6. *Équidifférente.* De E *p*PB *b* (fig. 201).

a. *Raccourcie* (fig. 202). Prisme très court. *Tourmaline lenticulaire* de quelques auteurs. D'un jaune-verdâtre, à Ceylan. Opaque et d'un noir foncé.

7. *Progressive.* DE *e* PpD *d* (fig. 203).

8. *Nonodécimale.* DE *e* Pp.oD A *a* (fig. 204)

Sibérite.

Six à six.

9. *Impaire.* DE *e* PpB *b* A *a* (fig. 205).

10. *Équivalente.* DEePp'E *e* (fig. 206).

11. *Nonoduodécimale.*

DE *e* Pp'E *e* B *b* (fig. 207)

Aphrizit de Dandrada. En Norwége.

Sept à sept.

12. *Soustractive.* $\overset{\text{1 2 2·0}}{\text{De}}\overset{}{\text{E}}\,\text{E}\,\text{P}p\text{B}b\text{A}\,\alpha$ (fig. 208).
$\overset{\text{1 1 1·0}}{\underset{\text{s}l}{}}\,\text{P}p\text{n}n'k$

13. *Bisquindécimale.*

$\overset{\text{1 2 2·0}}{\text{De}}\,\overset{}{\text{E}}\,\overset{\frac{2}{3}1}{\text{P}}p\text{D}\text{B}'\text{E}'{}^{1\,1\,\cdot0}e^{1\cdot0}$ (fig. 209).
$\underset{s l}{}\ \text{P}p\text{u}n\ o$

Huit à huit.

14. *Quinquévigésimale.*

$\overset{\text{1 2 2}}{\text{De}}\overset{}{\text{E}}e\text{P}\,.\,op\text{B}\,b\ \text{A}\,a\,\text{A}\,a^{\cdots 1}\text{E}'{}^{1\cdot0}{}'e'$ (fig. 210).
$\underset{s\ l l}{}\quad \overset{\text{1}1\cdot0\,1}{p}n\quad \overset{\text{1}1\cdot0}{k}\ \overset{\text{4}1\cdot0}{g}\qquad\qquad o$

Traité de Cristallographie, t. II, p. 538.

15. *Antiennéaèdre.*

$\overset{\text{1 2 2 33·0}}{\text{De}}e\text{E}\,\text{E}\,\text{P}p'\text{E}'{}^{1\cdot0}e^{1\cdot0}b\ \text{B}$ (fig. 211).
$\underset{s l l e}{}\quad \text{P}p\ o\qquad\qquad \overset{\text{1}1\cdot0}{n'}$

Dix à dix.

16. *Surcomposée.*

$\overset{\text{1 2 2}}{\text{De}}\text{E}'\text{E}'{}^{1\cdot0}e^{1\cdot0}e\,\text{E}\,\text{P}p^o\overset{\text{33·0}}{\text{E}}'{}^{2\,2\cdot0}e^{2\cdot0}e\,\overset{\frac{1}{2}\frac{1}{2}\cdot0}{\text{E}}\,\text{A}\,a$ (fig. 212).
$\underset{s l l}{}\ o\qquad r\ \ \text{P}p\ x\qquad\quad z\quad \overset{1\cdot0}{k}$

Traité de Cristallographie, p. 539.

Observées avec un seul sommet.

17. *Prosennéaèdre.* $\overset{\text{1 2 2·0}}{\text{De}}\,e\,\text{P}p^o\text{E}'{}^{2\,2\cdot0}e^{2\cdot0}$ (fig. 213)
$\underset{s l}{}\quad \text{P}p\ x$

18. *Péripolygone.*

$$\overset{1\,2\,2\,2}{D}e\overset{2}{E}(\overset{}{E}D^2D^1 . D^2D^3)P_pB\,b \; \text{(fig. 214)}.$$
$$\underset{2\,1\Gamma}{} \qquad \underset{b}{} \qquad \underset{P_pa}{\overset{11.0}{}}$$

Formes indéterminables.

1. Tourmaline *cylindroïde.* En prismes déformés par des arrondissemens et de nombreuses cannelures. Opaque et noire, en Espagne. Vert pâle au Brésil. Bleue à Utôn en Suède.

2. *Sublamellaire.* En Carinthie.

3. *Aciculaire.* Bleue, *indicolite* de Dandrada, en Suède. Violette, ou violet-noirâtre, *rubellit* et *sibérit*, en Sibérie.

a. Radiée.

4. *Capillaire.*

5. *Globuliforme-radiée.* Dans un feldspath porphyrique altéré du département du Puy-de-Dôme.

Sous-variétés dépendantes des accidens de lumière.

a. *Incolore.* J'ai deux cristaux de Sibérie, dont l'un est opaque et d'un brun-noirâtre inférieurement, et dont la partie supérieure est transparente et sans couleur. Dans l'autre, la matière noirâtre occupe le milieu, et les parties situées vers les deux extrémités sont incolores.

b. *Violette.* En Sibérie; electrischer schorl, W. *Rubellite, sibérite* de plusieurs auteurs. A Utôn en

Suède, dans le pétalite. Dans la province de Massachuset. Même synonymie.

Violâtre, à Rosena en Moravie, *idem*. M. Reuss en a fait une variét de la topaze dite *pycnite*, qu'il nomme *stangenstein*.

Violette-bleuâtre dans le pétalite à Utôn.

Violette chatoyante. Le chatoiement est laiteux. J'ai dans ma collection un morceau de tourmaline de Sibérie, taillé en cabochon, qui présente cet accident de lumière.

c. *Indigo*. Variété de l'electrischer schorl , W. *Indicolite* de Dandrada ; à Utôn en Suède.

d. *Bleue*. Au Brésil et dans la province de Massachuset. Variété de l'electrischer schorl, W. Saphir du Brésil des lapidaires.

Dans la province de Massachuset. Variété de l'electrischer schorl, W., et de l'indicolite de Dandrada.

e. *Bleuâtre*. Variété de l'electrischer schorl et de l'indicolite ; à Utôn en Suède.

f. *D'un noir-bleuâtre*. Même synonymie et même localité.

g. *D'un vert subobscur*. Variété de l'electrischer schorl , W. A Ceylan , au Brésil et dans la province de Massachuset. Emeraude du Brésil des lapidaires.

h. *D'un vert clair*. Au Saint-Gothard , variété de l'electrischer schorl ; dans la province de Massachuset.

i. *D'un bleu-verdâtre*. Au Brésil et dans la province de Massachuset. Electrischer schorl, W. Variété du saphir du Brésil.

k. *D'un vert-jaunâtre*. A Ceylan. Electrischer schorl, W. Péridot de Ceylan des lapidaires.

l. *Orangé-brunâtre*. A Ceylan. Variété de l'electrischer schorl, W.

m. *D'un rouge vif*. Je n'ai encore vu cette couleur que dans des morceaux travaillés par le lapidaire; ils venaient du Brésil.

n. *Brune*. Aux environs de New-York. Variété du gemeiner schorl, W.

o. *Blanchâtre*. Au Saint-Gothard.

p. *Noire*, ou d'un noir-brunâtre. Gemeiner schorl, W. Dans un granite, à Utön en Suède; aux environs de Nantes; dans le département du Puy-de-Dôme; à Bovey-Tracey dans le Devonshire; en Bavière; à Madagascar; à Ceylan; dans le Biallèze en Piémont; au Saint-Gothard; aux environs de Catherinebourg en Russie.

Relations géologiques.

La tourmaline n'appartient au système géologique que comme étant un des principes constituans de la roche que j'appelle *topazosème* (topasfels, W.), dont j'ai parlé en traitant de la topaze. Elle y est disséminée sous la forme de prismes déliés, ou de petites couches très minces, d'une couleur noire.

Les autres manières d'être de la tourmaline la

présentent une accidentellement à diverses roches
primitives, telles que le granite, le gneiss, le mica
schistoïde, le talc schistoïde, le feldspath porphyrique, la chaux carbonatée lamellaire, et la même
magnésifère, que l'on a appelée *dolomie*.

La formation de la tourmaline paraît s'être arrêtée aux mêmes limites que celle de ces roches. On
ne l'a point trouvée jusqu'ici dans les terrains qu'on
appelle de *transition*, non plus que dans les secondaires.

Je vais reprendre la série des roches dont j'ai
parlé d'abord, et citer les variétés de tourmaline
que j'ai observées dans chacune d'elles.

1°. Le granite. Dans celui des environs de Nantes,
à l'ouest du Chêne-Vert, la variété nono-septimale.
Dans une autre masse de granite du même pays,
situé à l'ouest du bourg d'Orvant, la tourmaline en
petits cristaux d'une forme mal prononcée, est associée au grenat et à la chaux phosphatée. Dans celui
de Sainte-Honorine, près de Cherbourg, département de la Manche, la variété lamellaire en petites
masses noires, très sensiblement électriques par la
chaleur. Cette propriété, jointe au tissu lamelleux
de la tourmaline, la distingue de la pinite dont ce
granite est en quelque sorte criblé.

Dans celui du Devonshire, près de Bovey-Tracey
en Angleterre, la variété isogone en gros cristaux
d'un noir foncé revêtus d'une couche de fer oxidé
jaune brunâtre; plusieurs ont leur surface parsemée

de petits cristaux de chaux phosphatée hino-annu-
laire.

Dans celui d'Utön en Suède, la variété aciculaire
conjointe, d'un bleu indigo (indicolite), et la
même d'une couleur violette (rubellite). Ces variétés ont pour gangue immédiate le feldspath, qui
fait partie du granite.

2°. Le gneiss. Dans celui de Castille en Espagne,
la variété cylindroïde. On a cité des tourmalines
renfermées dans la même roche, à Himmelsfurst
en Saxe, au Zillerthal, dans le Tyrol et ailleurs.

3°. Le mica schistoïde. J'ai dans ma collection
des prismes de la variété périennéaèdre, d'un brun
foncé, engagés dans un quarz subgranulaire, dont
l'union avec une couche de mica qui le recouvre,
semble être l'indice d'un passage à la roche dont il
s'agit. On trouve ce quarz dans les environs de New-
York aux États-Unis. C'est la seule observation de
ce genre que j'aie été à portée de faire.

4°. Le talc nacré schistoïde du Saint-Gothard ; la
variété aciculaire libre, d'une couleur noire ; elle y
est associée au disthène et à la staurotide. Le talc
chlorite schistoïde ; la variété périhexaèdre, dans le
Biallèze en Piémont ; la variété périennéaèdre dans
la Forêt-Noire en Souabe.

5°. Le feldspath porphyrique altéré (thon porphyr, W.) du département du Puy-de-Dôme ; la variété fibreuse radiée ovoïde.

6°. La chaux carbonatée lamellaire des environs

de New-York. La variété périennéaèdre brune, semblable à celle dont j'ai parlé n° 3.

7°. La chaux carbonatée magnésifère granulaire, dite *dolomie* ; la variété isogone, d'un blanc-grisâtre, et la sexdécimale d'un vert clair.

On trouve aussi des tourmalines engagées dans diverses masses accidentelles. Telles sont celles de mica dit *lépidolithe*, et de quarz hyalin, qui adhèrent au gneiss, près de Rosena en Moravie. Ces tourmalines appartiennent à la variété cylindroïde, et leur couleur violette les range dans l'espèce appelée *rubellite*. Quelques-unes sont verdâtres.

En général, les cristaux de tourmaline ont souvent des masses de quarz pour gangue immédiate, comme en Suède, en Bavière, au Saint-Gothard, etc.

La tourmaline est associée à la formation des filons de granite dans deux contrées différentes. Un de ces filons, qui existe dans les monts Oural en Sibérie, renferme plusieurs variétés de tourmaline violette dite *rubellite* et *sibérite*, telles que la trédécimale, la nonodécimale et la bisquindécimale. On y trouve aussi des groupes de cristaux de tourmaline en partie opaques et noirâtres, et en partie transparens et d'un vert obscur. La tourmaline noire a été citée dans le même lieu par Hermann. Un autre filon a son gissement dans la province de Massachuset aux Etats-Unis. Le mica qui en fait partie y est sous la forme de cristaux des variétés primitive et prismatique hexaèdre, et plus souvent

en grandes lames nacrées d'une belle couleur violette ou d'un gris nuancé de verdâtre. Ce granite
offre quelquefois, dans un très petit espace, une
réunion de tourmalines violettes, vertes, bleues et
noires, la plupart cylindroïdes et aciculaires. Quelques-unes cependant présentent deux ou trois faces
qui sont en rapport avec celles qu'on observe sur
les cristaux des autres pays. Dans toutes celles que
j'ai divisées mécaniquement, les joints naturels
étaient parallèles aux faces du rhomboïde primitif.
Je reviendrai, dans les annotations, sur les relations
de position qu'ont entre elles ces diverses tourmalines. Je dois ajouter qu'elles abondent dans le
granite dont il s'agit. J'ai reçu de M. Gips un morceau d'un volume considérable de ce granite, qui en
est comme jonché de tous les côtés, excepté aux
endroits par lesquels il tenait à la masse environnante.

Les tourmalines accompagnent aussi, dans certains pays, des mines métalliques. On en a cité dans
celles d'étain, en Bohème. La variété nonoduodécimale (aphrizite de Dandrada), qui se trouve près
de Krageroë, dans l'île de Langoë en Norwège,
adhère à un fer oxidulé mêlé de quarz.

Enfin on trouve des tourmalines roulées dans les
terrains de transport, au Brésil, à Ceylan et ailleurs.
Celles de Ceylan sont entremêlées de spinelles noirs
dits *pléonastes*, qui présentent le même aspect,
mais dont il est facile de les distinguer par la vertu

électrique qu'elles acquièrent lorsqu'on les soumet à l'action de la chaleur.

Annotations.

Les tourmalines le plus anciennement connues étaient de celles que l'on trouve dans l'île de Ceylan, et dont la couleur est l'orangé-brunâtre, joint à une transparence qui est rarement nette. La plupart n'étaient mises en circulation qu'après qu'on les avait taillées à la manière des pierres fines (*). Dans cet état, elles appartenaient plutôt à la Physique qu'à la Minéralogie, comme étant destinées à rendre sensible, par l'expérience, la propriété d'attirer des brins de paille et autres corps légers, lorsqu'elles avaient été soumises à l'action de la chaleur. Dans la suite, on apporta du Brésil en Europe des tourmalines vertes en prismes chargés de cannelures longitudinales; et quoique, dans le cas même où leur cristallisation eût été plus régulière, il eût été impossible de les comparer avec celles de Ceylan, auxquelles l'art avait enlevé leur forme naturelle, on les réunit à ces dernières, par cela seul qu'elles partageaient leur vertu attractive.

Depuis cette époque, on a découvert successivement des tourmalines au Tyrol, en Espagne, en France, et dans divers autres pays; en sorte que

---

(*) Wallerius, *Systema Miner.*, édit. 1778, t. I, p. 328.

cette substance forme aujourd'hui une des espèces minérales les plus remarquables, autant par la diversité de ses gissemens que par celle des aspects sous lesquels elle s'offre à l'observation ; et pour ne parler ici que du caractère tiré de la couleur, les variations qu'il subit parcourent tous les degrés du spectre solaire, et plusieurs même répondent à des teintes intermédiaires, ainsi qu'on a pu en juger par la série de tableaux des accidens de lumière placés à la suite des formes cristallines.

Wallerius, à l'exemple de Bergmann et de Rinmann, avait réuni la tourmaline aux zéolithes ; et parmi les caractères communs aux deux substances sur lesquels est fondé ce rapprochement, il cite la propriété de répandre un éclat phosphorique au moment de la fusion, et de donner, par une chaleur prolongée, un verre blanc et transparent (*). Il aurait regardé son opinion comme prouvée jusqu'à l'évidence, s'il avait su qu'une chaleur beaucoup moins active était capable de faire reparaître dans la zéolithe cette vertu attractive qu'il croyait appartenir exclusivement aux tourmalines.

Romé de l'Isle n'abandonna le sentiment de Bergmann que pour donner dans un plus grand écart, en associant la tourmaline à ce groupe si mal assorti, qui, sous le nom de *schorl*, rassemblait tant de sub-

---

(*) *Ibid.*, p. 324.

stances dont la plupart contrastaient fortement les unes à côté des autres.

On reconnaît ici la pente qu'avaient les anciens minéralogistes à placer un minéral récemment découvert, dans quelqu'une des espèces déjà classées, d'après certains traits de ressemblance qu'ils prenaient pour l'air de famille. Les minéralogistes modernes ont suivi une marche inverse, en séparant, avec aussi peu de fondement, des corps qui cachaient sous une diversité d'aspects purement accidentelle leurs véritables caractères, ceux qui seuls sont invariables et susceptibles d'une détermination précise.

La tourmaline offre un exemple frappant de ce changement de direction qu'ont pris les méthodes. La diversité de ses modifications, surtout de celle qui se tire de ses couleurs, parut offrir quatre types auxquels se rapportaient autant d'espèces distinctes. L'une était la tourmaline de Sibérie, dont la couleur est d'un rouge-violet ; et l'abus de la méthode, dans la multiplication des espèces, se communiquant à la nomenclature, la substance dont il s'agit fut décrite, par les divers auteurs, sous les dénominations de *rubellite*, de *sibérite*, de *daourite* et de *scharl rouge de Sibérie*.

Une seconde espèce était la tourmaline bleue d'Utön en Suède, que Dandrada, auquel nous en devons la connaissance, appela *indicolite*.

L'origine de la troisième espèce remonte à la découverte de la tourmaline du Brésil, qui est d'un vert un peu obscur, et ordinairement transparente. On lui associa toutes les autres tourmalines de diverses couleurs, telles que le bleu-verdâtre, le vert-jaunâtre, l'orangé-brunâtre, etc., qui jouissaient de même d'un certain degré de transparence, et l'on réserva pour cette espèce le nom de *tourmaline*.

Enfin on désigna par celui de *schorl commun*, *gemeiner schorl*, la quatrième espèce, composée de toutes les tourmalines noires et opaques.

A l'égard de la tourmaline blanche du Saint-Gothard, elle n'a encore été observée que par le célèbre Dolomieu, qui l'a reçue sous le nom de *schörlartiger beryll*, et l'a reconnue à sa forme, qui est celle de la variété isogone, et à sa propriété électrique.

Plusieurs auteurs, et entre autres M. Jameson, réunissent aujourd'hui toutes ces tourmalines dans une même espèce, qu'ils ont seulement partagée en deux ou trois sous-espèces, d'après les mêmes caractères dont on s'était servi pour les isoler les unes des autres. Mais cette classification n'est pas généralement adoptée, et d'ailleurs les descriptions particulières qui ont été données des sous-espèces dont il s'agit, laissent subsister des traces des anciennes distinctions que l'état actuel de nos connaissances doit faire évanouir. C'est ce que prouvera le tableau que je vais tracer de l'ensemble de toutes ces tourmalines, d'après des considérations qui, je l'espère, paraîtront neuves, soit par la manière dont elles seront présentées, soit en elles-mêmes.

Je vais d'abord exposer les résultats de la comparaison que j'ai faite des variétés de forme que m'ont offertes les divers cristaux de tourmaline que j'ai observés. Il n'en est pas une sur laquelle les faces du rhomboïde primitif ne reparaissent, avec la seule différence que tantôt on les voit toutes les six, et tantôt on n'en voit que trois situées autour d'un même sommet. La surface latérale est presque constamment composée de neuf pans, dont six résultent du décroissement $\vec{D}$, et trois du décroissement $\overset{s}{e}$. On a vu plus haut que l'absence des trois autres, qui seraient les analogues de ces dernières, provient du même défaut de symétrie qui a lieu de diverses manières dans toutes les tourmalines, dont il met les formes en corrélation avec les positions de leurs pôles électriques (*). L'ensemble de ces diverses faces, communes aux divers cristaux de tourmaline observés jusqu'ici, annonce qu'ils ont tous été, pour ainsi dire, exécutés d'après un même dessin, composé des traits les plus caractéristiques de l'espèce à laquelle ils appartiennent. Les uns se rapportent au type géométrique qui se montre sur les sommets,

---

(*) Voyez plus haut ce qui a été dit de la variété équivalente, dont le prisme est à douze pans.

et les autres à une propriété physique qui a laissé
sur la surface latérale l'empreinte de son influence.

Je n'ai point encore observé, dans toute sa simplicité, la forme qui résulte de l'assortiment que
je viens de décrire. Elle était toujours accompagnée de facettes additionnelles qui la modifiaient
plus ou moins, mais qui, loin de nuire à sa pré-
dominence, la faisaient ressortir davantage, en ce
qu'il résultait de leur distribution inégale autour
des sommets, de nouvelles exceptions à la loi de
symétrie.

Ces variations de la forme avaient un autre effet,
qui était de mettre une parfaite ressemblance entre
des cristaux qui, d'après leur couleur, auraient
appartenu à des espèces différentes dans les anciennes
méthodes. Ainsi la variété équidifférente raccourcie
existe parmi des cristaux transparens d'un jaune-
verdâtre, que l'on trouve dans l'île de Ceylan, et
j'ai dans ma collection deux cristaux d'un noir
foncé, qui en présentent la forme dans toute sa perfection. C'est le schorl qui se confond avec la
tourmaline dans un même résultat de cristallisation.

La variété isogone, qui est l'une des plus communes, démontre également l'identité de trois espèces, qui en offrent des cristaux, savoir la sibérite,
la tourmaline, soit celle du Brésil, d'une couleur
verte, soit celle de Ceylan, où l'orangé est mêlé de
brunâtre, et le schorl noir.

La variété surcomposée, qui appartient à la tourmaline verte du Brésil, est remarquable à plusieurs égards; elle offre un résultat de cristallisation aussi intéressant qu'il est rare, et qui consiste en ce que les faces du rhomboïde primitif s'y combinent avec celles d'une forme secondaire qui offre la copie de ce rhomboïde, à l'aide d'un décroissement par deux rangées en hauteur sur les angles inférieurs. De plus, cette même variété renferme dans celui de ses sommets qui existe, comme les élémens de cinq autres: savoir la trédécimale, qui est une sibérite; la sex-décimale, que j'ai observée parmi les tourmalines d'un vert clair du Saint-Gothard; l'isogone, que nous avons vue être commune à deux espèces différentes; la nonoseptimale et l'équivalente, qui se rangent parmi les schorls noirs. Cette sorte de commerce que les lois de la structure établissent entre les corps que je viens de citer, ne paraît pas pouvoir se concilier avec une diversité de composition.

Je n'ai point compris l'indicolite dans le parallèle précédent, parce qu'on ne l'a pas encore observée sous des formes déterminables. Le rapprochement que j'en ai fait depuis long-temps avec la tourmaline était fondé sur sa propriété électrique et sur le résultat de sa division mécanique. Le caractère qui se tire de ce résultat est surtout sensible dans les petits cristaux cylindroïdes d'un bleu pâle que l'on trouve à Utön, où ils accompagnent l'indicolite ordinaire.

3..

Les rapports de position que les mêmes corps ont
entre eux dans la nature, confirment pleinement les
conséquences qui se déduisent de la comparaison de
leurs formes. On trouve dans le granite de Sibérie,
des cristaux groupés de rubellite, dont l'extrémité
saillante présente le sommet supérieur de la variété
isogone, et qui s'amincissent dans la partie opposée,
en forme d'aiguilles convergentes vers un point commun. J'ai dans ma collection un groupe tiré du même
granite, qui, étant vu par réflexion, paraît d'un brun-
noirâtre, mais qui, placé entre l'air et la lumière,
offre des parties transparentes dont la couleur est un
vert analogue à celui de la tourmaline du Brésil; et
le même granite renferme aussi de gros cristaux en
prismes striés longitudinalement et d'un noir parfait,
c'est-à-dire des schorls.

La rubellite en petits cristaux cylindroïdes d'une
belle couleur violette, a reparu à Uton en Suède,
dans le même feldspath qui sert de gangue à l'indicolite, et qui fait partie de la roche granitique environnante.

Ce sera tout autre chose encore, si nous fixons
notre attention sur ce qu'on observe aux Etats-Unis,
dans la province de Massachuset, où la manière
dont les cristaux des quatre espèces s'allient l'un
avec l'autre, offre un fait non moins curieux qu'in-
structif, et qui appartient également aux modifications de quelques autres substances, notamment de
la chaux fluatée. On voit sur un même morceau de

granite les analogues de la rubellite, en cristaux violets, de la variété cylindroïde; ceux de la tourmaline du Brésil, en cristaux de la même variété, dont les fragmens, présentés à la lumière, paraissent d'un vert un peu obscur; ceux de l'*indicolite*, qui, là comme à Uton, sont des groupes d'aiguilles tantôt d'un bleu de ciel, tantôt d'un bleu-noirâtre; enfin ceux du schorl, qui sont d'un noir parfait.

Parmi ces divers cristaux, on en trouve qui offrent des indices du prisme à neuf pans et du rhomboïde primitif.

Ces différens corps s'unissent deux à deux de manière à n'en former qu'un seul.

Ici un cylindre de sibérite est entouré par une tourmaline verte qui lui sert comme d'étui. Là c'est le schorl noir qui est la matière du cylindre, et l'enveloppe a été fournie par la tourmaline violette. Un peu plus loin, un semblable cylindre est emboîté dans un groupe d'aiguilles d'indicolite. Les joints naturels qui naissent dans la partie cylindrique se prolongent dans celle dont elle est enveloppée. Par une suite de cette uniformité de structure, les deux parties ont leurs pôles vitrés ou résineux tournés du même côté, ainsi que je m'en suis assuré par l'expérience; et ce qui est remarquable, c'est que si l'on prend différens cristaux qui se soient formés séparément sur un même morceau, et dont les axes soient parallèles ou à peu près, l'expérience fait voir qu'ils ont tous également leurs pôles de même nom situés dans le même sens. Ainsi tout, jusqu'aux relations que j'ai appelées *de rencontre*, conspire à démontrer l'impossibilité de séparer des corps que la nature a unis par des liens si nombreux et si étroits.

Électricité des tourmalines.

Lémery est le premier qui ait fait mention de la vertu électrique des tourmalines, comme on le voit par les Mémoires de l'Académie royale des Sciences, pour l'année 1719. Il crut reconnaître que la chaleur communiquait à ces pierres le double pouvoir d'attirer et de repousser de petits corps légers, tels que des cendres, de la limaille de fer, etc., et il s'en tint à cette assertion, d'ailleurs peu exacte, sans rien prononcer sur la cause du phénomène. Plusieurs physiciens, après lui, renouvelèrent les expériences, dans la vue de démêler la véritable explication des faits ; mais leurs tentatives n'eurent aucun résultat remarquable. C'est aux savantes recherches d'Epinus qu'est due l'importante découverte de l'existence simultanée des deux électricités dans les tourmalines, et de la parfaite analogie de ces corps avec ceux qui possèdent le magnétisme polaire. Avant d'entreprendre le développement de ces propriétés intéressantes, je dois exposer ici les connaissances élémentaires qu'il est nécessaire d'avoir acquises sur la théorie générale de l'électricité, d'abord aperçue par Dufay, puis perfectionnée par Epinus et Coulomb, dans cette belle suite de Mémoires où l'on admire l'adresse avec laquelle ils ont su manier également l'exp rience et le calcul.

Dans cette théorie, on conçoit le fluide électrique comme formé de deux fluides différens, ordinairement réunis, mais qui se dégagent de leur combinaison dans certaines circonstances, et agissent alors séparément. Telles sont les propriétés de ces deux fluides, que les molécules de chacun se repoussent *à distance*, en raison inverse du carré de cette distance, et attirent celles de l'autre fluide suivant la même loi.

J'ai déjà dit (premier volume, page 184) que les corps naturels, considérés sous le rapport de l'électricité que le frottement y développe, peuvent être partagés en deux classes, dont chacune est composée de ceux qui se prêtent au dégagement d'un même fluide, et que les noms de *fluide vitré*, *fluide résineux*, que portent les deux espèces d'électricité, sont empruntés de ceux des substances les plus communes de ces mêmes classes. J'ai fait connaître aussi une autre distinction importante qu'établit entre ces corps la manière dont le fluide en liberté se propage dans leur intérieur ; et l'on a vu que les uns, tels que les métaux, le transmettent facilement à d'autres corps en contact avec eux, d'où leur est venu le nom de *corps conducteurs* ; tandis que les autres, que l'on appelle *corps non conducteurs*, le retiennent plus ou moins long-temps engagé dans leurs pores , par une sorte de résistance que M. Coulomb compare au frottement et qu'il nomme *force coercitive*. On dit d'un corps chargé de fluide électrique, qu'il est *isolé*, lorsque ceux qui lui servent de supports, étant du nombre des corps dont je viens de parler en dernier lieu, s'opposent , au moins pendant un certain temps, à la transmission de son fluide; et de là vient le nom de *corps isolans* que l'on a donné aussi aux corps non conducteurs , et que j'adopterai dans tout ce qui me reste à dire sur l'électricité.

L'air est du nombre des corps qui ne permettent pas le libre passage du fluide électrique entre leurs particules; et c'est en le considérant comme corps isolant et élastique tout ensemble que l'on parvient à expliquer d'une manière satisfaisante le phénomène dont j'ai déjà parlé à l'article des caractères, cité plus haut, et qui consiste en ce qu'un corps dans l'état naturel est toujours attiré par un corps à l'état électrique , quelle que soit l'espèce de fluide dont ce dernier corps est chargé. Si l'on présente un morceau de succin, après l'avoir frotté, à l'un des globules d'une aiguille métallique, mobile sur son pivot, le fluide résineux mis en activité dans ce corps décompose aussitôt le fluide naturel du globule, attire vers lui le fluide vitré qui s'est dégagé de ce fluide naturel, et repousse en sens contraire le fluide résineux, qu'un semblable dégagement a mis en liberté. Ces deux fluides restent autour de la surface du globule, où ils sont maintenus par la pression de l'air environnant, et ils réagissent contre cette pression, en vertu de leur tendance à se rapprocher ou à s'éloigner du succin. Mais parce que le succin attire plus fortement le fluide vitré du globule, sur lequel il agit de plus près, qu'il ne repousse son fluide résineux, la réaction du premier l'emporte sur celle du second, et par une suite nécessaire la pression de l'air sur le fluide résineux devient prépondérante, en sorte qu'elle pousse en même temps le globule, qui semble alors attiré par le succin.

Si l'on remplace cette dernière substance par un corps électrisé vitreusement, tel qu'une topaze, les deux fluides dégagés du fluide naturel du globule, prendront des positions inverses autour de ce globule, relativement à celle qu'ils avaient dans l'expérience précédente ; et du reste tout se passera encore de manière que le globule finira par s'approcher de la topaze.

On voit donc qu'en général un corps qui était primitivement dans son état ordinaire, au moment où il se trouve en présence d'un corps sollicité par une électricité quelconque, est toujours attiré, en conséquence de ce que le corps électrisé, agissant aussitôt sur lui, le met dans un état contraire au sien.

Lorsque les corps électrisés que l'on met en présence possèdent la propriété isolante, l'action de

l'air n'intervient plus dans la production des phénomènes. Les fluides qui sont en activité autour de la
surface des corps y étant retenus par la force coercitive,
entraînent avec eux ceux de ces corps qui sont libres
de se mouvoir, de manière que le résultat des actions
électriques dépend immédiatement de l'état dans lequel se trouvait chaque corps avant l'expérience. Ce
cas est celui d'un barreau de spath d'Islande amené
par la pression à l'état d'électricité vitrée, auquel on
présente tour à tour un corps tel qu'une topaze, et
un autre corps tel qu'un morceau de succin, électrisés l'un et l'autre à l'aide du frottement. Le fluide
vitré du premier repousse le barreau, et le fluide
résineux du second l'attire. C'est aussi le cas des
tourmalines et des cristaux de quelques substances,
dont la chaleur décompose le fluide naturel ; les deux
fluides composans restent dans l'intérieur et sont
seulement déterminés à se séparer l'un de l'autre par
des mouvemens contraires, qui ont lieu dans le sens
de l'axe du cristal.

Dans ces substances, les forces des deux fluides
sont comme concentrées dans deux points situés
vers les sommets, et qui portent le nom de *pôles*,
auxquels on ajoute les épithètes de *vitré* et de *résineux*, pour les distinguer l'un de l'autre.

Examinons maintenant avec détail ce qui se passe
dans les expériences dont les tourmalines sont le sujet, et considérons d'abord leur action sur un corps

non isolé et dans l'état naturel. Si l'on présente le pôle vitré d'une tourmaline à l'un des globules qui terminent la petite aiguille, le fluide qui réside dans ce pôle agira sur le fluide naturel du globule, avec l'excès de sa force sur celle du pôle résineux, qui s'exerce de plus loin ; il décomposera ce fluide naturel de manière qu'une partie du fluide résineux qui est un de ses composans, sera attirée vers l'extrémité qui regarde la tourmaline, et que le fluide vitré qui était uni à cette dernière, sera repoussé du côté opposé ; et si nous appliquons ici le raisonnement dont nous avons fait usage par rapport au succin, nous en conclurons que le globule doit être attiré par la tourmaline. Si l'on présente au contraire à l'aiguille le pôle résineux de cette pierre, on n'aura besoin que de mettre dans l'explication précédente le mot *résineux* à la place du mot *vitré*, et réciproquement, pour arriver à une conclusion semblable. De là résulte ce principe général, qu'un corps à l'état naturel est constamment attiré par les pôles d'une tourmaline électrisée, de quelque nom qu'ils soient.

L'expérience précédente prouve bien que la tourmaline est électrisée par la chaleur ; mais elle ne peut servir à distinguer les deux pôles l'un de l'autre, puisque l'effet qu'ils produisent sur l'aiguille non isolée est toujours le même : il faut pour cela faire agir la tourmaline sur un corps qui soit d'avance électrisé. J'ai fait connaître (premier volume, p. 190)

les instrumens que l'on peut employer avec avantage à ce genre de détermination.

Si l'on présente un des pôles de la tourmaline à
des corps légers, tels que des grains de cendre ou
de râpure de bois, chaque grain devenant aussitôt un
petit corps électrique, dont la partie tournée vers le
pôle qui agit sur lui a acquis une électricité contraire
à celle de ce pôle, se portera vers la tourmaline.
Parvenu au contact, il y restera appliqué, parce
que le fluide de la tourmaline, qui est un corps non
conducteur, ne pouvant se communiquer à lui, tout
reste dans le même état qu'auparavant. Cependant il
arrive assez souvent que quelques-uns de ces grains,
aussitôt qu'ils ont touché la pierre, sont repoussés.
Cet effet a lieu lorsque le petit corps a rencontré
quelque molécule conductrice ferrugineuse ou autre,
située à la surface de la tourmaline. Dans ce cas, si
l'on suppose, par exemple, que cette molécule eût
l'électricité résineuse, une portion de son fluide passera sur la partie contiguë du petit corps, qui est
occupée par du fluide vitré, et s'unira avec ce fluide
en le neutralisant. Alors le fluide résineux qui en-
veloppait l'autre partie du petit corps se trouvant
en excès, ce corps sera tout entier à l'état résineux ;
d'où il suit que la molécule conductrice, qui est dans
un état semblable, le repoussera. On voit par là de
quelle manière on doit entendre ce qu'ont dit quelques auteurs, que la tourmaline attirait et repous-
sait indifféremment par les deux bouts, sans pro-

duire ces effets constans d'attraction d'un côté, et
de répulsion de l'autre, qu'on lui avait attribués (*).
Ces derniers effets n'ont lieu qu'avec une tourmaline placée vis-à-vis d'un corps qui est déjà lui-même
dans un certain état d'électricité. Les autres, qui sont
variables, ont rapport au cas où les corps sur lesquels
agit la tourmaline étaient primitivement dans leur
état naturel.

Passons maintenant aux actions réciproques de
deux tourmalines électrisées par la chaleur, et supposons d'abord qu'elles tournent l'une vers l'autre
leurs pôles de noms différens. Soient (fig. 215) ab,
AB ces deux tourmalines; désignons par r, R les
quantités de fluide résineux dont les centres d'actions sont en c, C; et par v, V les quantités de
fluide vitré qui agissent des centres c', C'. Nous pouvons nous borner à considérer l'action de la tourmaline ab sur la seconde, parce que toute action est
réciproque entre elles. Imaginons pour un instant
que le fluide V existe seul, en sorte que le fluide R
soit nul. En appliquant ici le raisonnement que nous
avons fait à l'égard de l'action d'une tourmaline sur
la petite aiguille, nous en conclurons que la tour-

____

(*) On lit dans le *Systema naturæ* de Linnæus, édit. de
1793, t. III, p. 169, que la tourmaline attire par un bout
et repousse par l'autre des corpuscules de cendre, ce qui
n'est pas plus exact, si l'auteur suppose que l'attraction et
la répulsion soient constantes.

maline *ab* agit sur le fluide V avec une force égale
à la différence entre celles des fluides *r* et *v*, et
qu'elle attire la tourmaline AB. Supposons, au contraire, que ce soit le fluide R qui existe seul, et que
le fluide V devienne nul; la tourmaline *ab* n'agira
encore sur le fluide R que par une force égale à la
différence entre celles de ses pôles; et il est évident
que cette nouvelle action sera répulsive, puisqu'elle
s'exerce entre deux quantités de fluide résineux. En
outre, elle sera plus petite que la première, parce
que le fluide R est plus éloigné de la tourmaline *ab*
que ne l'était le fluide V. Par conséquent, si l'on
rétablit la coexistence des deux fluides R et V, en
sorte que les deux actions attractive et répulsive
aient lieu en même temps, la première sera prépondérante, et la tourmaline AB fera effort pour s'approcher de la tourmaline *ab*.

Si maintenant on suppose que les deux tourmalines tournent l'une vers l'autre leurs pôles de même
nom, soit vitrés, soit résineux, il suffira d'appliquer
en sens contraire à ce nouvel état de choses ce que
nous venons de dire à l'égard de celui que représente la figure, pour en conclure que les deux tourmalines doivent se repousser.

Il suit de ce qui précède que deux tourmalines
se repoussent par les pôles de même nom et s'attirent par les pôles de noms différens, en sorte qu'il
en est des tourmalines comme des aimans, et
que le fluide électrique est soumis dans les pre-

mières aux mêmes lois que le fluide magnétique dans les seconds.

A l'aide de ce principe, on peut expliquer et même prévoir tous les effets qui résulteront de la présence et des positions recpectives de deux tourmalines électrisées par la chaleur. Si l'on place un de ces corps dans l'appareil mobile que j'ai décrit (premier volume, p. 207), et que l'on en fixe un second au-dessus du premier, de manière que les deux axes soient parallèles et éloignés de quelques millimètres l'un de l'autre; et si en même temps les pôles de noms différens se correspondent, les deux pierres conserveront leurs positions respectives : mais si elles se regardent par les pôles de même nom, la tourmaline de l'appareil commencera à tourner jusqu'à ce qu'elle ait fait une demi-révolution autour de son centre, et, après quelques oscillations, elle se fixera au-dessous de l'autre, en vertu de l'attraction réciproque des pôles de noms différens.

On peut faire la même expérience de manière que les deux tourmalines changent de rôle, en fixant celle de l'appareil, et en suspendant l'autre à un fil de soie. Ce sera alors celle-ci qui tournera, jusqu'à ce que les pôles de noms différens se trouvent l'un au-dessous de l'autre.

Si la seconde tourmaline, que nous supposons de nouveau être fixe, se trouve placée d'un côté ou de l'autre de celle de l'appareil, et dans le même alignement, elle n'y produira aucun mouvement, dans le cas où les deux pôles voisins seraient de noms différens; mais s'ils étaient de même nom, la tourmaline de l'appareil ferait une demi-révolution autour de son centre pour se mettre, à l'égard de l'autre, dans la position exigée par l'attraction électrique.

La manière dont les deux fluides sont distribués dans l'intérieur de la tourmaline établit une nouvelle analogie entre cette pierre et les aimans. Dans une tourmaline, les densités électriques décroissent rapidement en partant des extrémités, en sorte qu'elles sont nulles ou presque nulles dans un espace sensible situé vers le milieu de la pierre. Effectivement, si l'on fait aller et venir une tourmaline vis-à-vis d'un des globules de la petite aiguille, on observera que ce globule a une tendance marquée vers un point de la pierre voisin de l'extrémité; mais lorsqu'il répondra à la partie moyenne, on ne lui verra prendre aucun mouvement sensible.

Ce fait peut servir à expliquer un paradoxe que présente la tourmaline lorsqu'on la soumet à l'action d'un corps électrisé. Soit ab (fig. 216) la tourmaline; V, R ses pôles vitré et résineux, et s, t les points où se termine l'action sensible des fluides de ces deux pôles. Si l'on fait mouvoir un corps à l'état vitré le long de la tourmaline, il y aura répulsion depuis a jusqu'en s, et attraction depuis s jusqu'en b. Si l'on prend ensuite un corps à l'état résineux, et qu'on le fasse mouvoir de b en a, on n'aura pas préci-

sément l'inverse des effets précédens, comme on serait d'abord tenté de le croire ; il y aura répulsion
seulement depuis b jusqu'en t, et attraction depuis t
jusqu'en a. Cela vient de ce que la partie moyenne st
étant à très peu près dans l'état naturel, agit par
attraction dans les deux cas, en sorte que son effet
s'ajoute à celui qui a lieu vers les extrémités.

Si l'on casse une tourmaline au moment où elle
manifeste son électricité, chaque fragment, quelque
petit qu'il soit, a ses deux moitiés dans deux états
opposés, comme la tourmaline entière ; ce qui paraît d'abord très singulier, puisque ce fragment,
en supposant, par exemple, qu'il fût situé à l'une
des extrémités de la pierre encore intacte, se trouvait
alors tout entier dans un seul état d'électricité. On
résout heureusement cette difficulté en adoptant par
rapport à la tourmaline l'hypothèse infiniment probable que Coulomb a imaginée à l'égard des aimans. Elle consiste à considérer chaque molécule
intégrante de la tourmaline comme ayant deux pôles
sollicités par des forces contraires, et à admettre
que, dans une file de molécules intégrantes situées
parallèlement à l'axe de la tourmaline, les quantités de fluide libre croissent d'une molécule à l'autre,
en allant du centre vers les extrémités. D'après cela,
si l'on coupe la pierre à un endroit quelconque,
comme la section ne peut avoir lieu qu'entre deux
molécules, la partie détachée commencera nécessairement par un pôle d'une espèce, et se terminera par

un pôle de l'espèce contraire. Je ne fais qu'indiquer ici l'explication du phénomène, me réservant de la développer avec tout le détail convenable, lorsque je traiterai de la théorie du magnétisme.

Les effets dont nous venons de rendre raison n'occupent pour ainsi dire qu'un coin dans le domaine de la Physique; ils ont lieu dans des corps d'un petit volume et sans apparence: ils n'ont rien d'imposant, comme ceux que présentent certaines expériences électriques; mais ils n'en sont pas moins intéressans, ni moins dignes d'exercer la sagacité des physiciens, soit parce qu'ils offrent un moyen, qui n'appartient qu'à ces corps, de faire naître la vertu électrique, en substituant l'action de la chaleur à celle du frottement; soit parce que l'affinité, en réunissant les molécules des mêmes corps sous des formes régulières, semble s'être concertée avec cette vertu pour représenter les forces contraires des deux fluides par la différence des lois de décroissement relatives aux deux sommets; soit enfin parce que cette espèce d'organisation électrique qui résulte de la distribution des deux fluides dans une tourmaline, est analogue à celle des fluides magnétiques dans l'intérieur des aimans. C'est en partant de cette analogie qu'Epinus a découvert que le magnétisme et l'électricité étaient soumis aux mêmes lois.

La Minéralogie réclame en faveur des tourmalines cette belle prérogative d'avoir servi de lien

commun pour réunir dans une seule théorie deux
des branches de nos connaissances les plus dignes
d'attention, par l'importance et par la diversité des
découvertes auxquelles leur étude a donné naissance.

Usages.

Parmi les tourmalines que l'on trouve dans une
multitude d'endroits, celles de Castille en Espagne
ont obtenu, à juste titre, la préférence, pour être
employées dans les expériences relatives à l'électricité produite par la chaleur. Elles acquièrent en un
instant une forte vertu, dont la durée suffit à la
succession des phénomènes qu'elles sont destinées
à faire naître; et leur forme, qui est celle d'un long
cylindre d'un petit diamètre, se trouve naturellement assortie à la construction et au jeu de l'appareil qui a été décrit dans la première partie de ce
Traité (*). J'ai vu des tourmalines noires de Sibérie
semblables aux précédentes par le rapport de leurs
dimensions, mais dont la vertu était si faible et si
fugitive, qu'elles avaient trompé l'attente des minéralogistes qui avaient voulu les faire servir aux mêmes
usages.

On peut se contenter d'une seule tourmaline
d'Espagne, que l'on placera dans l'appareil, et substituer à celle qui reste dans la pince un simple

____

(*) Tome 1, page 207.

fragment d'un cristal tiré du même pays, ou de quelqu'autre, tel que le Brésil, l'île de Ceylan, la province de Massachuset, la Bavière, le Tyrol, etc. On trouve dans ces diverses contrées des tourmalines auxquelles il ne manque qu'une forme plus avantageuse, pour être comparables à celles d'Espagne.

On réussira encore avec deux tronçons de tourmalines qui n'auraient que peu de longueur, en les faisant entrer avec frottement dans les deux bouts d'un petit instrument de métal tellement construit, qu'il puisse faire des deux côtés l'office d'un porte-crayon. On disposera les tourmalines de manière qu'elles présentent en dehors deux de leurs pôles de noms différens, qui devront être connus d'avance. Cet assemblage placé dans l'appareil, après avoir été exposé à la chaleur, produira des effets analogues à ceux d'une tourmaline unique. On pourra ensuite renverser les positions des deux tourmalines, et recommencer l'expérience, dans laquelle les nouveaux pôles agiront en sens contraire des premiers, en sorte que le but de l'opération sera complétement rempli.

J'ai maintenant à considérer les tourmalines sous le rapport de l'art du lapidaire. Les récoltes de minéraux qui ont été faites depuis quelques années au Brésil, par des voyageurs français, et dans les Etats-Unis, par les naturels du pays, ont procuré à nos collections un surcroît de richesses qui offrent plusieurs nouvelles variétés de tourmaline, que l'on a jugées dignes d'être admises au nombre des pierres précieuses. Je vais en donner la liste, en y ajoutant celles qui sont connues depuis long-temps, et j'indiquerai les noms particuliers que quelques-unes portent dans la méthode des artistes et des amateurs.

Tourmaline d'un rouge de rose foncé. Au Brésil. Elle a été confondue pendant quelque temps avec le rubis oriental.

Tourmaline violette de Sibérie. Sibérite.

a. La même, chatoyante, à reflets blanchâtres. On la taille en cabochon.

Tourmaline bleue du Brésil. Saphir du Brésil.

Autre de la province de Massachuset.

Tourmaline d'un vert un peu obscur, du Brésil. Emeraude du Brésil.

Tourmaline d'un vert clair, du Brésil.

Tourmaline d'un bleu-verdâtre, du Brésil.

Autre de la province de Massachuset.

Tourmaline d'un jaune-verdâtre, de Ceylan. Péridot de Ceylan.

Tourmaline d'un vert-jaunâtre, du Brésil.

Tourmaline d'un orangé-brunâtre, de Ceylan.

Toutes ces tourmalines se distinguent des autres pierres précieuses avec lesquelles on pourrait être tenté de les confondre, telles que les rubis, l'émeraude, le péridot, etc., par la propriété qu'elles ont de devenir électriques à l'aide de la chaleur; et plusieurs sont en outre caractérisées par la différence d'intensité entre les deux images, que donne leur double réfraction, ainsi que je l'ai expliqué. La tourmaline rouge du Brésil s'éloigne encore du rubis oriental par sa pesanteur spécifique, qui est plus faible dans le rapport d'environ 3 à 4.

Les tourmalines dites *émeraudes du Brésil*, dont le vert a quelque chose de sombre, et celles de Ceylan, qui, étant d'une couleur orangée mêlée de brun, n'ont qu'une faible transparence, sont peu estimées comme objet d'ornement ; mais elles ont un côté qui les rend intéressantes comme objet de curiosité. Il suffit de les présenter au feu pendant un instant pour qu'elles acquièrent le pouvoir d'attirer des corps légers, ou de faire tourner une aiguille métallique montée sur son pivot, dont on les approche. J'ai connu des amateurs qui en portaient une montée en bague ou en épingle, et la mettaient dans le cas de prouver que si elle était peu propre à flatter l'œil dans son état ordinaire, elle méritait d'attirer les regards, lorsque la chaleur l'avait transformée en un petit instrument de Physique.

SECONDE ESPÈCE.

LAZULITE.

(*Lazurstein*, W. Vulgairement *pierre d'azur* et *lapis lazuli*.)

Caractères spécifiques.

Caract. géomét. Forme primitive : le dodécaèdre rhomboïdal.

Caract. auxiliaire. Soluble en gelée par les acides, après la calcination.

Caract. physiques. Pesant. spécif., 2,767...2,945.

Dureté. Rayant le verre; étincelant dans certaines parties, par le choc du briquet.

Cassure. Mate, à grain très serré.

Electricité. Résineuse à l'aide du frottement, lorsque le fragment est isolé.

Couleur. Le bleu d'azur joint à l'opacité.

Caract. chimiq. A un feu de 100^d du pyromètre, il conserve sa couleur; à un feu plus violent, il se boursouffle et se fond en une masse d'un noir-jaunâtre; et si l'on pousse encore plus le feu, il se change en émail blanchâtre. (*Kirwan.*)

Analyse par Klaproth (Beyt., t. 1, p. 196) :

Silice................	46,0
Alumine.............	14,5
Chaux carbonatée.....	28,0
Chaux sulfatée.......	6,5
Oxide de fer.........	3,0
Eau	2,0
	100,0.

Analyse par Clément et Désormes (Annales de Chimie, mars 1806) :

Silice................	35,8
Alumine.............	34,8
Soude	23,2
Soufre...............	3,1
Carbonate de chaux...	3,1
	100,0.

VARIÉTÉS.

Formes déterminables.

1. Lazulite *primitif*. En Sibérie.
2. *Emarginé.*

Indéterminable.

Lazulite *amorphe*, renfermant des veines de fer sulfuré.

Annotations.

On connaît, depuis l'an 1805, des cristaux de lazulite qui ont été apportés de Sibérie, et que M. Lhermina, cristallographe distingué, a reconnus pour être des dodécaèdres à plans rhombes.

On trouve aussi le lazulite en Perse, en Natolie et en Chine. On croit qu'il y est engagé dans des granites. Celui de Sibérie vient des environs du lac Baikal. Il y occupe un filon où il est accompagné de grenat, de feldspath et de fer sulfuré. Quelquefois il est entremêlé de talc stéatite et de talc nacré.

Le lazulite, surtout celui qui est d'un beau bleu pourpré et exempt de taches blanches, a été recherché de tous temps par les artistes qui taillent et polissent les pierres. On l'a employé pour faire des coupes, de petites statues, des bracelets, des tabatières et autres objets d'ornement. On le taillait aussi en forme de plaques, que l'on faisait servir à la décoration des autels ou des ouvrages destinés pour l'ameublement.

On a pris pour de l'or les parties pyriteuses dont cette pierre est assez souvent entremêlée, et qui forment à sa surface des taches ou des veines d'un jaune métallique. On jugeait apparemment du métal associé au lazulite, par le prix qu'on attachait à cette pierre elle-même.

Mais l'usage le plus intéressant du lazulite est celui qu'en font les peintres, auxquels il fournit cette belle couleur connue sous le nom de *bleu d'outre-mer*, et qui produit de si grands effets sur la toile. Pour l'obtenir, on calcine d'abord la pierre, et on la réduit en poussière impalpable. On mêle cette poussière avec une pâte composée de matières résineuses, de cire et d'huile de lin ; puis, à l'aide du lavage, on extrait de ce mélange une poudre qui, étant desséchée, donne le bleu d'outre-mer.

Cette couleur, appliquée sur la toile, ne subit presque aucune altération ; mais par là même son effet, après un certain temps, cesse d'être en harmonie avec celui des autres couleurs, qui sont plus ou moins altérables. M. Watelet (*), qui avait des connaissances très développées sur l'art de la peinture, compare ingénieusement un tableau qui sort

______

(*) Encyclop. méthod. Beaux-Arts, t. I, p. 79.

des mains de l'artiste avec un clavecin nouvelle-ment accordé. Les changemens qui surviennent dans la température font varier les degrés de tension des cordes de l'instrument. Si la variation se faisait d'une manière uniforme relativement à toutes les cordes, l'instrument resterait d'accord; seulement son dia-pason se trouverait plus haut ou plus bas : mais il n'en est pas ainsi; l'influence de la température agit plus sur certaines cordes que sur les autres; les intervalles des tons et demi-tons s'altèrent iné-galement, et alors la plus belle phrase musicale devient un tourment pour une oreille délicate. De même, les couleurs d'un tableau perdent inégale-ment leur ton, quoique d'une manière beaucoup moins sensible, par succession de temps; et comme le bleu d'outre-mer est une de celles qui résistent le plus, il en résulte à la fin dans l'ensemble du coloris une espèce de discordance, un défaut d'har-monie qui se fait surtout remarquer dans les an-ciens tableaux, où la couleur bleue a l'air d'avoir été appliquée par taches, au lieu de se fondre im-perceptiblement avec les autres couleurs.

TROISIÈME ESPÈCE.

SODALITE.

Caractères spécifiques.

Caract. géomét. Forme primitive : le dodécaèdre rhomboïdal.

Caract. auxiliaire. Soluble en gelée épaisse dans l'acide nitrique.

Caract. physiq. Pesant. spécif., 2,378.

Dureté. Rayant le verre.

Couleur. Le vert obscur, plus ou moins intense.

Caract. chimiq. Exposée à l'action du chalumeau, elle prend une couleur d'un gris foncé, sans se fondre.

Analyse par Thomson (Journal des Mines, n° 176) :

Silice................	38,42
Alumine.............	27,48
Soude	23,5
Chaux...............	2,70
Acide muriatique......	3,0
Oxide de fer	1,0
Matières volatiles	2,1
	100,00.

VARIÉTÉS.

Formes déterminables.

1. Sodalite *primitive*. Se trouve au Vésuve et dans le Groenland.

Indéterminable.

Sodalite *massive*.

Annotations.

La sodalite a été prise d'abord pour une natro-lithe, qui est une variété de la mésotype, probablement d'après le résultat de son analyse.

Les chimistes, forcés de convenir que la sodalite devait être séparée de la natrolithe, n'ont pas laissé de lui donner un nom qui signifie la même chose que le premier. Ce synonyme est flatteur pour les cristallographes ; il semble renfermer un aveu tacite que la Chimie s'est trouvée d'accord avec elle-même dans les deux analyses, et il laisse ainsi à la Géométrie des cristaux l'honneur d'avoir tracé la ligne de démarcation entre les deux substances.

Le minéral dont il s'agit a été découvert au Groenland, où il a pour gangue une roche composée de feldspath blanc, d'amphibole noir et de grenat. M. de Monteiro, en observant un fragment de cette roche, y a remarqué un zircon dont la forme se rapporte à celle de la variété nommée *dodécaèdre*. M. Giesecke a retrouvé la même substance à Kangerdluarsuk sur le continent, où elle est accompagnée d'une substance rougeâtre, qu'on a nommée *eudyalite*, et que je décrirai dans l'Appendice relatif aux minéraux dont la classification est encore incertaine.

La sodalite a été trouvée plus récemment au Vésuve, où elle est associée à l'amphibole aciculaire noir, au mica et à l'idocrase brune.

SILICE COMBINÉE AVEC L'ALUMINE ET LA POTASSE.

PREMIÈRE ESPÈCE.

AMPHIGÈNE.

Leuzit, W.

Caractères spécifiques.

Caractère. géométr. Forme primitive : le cube (fig. 217, pl. 78), divisible suivant des plans qui interceptent les arêtes et conduisent à un dodécaèdre rhomboïdal. Les joints naturels sont sensibles par le chatoiement, à une lumière un peu vive. Ceux qui ont lieu parallèlement aux faces du cube s'aperçoivent plus aisément que les autres.

Molécule intégrante : tétraèdre irrégulier.

Molécule soustractive : le cube.

Cassure. Raboteuse, quelquefois légèrement ondulée avec un certain luisant.

Caract. physiq. Pesant. spécif. , 2,4684.

Dureté. Rayant difficilement le verre.

Réfraction. Simple.

Caractère chimique. Infusible au chalumeau.

Analyse par Klaproth (Beyt. , t. II, p. 5o) :

$$\begin{array}{lr}
\text{Silice.} & 53,75 \\
\text{Alumine.} & 24,62 \\
\text{Potasse.} & 21,35 \\
\text{Perte.} & 0,28 \\
\hline
& 100,00.
\end{array}$$

Caractères distinctifs. 1°. Entre l'amphigène et le grenat trapézoïdal. Celui-ci raie le quarz ; l'amphigène raie à peine le verre. La pesanteur spécifique du grenat est plus grande dans le rapport d'environ 3 à 2. Il est fusible au chalumeau, et non pas l'amphigène. Jusqu'ici tous les grenats observés avaient des couleurs plus ou moins relevées. Les amphigènes n'ont qu'une teinte blanchâtre ou d'un jaune sale. 2°. Entre l'amphigène et l'analcime trapézoïdal. Celui-ci n'offre point de lames parallèles aux faces d'un dodécaèdre rhomboïdal, comme dans l'amphigène. Il est fusible au chalumeau en verre transparent ; l'amphigène résiste à la fusion.

Formes déterminables.

1. Amphigène *trapézoïdal.* $\overset{*}{\mathrm{A}}$ (fig. 218).

Vingt-quatre trapézoïdes égaux et semblables. Incidence de g sur g, $131^{\mathrm{d}}\,48'\,36''$; de g sur g', ou de g' sur g', $146^{\mathrm{d}}\,26'\,33''$. Angles de l'un quelconque $Lu Dm$ des trapézoïdes, $\mathrm{L} = 78^{\mathrm{d}}\,27'\,46''$; $\mathrm{D} = 117^{\mathrm{d}}\,2'\,8''$; m ou $u = 82^{\mathrm{d}}\,15'\,3''$. On voit souvent à la surface du cristal des espèces de fêlures parallèles à la petite diagonale, ou à celle qui va de u en m, de m en r, etc.

L'examen de la structure de cette variété, la seule régulière que l'amphigène ait offerte jusqu'ici, m'a conduit à un résultat remarquable, qui exige un certain développement. J'ai trouvé que cette structure était du nombre de celles qui s'appliquent à deux formes primitives différentes, lesquelles sont, dans le cas présent, le dodécaèdre rhomboïdal et le cube.

A l'égard de la première, on l'extrait par les mêmes coupes que celles qui ont lieu dans le grenat trapézoïdal (Voyez t. II, p. 320), c'est-à-dire qu'il faut faire passer les plans coupans, l'un par les points D, L, O, E, un second par les points L, O, H, G, etc., qui répondent aux angles solides du dodécaèdre, ainsi qu'on s'en convaincra par la comparaison de la figure 218 avec la figure 220, qui représente le dodécaèdre dont il s'agit.

D'une autre part, l'amphigène trapézoïdal est divisible par des plans tels que *umrx* (fig. 219), qui passent par les angles solides composés de quatre angles plans. C'est dans ce même sens que sont situées les fêlures dont nous avons parlé plus haut. Si l'on continue de sous-diviser parallèlement au plan *umrx*, qui est visiblement un carré, la face du noyau cubique à laquelle ce plan correspond sera mise à découvert lorsque la section passera par les points D, O, G, F, qui appartiennent aussi à un carré, mais situé en sens contraire du précédent *umrx*, la section ayant subi, dans l'espace intermédiaire entre *umrx* et DOGF, des changemens de figure qui l'ont ramenée par degrés à celle dont elle était partie. Il est facile d'appliquer le même raisonnement aux autres sections.

Combinons maintenant les divisions parallèles aux faces du dodécaèdre avec celles qui sont dans le sens des faces du cube, et cherchons la molécule intégrante qui doit résulter de cette combinaison.

Lorsque l'on divise un dodécaèdre rhomboïdal parallèlement à ses douze faces, en faisant passer, pour plus de simplicité, les plans coupans par le centre, on trouve qu'il se résout en vingt-quatre tétraèdres, dont les faces sont des triangles égaux et semblables. L'un de ces tétraèdres a pour faces les triangles DEO, DCO, DCE, OCE (fig. 220). On voit le même tétraèdre représenté séparément figure 221. Un second, situé dans la partie inférieure, est indiqué par les triangles FCG, FPG, FPC, GPC (fig. 220), et ainsi des autres.

Maintenant, si l'on suppose que le même dodécaèdre soit, de plus, divisible parallèlement aux faces d'un cube, il faudra, pour extraire ce cube, détacher les six pyramides quadrangulaires qui ont pour sommets les angles solides composés de quatre plans, et dont les bases coïncident avec les petites diagonales comprises entre les arêtes qui partent des mêmes angles solides. C'est ce qui est sensible par la seule inspection de la figure 222. Or chacune de ces dernières coupes, passant à égale distance du sommet E de l'une des pyramides et du centre C, sous-divise chaque tétraèdre en deux moitiés, qui sont elles-mêmes des tétraèdres, ayant pour faces deux triangles isocèles et deux triangles scalènes, égaux aux moitiés des précédens. La figure 223 représente les deux pyramides dont les sommets sont en E et en P (fig. 222), séparées du reste du solide; et la figure 224, les deux tétraèdres partiels qui résultent de la division du tétraèdre DEOC (fig. 221).

Le dodécaèdre se trouvera donc partagé, à l'aide de ces différentes sections, en quarante-huit tétraèdres, tous égaux et semblables, appliqués les uns contre les autres par une de leurs faces.

Réciproquement, si l'on sous-divise le cube renfermé dans le dodécaèdre, parallèlement aux faces de ce dernier solide, en faisant passer aussi les sections par le centre, chacune de ces sections passera en même temps par les diagonales de deux faces opposées. Il en résultera six pyramides quadrangulaires, qui auront pour bases les faces du cube, et dont les sommets se confondront avec le centre de ce cube; et de plus, chacune de ces pyramides, étant sous-divisée dans le sens de deux plans qui passeraient par les diagonales de sa base et par son axe, donnera quatre tétraèdres semblables à ceux qui naissent de la division du dodécaèdre; en sorte que le cube sera un assemblage de 24 de ces tétraèdres.

Ainsi, cette espèce d'analyse géométrique, qui offre d'abord une complication de plans, en apparence très difficile à débrouiller, conduit, en dernier résultat, à une forme très simple de molécule intégrante, qui est la même, soit que l'on considère le dodécaèdre ou le cube comme étant la forme primitive.

Ici revient l'observation que j'ai déjà faite ailleurs (*), et qui consiste en ce que les molécules intégrantes sont toujours assorties dans l'intérieur

______

(*) Traité de Cristallographie, t. I, p. 51.

des cristaux qui présentent ces structures à double sens, de manière qu'en les prenant par groupes, on a des parallélépipèdes qui donnent les molécules soustractives, c'est-à-dire celles dont l'assemblage forme les rangées soustraites sur les lames décroissantes. Dans le cas présent, la molécule soustractive est, à volonté, le rhomboïde composé de 6 tétraèdres, ou le cube composé de 24 tétraèdres.

Quelle que soit celle des deux formes primitives que l'on adopte, on aura, de part et d'autre, des lois simples et régulières de décroissement, relativement aux formes secondaires. Mais il paraît plus naturel d'adopter la forme primitive, qui est elle-même la plus simple, ce qui fournit une raison de préférence en faveur du cube, dans l'application de la théorie aux cristaux d'amphigène.

Formes indéterminables.

Amphigène *arrondi*. La variété précédente, dont les angles et les bords sont oblitérés.

Amphigène *altéré*. Cette altération est produite par l'action des feux volcaniques.

Accidens de lumière.

Couleurs.

Amphigène *gris*.

Blanchâtre.
Gris-jaunâtre.

Transparence.

Transparent.
Translucide.
Opaque.

Annotations.

Les cristaux d'amphigène se trouvent principalement parmi les déjections volcaniques. Ils sont communs aux environs de Naples et dans diverses autres contrées d'Italie. Ils sont tantôt incorporés avec des laves et des matières compactes que l'on regarde comme des basaltes, tantôt solitaires et dispersés parmi des débris de substances volcaniques, tantôt enfin associés, en proportion plus ou moins grande, avec le mica, l'amphibole, le feldspath, etc., dans des blocs qui ont été lancés hors des cratères, quelquefois sans avoir subi l'action du feu. Les fragmens de roches de la Somma, au Vésuve, que l'on croit avoir été de même rejetés par la force des explosions, renferment, à plusieurs endroits, des cristaux d'amphigène très bien conservés.

Cette substance se rencontre encore, quoique très rarement, hors du domaine des volcans. J'en ai qui sont translucides et engagés dans le mica. M. Lelièvre en a observé de petits cristaux enchatonnés dans une roche granitique, composée de quarz, de mica brun et de grenat rouge, faisant partie de la montagne des Travaux de la Providence, près de Gavarni, dans les Pyrénées (*).

La plupart des cristaux d'amphigène sont opaques. M. Léopold de Buch en a observé au Vésuve de transparens, dont il a bien voulu me faire part; et c'est en taillant un de ces cristaux que j'en ai formé un prisme triangulaire à l'aide duquel j'ai reconnu que la réfraction de cette substance était simple.

Le diamètre des cristaux d'amphigène n'excède guère la longueur de 27 millimètres ou un pouce, et il varie au-dessous de cette limite jusqu'à une extrême petitesse.

La forme du polyèdre à vingt-quatre trapézoïdes, que présente l'amphigène, et qui lui est commune avec une variété du grenat, a sans doute beaucoup contribué au rapprochement que les minéralogistes ont fait de ces deux minéraux dans une même espèce. Cette forme est, en général, mieux prononcée dans l'amphigène que dans le grenat. Les arêtes en sont très vives, et l'ensemble offre une régularité qui n'est pas ordinaire dans les cristaux dont les facettes sont multipliées. Ce polyèdre, que

------

(*) Cet article est extrait des observations de Dolomieu sur la leucite, insérées dans le Journal des Mines, n° 27, p. 177 et suiv.

nous avons vu être susceptible de donner pour forme
primitive, soit le dodécaèdre rhomboïdal, soit le
cube, reparaîtra dans l'espèce du fer sulfuré,
comme originaire de l'octaèdre régulier, en vertu
d'un décroissement par trois rangées sur tous les
angles de cet octaèdre.

Avant que la Chimie eût mis en évidence la diversité de nature qui existe entre le grenat et l'amphigène, l'opinion la plus commune faisait de celui-ci
un grenat qui, originairement rouge, avait été altéré et blanchi par les agens volcaniques (*). D'autres
regardaient l'amphigène comme le résultat d'une
sorte de vitrification qui se serait cristallisée dans
les courans des laves fluides, ou qui aurait été produite dans la pâte de ces laves, pendant que l'action des feux souterrains faisait bouillonner celle-ci
dans l'intérieur des foyers volcaniques.

─────────────

(*) Romé de l'Isle dit que, parmi plusieurs cristaux de
grenat blanc qu'il possède, il en est qui conservent des
vestiges de leur couleur rouge (Cristallogr., t. II, p. 335);
mais les cristaux de sa collection, qui appartient aujourd'hui
à M. Gillet-Laumont, ont seulement des taches superficielles
d'un roux obscur et qui paraissent provenir de la matière
enveloppante. Le même savant suppose que l'on voit aussi
sur les grenats blancs, des stries semblables à celles qui sil-
lonnent les faces du grenat à 24 trapézoïdes (*ibid.* p. 333).
Ce sont plutôt de simples fêlures, qui ont des directions
différentes, et correspondent aux coupes à l'aide desquelles
on parviendrait à extraire du cristal son noyau cubique.

Dolomieu s'était déjà déclaré, depuis long-temps, contre ces deux opinions (*), et, suivant ce célèbre naturaliste, les amphigènes, très distingués des grenats rouges par leurs propriétés et par leur constitution, ne se trouvaient dans les laves, ainsi que les hornblendes (amphiboles), les pyroxènes, les feldspaths, que comme des produits adventifs, qui auraient été seulement enveloppés par la lave encore à l'état de fluidité.

MM. Salmon, Léopold de Buch et Breislack, ont entrepris, plus récemment, de défendre le second sentiment, et de prouver que les principes constituans de l'amphigène ou de la leucite, après s'être dégagés de la lave, tandis que celle-ci coulait encore, s'étaient réunis, au sein de cette lave, conformément aux lois de l'affinité qui les sollicitait (**). Une des raisons sur lesquelles ils se fondent est que les leucites que l'on trouve à Borghetto, près du Tibre, renferment tantôt des grains de basalte enveloppés de tous côtés par la matière du cristal

---

(*) Notes sur la Dissertation de Bergmann relative aux produits volcaniques.

(**) Voyez, pour le développement de cette opinion, le Mémoire de M. Salmon, Journal de Physique, prairial an 7, p. 432, et celui de M. de Buch, *idem*, vendémiaire an 8, p. 262, où ce naturaliste a discuté la question présente avec une grande sagacité, et a beaucoup ajouté aux preuves alléguées par M. Salmon.

dont ils occupent le centre, tantôt des portions du
même basalte qui, d'un côté, pénètrent le cristal,
et de l'autre, sont adhérentes à la lave voisine. On
pourrait peut-être répondre, dans l'hypothèse contraire, que les leucites, lors de leur formation,
avaient entouré des grains ou des portions des substances environnantes, qui cristallisaient en même
temps, comme cela est arrivé par rapport à différentes espèces de cristaux, et que, dans la suite, la
même chaleur qui avait converti en laves ces substances environnantes, avait agi de la même manière
sur les parties enchatonnées dans les leucites, sans
altérer sensiblement ces dernières, qui, étant plus
susceptibles de résister à l'action du feu, auraient
servi comme de creuset.

Mais M. Léopold de Buch insiste, de plus, sur
ce que la lave qui renferme des leucites étant criblée de petites cavités, dont les plus sensibles ont
une figure alongée, les leucites qui avoisinent ces
dernières sont elles-mêmes alongées, en conservant
toujours leurs formes polyédriques, dont les angles
sont nets et les faces bien prononcées. Or cet alongement, qui a lieu dans le même sens des cavités,
indique que les leucites ont été produites au milieu
de la lave même, dont le courant était dirigé parallèlement à leur plus grand diamètre. M. de Buch parle
d'une autre lave qu'il a observée au Vésuve, et qui
est tellement empâtée d'une infinité de cristaux de
leucite, dont la plupart ne peuvent être distingués qu'à

l'aide de la loupe, qu'il est inconcevable que leur existence ait précédé l'époque à laquelle la lave a coulé.

Je me permettrai encore une réflexion au sujet de l'alongement des cristaux de leucite : c'est qu'il n'est pas facile d'imaginer comment les molécules de cette substance auraient pu obéir en même temps à leur affinité mutuelle et au mouvement progressif de la lave, qui a produit l'alongement, sans que cette dernière cause n'altérât les incidences respectives des facettes du cristal. Car l'alongement s'est fait de manière que les différentes parties de la leucite avaient des vitesses inégales dans le sens du mouvement progressif, ce qui devait troubler la marche des décroissemens, et occasionner des variations dans les angles qui en dépendent (*).

M. Breislack, dans son bel ouvrage qui a pour titre, *Voyage physique et lithologique dans la Campanie* (**), penche vers le sentiment de M. de

---

(*) Il n'est pas rare de rencontrer de véritables grenats trapézoïdaux, qui sont plus alongés dans un sens que dans l'autre. Mais cette différence, dont une multitude d'autres minéraux offrent pareillement des exemples, provient de ce que l'accroissement du cristal s'est fait d'une manière inégale sur des parties du noyau semblablement situées, ce qui n'a influé en rien sur les inclinaisons respectives des faces de la forme secondaire.

(**) Tome II, p. 9 et suiv.

Buch, avec lequel il a observé la lave de Borghetto dont nous avons parlé. On a fait différentes objections contre cette opinion. M. Deluc, qui a entrepris de la combattre (Journal des Mines, n° 115, p. 22), demande comment les affinités auraient pu s'exercer au milieu d'une matière dense, et qu'on ne peut pas supposer avoir été dans cet état de liquidité qui aurait permis aux molécules de l'amphigène de se dégager de la masse environnante, pour se réunir conformément aux lois d'une agrégation régulière.

M. Breislack répond par l'exemple des cristallisations qui s'opèrent dans les métaux fondus (Introduct. à la Géologie, p. 458); mais ce n'est pas la même chose.

Ici c'est une matière homogène qui se cristallise au milieu d'elle-même; il ne se fait point de déplacement proprement dit; les molécules, sans avoir de mouvement progressif, ne font que se tourner de manière à se présenter les unes aux autres par leurs *latus* de plus grande affinité.

Au reste, il n'entre pas dans mon plan de discuter à fond les opinions des géologues sur la formation du globe et des matières dont il est l'assemblage. Je n'ai pas même prétendu opposer des difficultés réelles à des observations faites par des savans aussi éclairés et aussi exercés à bien voir : ce sont plutôt de simples doutes, qui me paraîtraient mériter d'être éclaircis, pour qu'il ne restât aucun nuage sur les conséquences déduites de ces observations.

SECONDE ESPÈCE.

MÉIONITE.

(*Meïonit*, W. *Hyacinthe blanche de la Somma*, Romé de l'Isle.)

Caractères spécifiques.

Caract. géomét. Forme primitive : prisme droit symétrique (fig. 225, planche 79), dans lequel le rapport entre le côté B de la base et la hauteur G est à peu près comme 9 est à 4 (*). Les divisions latérales sont assez nettes, surtout lorsqu'on fait mouvoir les fragmens à une vive lumière. La position des bases n'est que présumée.

Molécule intégrante : *idem.*

Cassure. Transversale, ondulée, brillante.

Caract. physiq. Pesant. spécif., 2,612.

Dureté. Rayant aisément le verre.

Caract. chimiq. Fusible en verre spongieux avec un bouillonnement considérable.

(*) Le rapport qui m'a servi de donnée pour calculer les angles des cristaux secondaires, est celui de $\sqrt{21}$ à 2. Mais la petitesse des cristaux ne me permet de regarder ce rapport que comme approximatif.

Analyse de la méïonite du Vésuve, par Arfwedson
(Berz. Nouveau Syst. de Min., p. 89) :

$$
\begin{array}{lr}
\text{Silice}\dots\dots\dots\dots\dots & 58,70 \\
\text{Alumine}\dots\dots\dots\dots\dots & 19,95 \\
\text{Potasse}\dots\dots\dots\dots\dots & 21,40 \\
\text{Chaux}\dots\dots\dots\dots\dots & 1,35 \\
\text{Oxide de fer}\dots\dots\dots & 0,40 \\
\hline
& 100,00.
\end{array}
$$

Caract. dist. 1°. Entre la méïonite et l'idocrase.
Dans les cristaux de celle-ci, les faces du sommet
qui tendent à se réunir en une pyramide quadrangulaire, font entre elles des angles de $129^d \frac{1}{2}$; les
angles analogues dans la méïonite sont d'environ
136^d. L'idocrase se fond simplement en verre, sans
bouillonnement ni boursoufflement. 2°. Entre la
même et le zircon. Celui-ci se divise parallèlement
à ses faces terminales, et non la méïonite ; les incidences des mêmes faces sont de $124^d\,12'$ dans le
zircon, et de 136^d dans la méïonite ; le zircon est
infusible et raie le quarz, la méïonite est très fusible et ne raie que le verre. 3°. Entre la même
et l'harmotome. La première n'a pas de joints parallèles aux faces de ses sommets, comme on en
observe dans l'harmotome ; ces mêmes faces sont
inclinées entre elles de 122^d dans l'harmotome, et
de 136^d dans la méïonite. 4°. Entre la même et le
wernérite. Celui-ci n'offre aucun joint naturel bien

sensible, et ceux que l'on pourrait y présumer seraient plutôt parallèles aux faces situées comme *s*, *s* (fig. 226). La poussière de la méionite n'est point phosphorescente par le feu comme celle du wernérite. 5°. Entre la même en grains irréguliers et la néphéline amorphe. Celle-ci est difficile à fondre, et ne bouillonne ni ne se boursoufle.

VARIÉTÉS.

FORMES DÉTERMINABLES.

Quantités composantes des signes représentatifs.

$$\overset{1}{M}\,\overset{1}{A}A^{33}\,\overset{1}{A}B^{1}G^{13}G^{3}.$$
M *l*   *s*   *s*   *t*   *s*   *x*

Combinaisons trois à trois.

1. Méionite *dioctaèdre.* $\overset{1}{}G^{1}M\overset{1}{A}$ (fig. 226).
   s M *l*

Cinq à cinq.

2. *Soustractive.* $\overset{1}{}G^{13}G^{3}MA^{33}A\overset{1}{A}$ (fig. 227).
   s   *x*   M   *s*   *l*

Six à six.

3. *Triplante.* $\overset{1}{}G^{13}G^{3}MA^{33}\overset{1}{A}A\overset{\frac{1}{3}}{B}$ (fig. 228).
   s   *x*   M   *s*   *l*   *t*

Forme indéterminable.

Meïonite *granuliforme.*

Sous-variétés dépendantes des accidens de lumière.

Meïonite *incolore.*
Blanchâtre.

Annotations.

Les cristaux de meïonite se trouvent à la Somma, l'une des branches du Vésuve, parmi les matières rejetées par ce volcan. Ils n'ont guère que deux ou trois millimètres d'épaisseur, et sont ordinairement serrés les uns contre les autres. La gangue de ceux que j'ai observés était une chaux carbonatée lamellaire.

Romé de l'Isle, qui le premier a parlé de la meïonite, rapportait les cristaux dioctaèdres de cette substance à la seconde variété de l'hyacinthe, qui est notre zircon dioctaèdre, en ajoutant que les faces de ses pyramides étaient cependant inclinées comme dans l'hyacinthe du Vésuve (idocrase). Il est à présumer qu'il n'avait pas entre les mains de cristaux assez prononcés pour permettre de saisir une différence qui m'a paru évidente sur ceux dont j'ai mesuré les angles. Il en résulte que la pyramide du sommet est plus basse dans la substance dont il s'agit que dans l'idocrase, et même que dans les autres substances qui ont une cristallisation analogue, telles que l'harmotome et le zircon. C'est de cette forme surbaissée et du raccourcissement qui en résulte pour l'axe de forme primitive que j'ai emprunté le nom de *meïonite*.

Il n'existe, d'ailleurs, aucune loi ordinaire de décroissement qui puisse produire, autour du noyau de l'idocrase, des formes semblables à celles de la meïonite ; et si l'on considère encore la différence marquée qui existe entre les deux substances relativement à leur manière de se fondre, on ne pourra douter, ce me semble, qu'elles ne forment deux espèces nettement distinguées l'une de l'autre.

TROISIÈME ESPÈCE.

FELDSPATH.

(*Feldspath* , W. *et* K.)

Caractères spécifiques.

Caract. géomét. Forme primitive : parallélépipède obliquangle (fig. 229, pl. 79). Incidence de M sur P, 90^d ; de M sur T, 120^d ; de P sur T, 68^d 20'. Les coupes parallèles à M, P sont très nettes et faciles à obtenir ; mais, le plus ordinairement, celle qui est parallèle à T se laisse seulement entrevoir par le chatoiement à une vive lumière.

Molécule intégrante : *idem.* (*). Le parallélépipède qui la représente a cette propriété, que la diagonale menée de A en O est perpendiculaire sur l'arête H, ou, ce qui revient au même, qu'elle est horizontale, en supposant les faces M, T situées verticalement. Il en résulte que, quand une facette produite par un décroissement ordinaire sur l'angle I se combine avec la face P, l'arête qui les réunit est elle-même horizontale. Cette observation est nécessaire pour bien concevoir la structure des variétés que présente la cristallisation du feldspath.

Une seconde propriété du même parallélépipède consiste en ce que les décroissemens peuvent avoir lieu par des lois différentes sur des parties de la forme

---

(*) Si l'on fait passer un plan coupant par la face M, perpendiculairement à cette face, et en même temps aux arêtes G, H, ce plan interceptera un rhombe alongé de 120^d et 60^d, dont le côté qui répond à T sera double de celui qui répond à M. Si l'on conçoit un second plan qui passe aussi par M, perpendiculairement à cette face, et en même temps aux arêtes D, C, ce plan interceptera un carré, en supposant la face P prolongée autant qu'il est nécessaire pour que le plan rencontre l'arête C. Les deux faces M, P sont égales en étendue, et la face T est double de chacune d'elles. Dans le triangle EyO (fig. 229), on fera $Ey : yO :: 3 : \sqrt{2}$. Voyez le Traité de Cristallographie, t. II, p. 356 et suiv.

primitive qui ne sont pas identiques, de manière cependant que les faces qui en naîtront auront des positions semblables. Il en résulte un aspect symétrique que la loi de symétrie n'exige pas, mais qui ne lui fait point exception.

Caract. phys. Pesant. spécif., 2,43....2,704.

Dureté. Rayant le verre ; étincelant sous le briquet.

Réfraction. Double à un degré médiocre.

Phosphorescence. Sensible par le frottement mutuel de deux morceaux dans l'obscurité.

Caract. chimiq. Fusible au chalumeau en émail blanc.

Analyse du feldspath limpide, dit *adulaire*, par Vauquelin :

Silice	64
Alumine	20
Chaux	2
Potasse	14
	100.

Du feldspath vert de Sibérie, par le même (Bulletin des Sciences de la Soc. Philom., n° 24, p. 185) :

Silice	62,83
Alumine	17,02
Chaux	3,00
Oxide de fer	1,00
Potasse	13,00
Perte	3,15
	100,00.

Du feldspath laminaire blanchâtre, dit *pétunzé*
(*ibid.*, n° 26, p. 12) :

$$
\begin{array}{lr}
\text{Silice.} & 74,0 \\
\text{Alumine.} & 14,5 \\
\text{Chaux.} & 5,5 \\
\text{Perte.} & 6,0 \\
\hline
& 100,9.
\end{array}
$$

Du feldspath compacte tenace, par Klaproth
(Beyt., t. IV, p. 278) :

$$
\begin{array}{lr}
\text{Silice.} & 49 \\
\text{Alumine.} & 24 \\
\text{Chaux.} & 10,5 \\
\text{Magnésie.} & 3,75 \\
\text{Oxide de fer.} & 6,5 \\
\text{Soude.} & 5,5 \\
\text{Perte.} & 0,75 \\
\hline
& 100,00.
\end{array}
$$

Du feldspath décomposé, dit *kaolin*, par Vauquelin :

$$
\begin{array}{lr}
\text{Silice.} & 71,15 \\
\text{Alumine.} & 15,86 \\
\text{Chaux.} & 1,92 \\
\text{Eau.} & 6,73 \\
\text{Perte.} & 4,34 \\
\hline
& 100,00.
\end{array}
$$

Caractères distinctifs. 1°. Entre le feldspath et le corindon. Celui-ci est divisible en rhomboïde un peu aigu, par des coupes également nettes dans les trois sens ; le feldspath n'offre que deux joints éclatans, perpendiculaires entre eux. Sa pesanteur spécifique est plus petite dans le rapport d'environ 7 à 10 ; le corindon raie fortement le quarz, ce que ne fait pas le feldspath. 2°. Entre le feldspath nacré (*pierre de lune*) et le quarz chatoyant (*œil de chat*). Celui-ci a la cassure raboteuse, et ne se divise pas nettement comme le feldspath. 3°. Entre le même et la cymophane. Le feldspath est beaucoup moins dur ; sa pesanteur spécifique est moindre dans le rapport d'environ 5 à 7 ; il s'électrise difficilement par le frottement, et la cymophane avec beaucoup de facilité. 4°. Entre le feldspath vert et la diallage verte (*smaragdite*). Celle-ci est rayée par le feldspath ; elle ne se divise nettement que dans un sens : le feldspath est susceptible de deux coupes perpendiculaires entre elles, d'un éclat égal et plus vif que celui qui a lieu dans la diallage.

VARIÉTÉS.

FORMES DÉTERMINABLES.

Quantités composantes des signes représentatifs.

PMT¹¹¹ ¹¹D¹CG⁴G⁵G⁶⁶H.
PMTᵧᵣₓ ₓₛqₙₕ ₗ ₛ ₗ

Combinaisons trois à trois.

1. Feldspath *primitif.* PMT (fig. 229).
Du département du Puy-de-Dôme.

2. *Unitaire.* $\overset{\scriptstyle 1}{\text{M}}\text{IP}$ (fig. 230).
$\quad\text{M}y\text{P}$

3. *Binaire.* G^{a}TP (fig. 231).
$\quad l\ \text{T P}$

4. *Imitatif.* $\text{G}^{a}\text{T}\overset{\scriptstyle z}{\text{I}}$ (fig. 232).
$\quad l\ \text{T}x$
Du département de l'Isère; du Saint-Gothard.

Quatre à quatre.

5. *Prismatique.* G^{a}MTP (fig. 233).
$\quad l\ \text{M T P}$

6. *Ditétraèdre.* $\text{G}^{a}\text{T}\overset{\scriptstyle z}{\text{I}}\text{P}$ (fig. 234).
$\quad l\ \text{T}x\text{P}$
Au Saint-Gothard; dans le Tyrol.

7. *Ambigu.* $\text{MTG}^{a}\overset{\scriptstyle z}{\text{I}}$ (fig. 235).
$\quad\text{MT}\ l\ x$

Cinq à cinq.

8. *Quadrihexagonal.* $\text{G}^{a}\text{MT}\overset{\scriptstyle 1}{\text{I}}\text{P}$ (fig. 236).
$\quad l\ \text{M T}y\text{P}$
Du département des Ardennes.

9. *Bibinaire.* $\text{G}^{a}\text{MT}\overset{\scriptstyle z}{\text{I}}\text{P}$ (fig. 237).
$\quad l\ \text{M T}x\text{P}$

Six à six.

10. *Dihexaèdre.* G^{a}MTIIP (fig. 238).
     l   M T*yx*P

Sept à sept.

11. *Sexoctonal.* G^{t}G^{a}MTIIP (fig. 239).
     k l   M T*yx*P

12. *Progressif.* G^{a}G^{4}M^{a}HTIP (fig. 240).
     l z   M *z'* T*y*P

13. *Quadribinaire.* G^{a}MTPID^{a}I (fig. 241).
     l   M T P*xs*   *s'*

14. *Quadridécimal.* G^{a}G^{4}M^{a}HTIP (fig. 242).
     l z   M   *z'* T*x*P

C'est à cette variété qu'appartiennent les cristaux connus pendant long-temps sous le nom de *schorls blancs*. Ils sont souvent accolés deux à deux, ou en plus grand nombre, par leurs faces analogues à M.

Huit à huit.

15. *Sexdécimal.* G^{a}MTPIID^{a}I (fig. 243).
     l   M T P*yxs*   *s'*

16. *Décioctonal.* G^{a}G^{4}M^{a}HTICP (fig. 244).
     l z   M   *z'* T*yx*P

17. *Sous-quadruple.* G^{a}G^{4}M^{a}HTIP^{a}ID^a (fig. 245).
     l z   M   *z'* T*x*P *s's*

Dix à dix.

18. *Didécaèdre.* G^{a}G^{4}M^{a}HPTIID^{a}I (fig. 246).
     l z   M   *z'* P T*yxs*   *s'*

19. *Déciduodécimal.* G⁰G⁴M⁰HTIPCD²I (fig. 247).

Dans le département du Puy-de-Dôme. D'un rouge incarnat.

20. *Apophane.* G⁰G⁴M⁰HTHPD²I (fig. 248).

21. *Quintuplant.* G⁰G⁴M⁰HTPICD²I (fig. 249).

22. *Déciquatuordécimal.*

G⁰G⁴MTPHCD²I (fig. 250).

Douze à douze.

23. *Synoptique.* G⁰G⁴M⁰HTHHPCD²I (fig. 251).

Il présente comme le tableau en raccourci de toutes les lois de décroissement observées jusqu'ici dans les cristaux de cette espèce.

Nota. Dans plusieurs des variétés précédentes, les dimensions des faces sont sujettes à jouer, de manière que le cristal prend un aspect tout différent de celui auquel se rapportent les figures, c'est-à-dire que les faces P, M et leurs opposées, qui font entre elles des angles droits, se présentent comme les pans d'un prisme rectangulaire. Par exemple, il arrive assez souvent que dans la variété déciduodécimale (fig. 247), les faces M se rétrécissent entre les faces P, par le rapprochement

de celles-ci, comme on le voit figure 255, pl. 82 (*);
et alors ces quatre faces ont l'air d'appartenir à un
prisme qui est octogone, par l'addition des facettes
n, n', etc., et dont les sommets très irréguliers sont
formés, l'un des faces y, o, o', T, z' etc., et l'autre
des faces situées dans la partie opposée. C'est sous
ce point de vue que Romé de l'Isle a considéré une
partie des variétés qu'il a décrites fort au long dans
son article *Feldspath*.

24. Feldspath *hémitrope*, c'est-à-dire *dont une
moitié est retournée*. De l'Isle, t. II, p. 478 et suiv.;
var. 10, 11, 12, 13, 14, 15 et 16.

a. Plan de jonction parallèle à la diagonale qui
va de 1 en *a* (fig. 229), et à son opposée.

Cette hémitropie a lieu relativement à différentes
formes cristallines qui rentrent dans les variétés précédentes. Mais les deux moitiés du noyau auxquelles
appartiennent celles du cristal secondaire, dont
l'une est retournée, sont toujours censées provenir
d'une coupe faite dans le même sens; en sorte que
l'hémitropie rapportée à ce noyau ne souffre aucune
variation. Un exemple fera concevoir le principe
qui peut aider à débrouiller toutes ces modifications, dont le détail nous mènerait trop loin.

(*) Il faut faire ici abstraction des lignes rz, rz', $r's$, $r's'$,
qui indiquent une coupe du cristal, laquelle nous sera bientôt nécessaire pour l'explication d'une autre variété.

Supposons que la figure 252 représente un cristal secondaire, qui ait pour signe $\mathrm{M\,T\,\overset{1\,2\,1\,2}{H\,H\,F\,P}}$. Ce cristal $\mathrm{M\,T\,\gamma\,x\,o\,P}$ ne diffère de la variété sexdécimale (fig. 243) que par l'absence de la facette o', et par celle du pan l et de son opposé. De plus, il est censé raccourci de manière que les faces P, M et leurs opposées se présentent sous l'aspect d'un prisme rectangulaire (*). Imaginons maintenant un plan coupant qui passe par les arêtes du, lk, (fig. 252), lesquelles répondent aux arêtes AI, ai (fig. 229) de la forme primitive. Ce plan passera en même temps par la diagonale qui va de I en a; et si l'on considère sa section par rapport aux deux faces T, y (fig. 252), il est visible qu'il coupera leur arête de jonction en quelque point h, et l'arête opposée en quelque point g.

Les choses étant dans cet état, concevons que la moitié dans laquelle sont comprises les faces P, M, T, restant fixe, l'autre moitié se retourne, en restant toujours appliquée à la première, jusqu'à ce qu'elle soit tout-à-fait renversée, comme on le voit figure 253. Les deux moitiés ainsi réunies formeront un angle saillant à l'endroit des lignes sh, kh, et un angle rentrant dans la partie opposée.

(*) Ce prisme, assorti aux dimensions de la forme primitive, a ses pans M, P égaux en largeur, en sorte que sa coupe transversale serait un carré. C'est une suite de ce qui a été dit plus haut, p. 80, note I.

à l'endroit des arêtes *dg* , *fg*. Mais ordinairement les cristaux sont tellement engagés dans leur support, qu'ils ne présentent que la partie sur laquelle est situé l'angle saillant.

Il résulte de ce qui précède que l'angle formé par l'arête *v* avec l'arête de jonction des faces M, T, doit être égal à celui que forme l'arête H (fig. 229) avec la diagonale qui va de I en *a*. La valeur de cet angle est de 40ᵈ 4′.

La jonction des deux moitiés se faisant, comme nous l'avons dit, dans le sens de la diagonale I*a*, on conçoit que le renversement des molécules d'une des moitiés du noyau, ne les empêche pas de s'engrener dans celles de l'autre moitié, à l'endroit de cette jonction ; en sorte que le mécanisme de la structure subsiste, à cet égard, comme dans les cristaux ordinaires. J'ai dans ma collection une hémitropie très prononcée, provenant de Baveno, et semblable à celle qui vient d'être décrite.

b. Plan de jonction parallèle à la face M (fig. 229).

Soit *cc′* (fig. 254, pl. 82) un cristal secondaire qui ait pour signe $G^a MTPDCIF^{\frac{2}{3}}I$. Supposons un plan coupant qui passe par les points *a* , *a*, *a′*, *a′*, et en même temps par les milieux des arêtes *c*, *c′*, et concevons que l'une des deux moitiés qu'intercepte ce plan, par exemple celle qui est située en avant, prenne une position renversée. Les deux faces P, *x* ayant des inclinaisons presque égales, leurs résidus, après le renversement dont nous venons de parler, se trouveront sensiblement sur les mêmes plans que les portions des faces inférieures analogues; et il est facile de voir que chaque sommet de l'hémitropie présentera encore quatre facettes marginales, avec cette différence, qu'à la place de la facette *n* qui est inclinée de 135^d sur M, il y aura une facette située comme *o*, c'est-à-dire inclinée de 116^d $21'$ sur M; et réciproquement la facette *o* se trouvera remplacée par une facette inclinée comme *n*. Quant au prisme, il n'aura subi aucun changement apparent, pourvu que le plan de jonction passe par les arêtes *a*, *a'*; mais souvent il ne partage pas exactement le cristal en deux moitiés, et alors les pans qui appartiennent aux deux portions de cristal forment entre eux des angles rentrans de part et d'autre. Il est remarquable que dans le premier cas, où la jonction se fait symétriquement, elle ne donne lieu à aucun angle rentrant, ce qui est le contraire des hémitropies ordinaires; en sorte que celle-ci se présente sous l'aspect d'un cristal où tout serait à sa place naturelle. Mais la structure décèle le renversement d'une des moitiés du cristal, en offrant des joints parallèles seulement au résidu de la face P, et d'autres parallèles à la partie de la face *p*, qui s'est retournée, pour se réunir au résidu de la face *x*; au lieu que dans un cristal qui n'aurait subi aucun renversement, les joints seraient continus parallèlement à P, et nuls parallèlement à *x*. J'ai observé cette hémitropie sur des cristaux d'un rouge incarnat trouvés par M. Lefèvre sur les bords du Rhin, près de Cologne, dans une montagne volcanique.

c. Plan de jonction parallèle à la face P (fig. 229).

M. de Drée est le premier qui ait observé cette hémitropie, dont le générateur est un cristal déci-duodécimal, alongé entre la face *y* et son opposée, comme le représente la figure 255. La section *rsr's'*, qui détermine le plan de jonction, traverse la face M et son opposée, puis les faces *y*, *y'*, parallèlement à la face P. Si l'on imagine que la moitié qui s'est renversée soit celle de dessus, on concevra que le cristal hémitrope (fig. 256) doit avoir, sur le sommet situé à droite, un angle rentrant formé par la partie fixe de la face *y*, et par la partie mobile de la face opposée; cet angle est de 160^d $37'$. Les deux autres parties des mêmes faces forment, sur le sommet à gauche, un angle saillant égal au précédent. En suivant avec attention l'effet du renversement, on se fera une idée des positions relatives des diverses portions de faces, dont les unes sont censées être restées fixes, et les autres avoir suivi le mouvement de la partie qui a tourné. Les cristaux qui ont servi aux observations de M. de Drée avaient été recueillis par ce naturaliste près de la Clayette, département de Saône-et-Loire, sur le territoire de la Chapelle.

Il n'est pas rare de voir des cristaux de feldspath

qui se croisent deux à deux, ou en plus grand
nombre ; Dolomieu en a rapporté du Saint-Gothard,
qui ont la forme de la variété ditétraèdre (fig. 234),
et qui se joignent quatre à quatre par un de leurs
sommets, en se pénétrant mutuellement, de manière que l'assortiment représente une espèce de
croix composée de quatre triangles réunis autour
d'un point commun, et un peu relevés les uns vers
les autres.

Variétés indéterminables.

Feldspath *laminaire.*
Lamellaire.
Granulaire. On voit des morceaux qui offrent
le passage du feldspath laminaire à cette variété,
qui paraît être l'effet d'un commencement d'altération, dont le dernier terme est le feldspath décomposé ou le kaolin. Voyez l'appendice.
Compacte. Dichter feldspath, W.

a. Céroïde (Petrosilex agathoïde). Aspect analogue à celui du quarz-agate. Cassure souvent écailleuse. Rouge de chair ou blanchâtre.

b. Jaspoïde. Aspect extérieur semblable à celui
du quarz jaspe. Opaque, si ce n'est dans ses bords
très minces. Cassure très unie et largement conchoïde. Se trouve particulièrement dans les montagnes des Vosges.

Sous-variétés dépendantes des accidens de lumière.

Transparence et couleurs.

Feldspath *incolore*. Au Saint-Gothard.

1. *Blanc et opaque. Petunzé* des Chinois.

2. *Blanc et translucide.* A Guanaxuato au Mexique.

3. *Blanc-verdâtre.* Au Saint-Gothard.

4. *Rouge obscur.* Dans le talc stéatite, en Norwége.

5. *Rouge-violet.*

6. *Vert* de Sibérie. Pierre des amazones.

7. *Incarnat.* A Baveno.

8. *Gris* de Norwége.

9. *Noir.*

Chatoiement.

Feldspath *nacré*. Pierre de lune. Adular, W. Opasilirender feldspath, K. Moon stone, Kirwan, t. I, p. 322. Pierre de lune du commerce. Des reflets blanchâtres, souvent avec une teinte légére de bleuâtre ou de verdâtre, qui partent d'un fond demi-transparent et légèrement laiteux.

Le feldspath transparent du Saint-Gothard présente cet aspect dans quelques-unes de ses parties. On a nommé, en général, ce feldspath *adulaire* ou *adularia*, dérivé d'*adula*, par lequel on désigne, en latin, le mont Saint-Gothard, où il a été trouvé par le père Pini. On n'a pas fait attention qu'aucune variété de feldspath ne méritait mieux d'en conserver le nom que celle qui offre cette substance dans son plus grand état de pureté.

Quelques lapidaires donnent le nom d'*argentine* à des morceaux de cette même variété, dont les reflets nacrés, au lieu de partir de l'intérieur, s'étendent sur la surface, comme dans les perles.

Feldspath *opalin*. Pierre de Labrador. Labrador feldspath, K. Labrador, W. Feldspath à reflets colorés en vert et en bleu; Pierre de Labrador, Daubenton, Tabl., p. 4. Labradore stone, Kirwan, t. I, p. 324. De beaux reflets ordinairement de deux couleurs, bleue et verte, et quelquefois jaune d'or. Le fond de la pierre est communément gris, et marqué, dans certains morceaux, de veines blanchâtres, qui forment des rhombes en se croisant. Se trouve dans l'île de Saint-Paul, sur les côtes du Labrador, ainsi qu'en Russie, en Norwége et dans le Groenland.

Feldspath *aventuriné*. Aventurine, Daubenton. Parsemé de points jaunâtres et brillans sur un fond incarnat, ou de points blanchâtres sur un fond vert. Se trouve sur les bords de la mer Blanche.

Substances étrangères à l'espèce du feldspath, auxquelles on a donné son nom.

1. Feldspath œil de chat. Le quarz chatoyant.
2. Feldspath vert. La diallage verte.

APPENDICE.

1. Feldspath *tenace*. Jade de Saussure. (Voyages, n°ˢ 112 et 1313). *Saussurite*, Théodore de Saussure, Journal des Mines, n° 113. Pesanteur spécifique, 3,389. Très difficile à briser. Couleur blanchâtre, quelquefois nuancée de violet. Laminaire ou compacte. Altérable en passant à l'état argileux, comme le feldspath des granites; servant de gangue à la diallage verte ou métalloïde.

Saussure en faisait une variété du jade; mais depuis, plusieurs minéralogistes l'ont réuni au feldspath compacte. Dans cette opinion, on peut attribuer la dureté et la grande pesanteur spécifique de cette pierre à quelque matière accidentelle à sa composition. Il est vrai que l'analyse qui en a été faite par M. de Saussure le fils, n'a donné que 0,25 de potasse, et que dans celle qui a pour auteur M. Klaproth, cet alkali est nul; il est remplacé par $\frac{6}{100}$ de soude. Mais j'observe que M. Vauquelin n'a point trouvé de potasse dans le pétunzé, qui est bien un feldspath, et que l'analyse du pétunzé a suivi de près celle du feldspath vert, où la potasse n'avait point échappé. Enfin il y a des feldspaths cristallisés qui sont très difficiles à fondre, et il faudrait savoir si ceux-là renferment aussi de la potasse, au moins en quantité sensible. Je pense qu'ici, comme dans d'autres cas analogues, où la Chimie

laisse de l'incertitude sur le classement d'un minéral, les indications de la structure doivent trancher
la difficulté.

Feldspath *décomposé* ou kaolin.

Très friable, composé de particules qui n'ont
presque aucun lien; se délayant dans l'eau sans y
faire pâte; happant légèrement à la langue; d'une
belle couleur blanche dans l'état de pureté; doux
au toucher sans onctuosité; infusible. Il contient
assez souvent des parcelles de quarz et de mica.

L'observation de certains morceaux de granite
indique visiblement le passage du feldspath à l'état
terreux par le dégagement de la potasse qui entrait
dans sa composition. Il n'est pas rare d'en trouver
des morceaux qui présentent encore des indices
de forme cristalline. Dans ce nouvel état, le feldspath est devenu réfractaire. On en trouve abondamment à Saint-Thyrié, près de Limoges. L'analyse
d'un morceau de kaolin a donné à Vauquelin (*) :

Silice	71,15
Alumine	15,86
Chaux	1,92
Eau	6,73
Perte	4,34
	100,00.

(*) Bulletin des Sciences de la Société Philomatique,
floréal an 7, p. 12.

Relations géologiques.

Le feldspath, répandu beaucoup moins abondamment dans la nature que la chaux carbonatée et le quarz, jouit, sous un autre rapport, d'une prééminence qui consiste en ce que, parmi toutes les substances géologiques, il n'en est aucune qui constitue un genre aussi nombreux. On connaît au moins onze espèces de roches dont il peut être regardé comme la base, et que je vais indiquer successivement, pour donner une idée des différens rôles que joue le feldspath dans la structure de notre globe.

Considéré seul, il forme quatre espèces, savoir :

1. Le feldspath *harmophane*, c'est-à-dire qui offre des indices de joints naturels, et dont les modifications sont :

a. Le feldspath *laminaire.*

b. Le feldspath *lamellaire.*

2. Le feldspath *compacte.* Tel est celui des petites Rousses, dans le milieu de la chaîne des Alpes.

3. Le feldspath *subgranulaire*, dans un état d'atténuation qui lui donne un aspect analogue à celui du grès. Werner l'a désigné sous le nom particulier de *weisstein* ; je l'ai nommé *feldspath leptynite*, c'est-à-dire *atténué.* Les substances qui l'accompagnent le plus ordinairement sont le grenat, le disthène et l'amphibole. Le grenat s'y trouve si

communément, que quelques auteurs l'ont regardé comme principe essentiel.

4. Le feldspath *décomposé*, ou le kaolin.

Entre les roches simples et uniformes totalement composées de feldspath, et les combinaisons binaires dans lesquelles il entre comme base, se trouve une division intermédiaire, qui comprend les roches toujours uniquement formées de feldspath, mais dans lesquelles ce minéral joue deux rôles différens ; il en fait la base, et il est disséminé dans cette base sous la forme de cristaux, en sorte qu'il constitue un porphyre. Je le nomme en conséquence *feldspath compacte porphyrique*. Feldspath porphyr, W. Ex. : fond d'un gris obscur ; cristaux rougeâtres et blanchâtres de feldspath avec grains de quarz.

C'est à cette division qu'appartient le porphyre rouge des anciens, qui en faisaient des colonnes, des statues, des obélisques, des cuves et autres objets semblables, dont une partie se voit encore dans diverses collections.

Je joins ici, par appendice, le feldspath compacte porphyrique altéré, thon porphyr, W., vulgairement *porphyre argileux*. Toutes les observations concourent avec les descriptions que les auteurs allemands eux-mêmes ont données du thon porphyr, pour prouver que très souvent ce n'est autre chose qu'un résultat de l'altération du feldspath porphyrique, et non pas une argile proprement dite, dans laquelle se seraient formés de petits cristaux de feldspath, ce qui, par soi-même, offrirait un fait très singulier.

Les combinaisons binaires auxquelles le feldspath base, sont au nombre de trois.

1. Le feldspath laminaire, ordinairement coloré, avec l'amphibole laminaire, donne la *siénite*. Ce nom, qui a été employé par Pline, est tiré de celui de la ville de Sienne, dans la Thébaïde en Egypte, près de laquelle la roche dont il s'agit se trouvait en grande abondance. Lorsque le mica et le quarz s'y rencontrent, Werner les regarde comme accidentels.

a. Siénite commune.

b. Siénite avec quarz et mica noir. C'est celle d'Egypte, que l'on a appelée improprement *granite égyptien* et *granite rouge*.

2. Le feldspath compacte tenace avec la diallage tantôt verte, tantôt métalloïde, donne l'*euphotide*.

3. Le *pyroméride* offre la réunion du feldspath et du quarz : la seule variété connue est celle que M. de Monteiro a décrite le premier, avec son exactitude ordinaire; c'est un assemblage de globes composés en général de feldspath dont le centre est occupé par un noyau de quarz, et qui affectent une disposition radiée. On l'a nommé improprement *porphyre globuleux de Corse*.

Enfin le feldspath servant de base à des combinaisons ternaires, donne deux espèces de roches, savoir :

1. Le feldspath ordinairement laminaire avec

quarz et mica, sous forme de grains entrelacés : *granite*. Le granite le plus ancien est considéré comme la roche qui sert de base à toutes les autres. J'ajoute, par appendice, à cette espèce de roche, celle qui est composée de feldspath laminaire entrelardé de cristaux de quarz, avec ou sans addition de mica; vulgairement *granite graphique*.

2. La seconde combinaison ternaire, qui porte le nom de *gneiss*, est composée comme le granite, avec la différence qu'elle présente un tissu feuilleté qui provient de l'abondance et de la disposition du mica. Selon l'observation très juste de M. Brochant, *on pourrait presque dire que le gneiss n'est qu'un granite schisteux*. Aussi y a-t-il des passages du granite au gneiss.

Indépendamment des roches dans lesquelles le feldspath fait la fonction de base, il en existe où il est associé, comme principe essentiel, à une base d'une nature différente : tels sont le grünstein, que je nomme *diorite*, et l'aphanite; j'ai décrit ces roches en parlant de l'amphibole, qui y fait l'office de base.

Je ne connais point de roche proprement dite dans laquelle le feldspath n'entre qu'accidentellement; mais le vide qu'il laisse dans cette partie du tableau est une preuve de son importance. Il semble n'être pas fait pour ne jouer qu'un rôle accessoire. Il paraît aussi ne se rencontrer que rarement dans les filons métalliques; cependant il s'associe aux mines de fer, dans le voisinage d'Arendal en Norwége.

Avant de terminer ce qui regarde les gissemens du feldspath, je ne dois point passer sous silence les variétés de ce minéral que l'on trouve dans des terrains regardés comme volcaniques. En général, les cristaux de feldspath que l'on rencontre dans les terrains dont il s'agit, ont un caractère vitreux, ce qui ne permet pas aux volcanistes de douter qu'ils n'aient subi l'action du feu, et quelques-uns même pensent qu'ils ont été produits par la fusion. Tels sont ceux qui sont engagés dans une roche dont le fond est aussi un feldspath, qui a un aspect raboteux, d'où j'ai tiré le nom de *trachyte*, que j'ai donné à cette roche. Il y a des passages de ce feldspath à la pierre ponce, qui est regardée assez généralement comme un produit du feu.

Feldspath compacte sonore : *phonolite*, Klingstein. Couleur qui se rapproche du gris-verdâtre ; surface ordinairement subluisante ; texture schistoïde ; cassure compacte, écailleuse. Regardé par les volcanistes comme un produit du feu. Il a été ainsi nommé parce qu'étant réduit en lames minces et frappé avec un corps dur, il rend un son appréciable.

Feldspath résinite ; Pechstein. Aspect semblable à celui de la résine. Ici les volcanistes demandent aux neptuniens si cette pierre ne présente pas tous les caractères d'une matière vitrifiée ; mais les neptuniens demandent à leur tour si le basalte ne porte pas tous les caractères d'une pierre produite par l'eau, et on leur réplique qu'il y a des exemples de substances pierreuses qui ont été fondues, et auxquelles le refroidissement a fait perdre le caractère vitreux. Le feldspath résinite est une des substances qui ont donné lieu à de si longues contestations entre les partisans des deux systèmes.

Annotations.

Le nom de *feldspath*, c'est-à-dire *spath des champs*, a été donné à la substance dont il s'agit parce qu'on en trouvait fréquemment des fragmens dispersés sur la terre, parmi les débris des granites, tandis qu'il fallait aller chercher les autres pierres, qu'on a aussi appelées *spaths*, dans des fentes ou des cavités souterraines (*). Ce nom, considéré en lui-même, est très vicieux, 1°. parce qu'il est composé; 2°. parce qu'il renferme le mot de *spath*, qui a été la source de tant d'erreurs; 3°. parce qu'il ne désigne d'ailleurs la substance à laquelle on l'a appliqué que par une situation qui lui est commune avec beaucoup d'autres minéraux, et où elle n'est même que comme étrangère. Mais, malgré les motifs qui devaient engager surtout les géologues à

(*) M. Kirwann (*Elements of Mineralogy*, t. I, p. 317) présume que le nom de la substance dont il s'agit dérive du mot *fels*, *roche*, et en conséquence il écrit *felspar*. Mais on ne trouve rien dans les auteurs allemands qui confirme cette étymologie.

changer ce nom, contre lequel leurs observations semblent réclamer sans cesse, en leur offrant à chaque pas le prétendu spath des champs dans les montagnes primitives où il a pris naissance, ils l'ont adopté si unanimement, et l'ont consigné tant de fois dans des ouvrages très répandus, que la nouveauté aurait lutté ici contre l'usage avec des forces trop inégales ; autrement j'aurais proposé d'y substituer celui d'*orthose*, dérivé d'un mot grec qui signifie *droit*, par allusion au résultat de la division mécanique suivant deux coupes situées à angle droit l'une sur l'autre, caractère qui fait ressortir le feldspath parmi tous les minéraux qui, comme lui, sont assez durs pour étinceler sous le briquet.

Les cristaux de feldspath qui ont pour support des roches différentes de celles qu'on a appelées proprement *granitiques* ou *porphyritiques*, sont surtout ceux qui ont porté pendant long-temps le nom de *schorls blancs*. On trouve de ces derniers à Barége et à la balme d'Auris, dans le Dauphiné, sur un diorite altéré qui a l'apparence d'une roche argileuse, où ils accompagnent, suivant les localités, l'amiante, l'épidote, l'axinite, etc. C'est apparemment cette différence de gissement avec le feldspath des granites, qui en aura imposé aux naturalistes sur la nature d'une substance qui présente si visiblement les caractères du feldspath, relativement à sa structure, à ses formes extérieures et à sa fusibilité (*); et ce qui paraîtra singulier, c'est de voir qu'on ne séparait le feldspath de sa véritable espèce que pour le confondre, sous un nom commun, avec ces cristaux d'épidote et d'axinite (*schorl vert* et *schorl violet*), dont l'association sur une même roche avec le schorl blanc, devait rendre plus parlans les contrastes qui indiquaient leur séparation dans la méthode.

Les cristaux les plus volumineux de feldspath qui aient été encore observés, et dont quelques-uns ont plusieurs pouces de longueur, proviennent, les uns de Baveno, les autres du mont Saint-Gothard. On en trouve aussi de très petits, qui n'ont pas deux millimètres, ou $\frac{2}{3}$ de ligne de longueur, entre autres parmi ceux de la variété dite *schorl blanc*.

Les cristaux du Saint-Gothard sont quelquefois mélangés de chlorite, qui les colore en vert, et donne à leur surface un aspect micacé. Cette couleur ne doit pas être confondue avec celle du feldspath de Sibérie, qui est répandue uniformément dans la masse, et paraît due au fer.

Le feldspath opalin renferme quelquefois des grains de fer attirables. Mais M. Inguersen, savant danois, a observé, au Hartz, près des rives du

---

(*) Voyez les Mém. de l'Acad. des Sciences, an 1784, p. 270; et ma Lettre à M. Lamétherie, Journal de Physique, 1786, p. 63.

Barenberg, au couchant de Schirke, village du canton de Wernigerode, des granites dont le feldspath, qui est d'une couleur rougeâtre et d'un tissu peu lamelleux, fait la fonction d'un véritable aimant (*). Si l'on détache une parcelle de ce feldspath, et qu'on la fasse flotter sur l'eau, on la voit se porter vers l'extrémité d'un barreau aimanté qu'on lui présente, dans le cas où les deux pôles en regard sont de différens noms; mais dans le cas contraire, le fragment se retourne pour se mettre en prise à l'action du barreau par le pôle opposé. J'ai répété ces expériences sur des fragmens où la présence du fer était tellement masquée qu'on n'apercevait à l'œil aucun indice de ce métal.

La molécule intégrante du feldspath est remarquable par l'égalité des faces M, P (fig. 229), qui ont des angles différens. L'observation s'accorde ici avec le calcul, en ce que les joints parallèles à ces mêmes faces sont d'une netteté sensiblement égale, tandis que ceux qui répondent à la face T, dont l'étendue est double, sont ordinairement très difficiles à apercevoir. Cependant, comme il y a des circonstances particulières qui peuvent faire varier le poli des coupes, on trouve des feldspaths, surtout parmi ceux d'une couleur rougeâtre, qui se divisent assez-facilement dans le sens parallèle à T,

---

(*) Bulletin de la Société Philomatique, octobre 1797.

de manière que l'on peut en extraire complètement
le parallélépipède qui représente la molécule.

Il me reste à considérer le feldspath relativement
à ses usages. J'ai déjà parlé des différentes manières
d'être de ce minéral dans les roches primitives dont
il fait partie. Il en est une surtout qui lui doit les
beaux effets qu'elle produit lorsqu'elle a été travaillée ; c'est la siénite, connue sous les noms de
granite rouge et de *granite égyptien*, qui a fourni
la matière de ces magnifiques obélisques que l'on
admirait à Rome ; et Boëce dit qu'il a fallu vaincre
encore plus de difficultés pour les transporter et les
mettre en place que pour les travailler.

Le porphyre rouge a été aussi employé pour faire
des colonnes, des vases et autres objets d'ornement.
Je dois à la générosité de M. Torstone une boîte qui
a été travaillée avec le beau porphyre que l'on trouve
en Dalécarlie.

L'euphotide renfermant la diallage verte sert en
Italie pour faire des tables qui produisent un effet
agréable. On a donné à la roche ainsi travaillée le
nom de *verde di Corsica*.

Mais le feldspath, considéré isolément, occupe aussi
un rang distingué parmi les substances minérales en
petites masses, que l'on taille pour en faire des
bijoux. Il y a surtout quatre variétés de feldspath
sur lesquelles les lapidaires ont fixé leur attention.

La première est le feldspath nacré, qu'on appelle

pierre de lune, *œil de poisson* et *argentine*. On
la taille en cabochon, c'est-à-dire qu'on lui donne
la forme d'un hémisphère ou d'un sphéroïde, propre
à faciliter le jeu des reflets qui semblent flotter dans
son intérieur, pendant qu'on la fait mouvoir. Ordinairement, l'effet principal provient du blanc nacré, et le bleu n'est qu'une nuance accessoire. Mais
on trouve à Ceylan des morceaux où la couleur
bleue, en devenant prédominante, rend l'effet de
la pierre encore plus agréable. M. Jameson dit que
quelquefois on entoure la pierre d'un cercle de petits
diamans, d'où résulte un contraste qui a quelque
chose de piquant pour l'œil, entre cette lumière
douce qui se joue pour ainsi dire mollement dans
l'intérieur et à la surface, et les reflets étincelans
qui jaillissent de tous les points de la bordure.

Mais je ne connais aucun morceau plus intéressant de feldspath nacré, qu'une tablette dont je
suis redevable à l'amitié du célèbre Jurine, de Ge-
nève. Son type était un assemblage de quatre cristaux disposés en croix ; l'assemblage a été coupé dans
le sens du plan qui passe par les quatre axes des
cristaux, d'où il résulte que la coupe présente une
réunion de quatre triangles dont les sommets concourent en un point commun ; et lorsqu'on incline
la tablette en différens sens, on voit les reflets de
lumière chatoyante se développer successivement
sur la surface des divers triangles.

Il y a des morceaux qui ne diffèrent du feldspath

nacré qu'en ce qu'ils ne chatoient pas. On les taille quelquefois à facettes, et dans cet état ils peuvent le disputer aux topazes incolores du Brésil et de Sibérie. Mais je n'ai jamais trouvé de ces feldspaths dans le commerce : ce sont des productions du pays, que l'on vend aux voyageurs qui visitent le Saint-Gothard.

La seconde variété est le feldspath aventuriné. Le plus commun est celui dont le fond est grisâtre ou d'un gris-brunâtre, et dont la scintillation est produite, comme dans le quarz aventuriné, par les reflets de la lumière sur des lamelles situées à l'intérieur. Ces reflets sont ordinairement d'un jaune demi-métallique. Mais on trouve dans l'île de Cedlovatoï, près d'Archangel en Russie, un feldspath aventuriné dont le fond est d'un jaune d'or très éclatant, parsemé de points d'un jaune-rougeâtre ou d'un rouge-aurore. La beauté de cette pierre fait regretter qu'elle soit si rare. Les artistes lui ont donné un terme de comparaison qui ne pouvait être mieux choisi, en la nommant *pierre du soleil ;* on l'a appelée aussi *aventurine orientale.*

La troisième variété est le feldspath vert, nommé aussi *pierre des amazones ,* parce qu'on l'a trouvé sur les bords de la rivière des Amazones, dans l'Amérique méridionale ; mais on en a découvert depuis en Sibérie, du côté de Catherinbourg.

Le ton de sa couleur, qui est agréable, et le beau poli dont il est susceptible, lui ont fait donner un rang parmi les matières que l'on travaille pour en faire des vases, des plaques et autres objets d'ornement ; et cette pierre acquiert un nouveau prix lorsque la belle teinte répandue sur sa surface est relevée par des reflets d'un blanc satiné.

La quatrième variété est le feldspath opalin, embelli par des couleurs que leur ton gracieux rend comparables à celles qu'on admire sur les ailes des plus beaux papillons. On fait avec cette pierre des plaques d'ornement et des tabatières. Nous retrouvons encore ici le phénomène des anneaux colorés, dont j'ai donné une légère idée en parlant de l'opale, et qui est d'une fécondité inépuisable. Les reflets du feldspath opalin proviennent aussi des fissures qui interrompent la continuité de cette pierre, et qui sont occupées par quelque matière très atténuée ; mais l'opale, qui est fendillée dans tous les sens, présente des reflets qui se succèdent les uns aux autres, tandis qu'on la fait mouvoir ; au lieu que dans le feldspath, dont les reflets coïncident avec les joints naturels, ils se montrent tout entiers lorsque l'œil est situé de manière à recevoir les rayons renvoyés par la réflexion, et disparaissent dès que l'on change la position de la pierre ; et comme le fond de cette pierre est ordinairement d'un gris-noirâtre, ils paraissent tour à tour sortir de l'ombre et y rentrer, ce qui offre un contraste assez piquant entre les effets que cette pierre produit successivement lorsqu'on fait varier sa position.

Mais le feldspath, déjà si intéressant par ses usages, lorsqu'il a conservé toute sa fraîcheur, fournit encore, après sa décomposition, une matière qui, en se mêlant ensuite au feldspath intact, rend ce minéral doublement précieux relativement à l'un des arts les plus remarquables parmi ceux qui honorent l'industrie humaine, je veux dire l'art qui a pour objet la fabrication de la porcelaine.

Le feldspath, qui, dans son état ordinaire, est très fusible, devient réfractaire lorsqu'il a passé à l'état de kaolin. Cet effet paraît être dû à l'absence de la potasse, qui s'est échappée pendant la décomposition du feldspath ; car du reste, il conserve tous ses autres principes, comme on en peut juger par l'analyse que M. Vauquelin en a faite. Son résultat est presque le même, à la potasse près, que celui de l'analyse du feldspath dit *adulaire*.

Cette substance, mêlée avec le feldspath blanc appelé *pétunzé*, est comme le fond de la porcelaine. Le feldspath est très fusible, et le *kaolin*, au contraire, résiste à la fusion : l'union de l'un avec l'autre forme un mélange beaucoup moins fusible que le feldspath ordinaire ; or telle est la proportion que l'on observe en unissant ces deux substances, que le composé peut soutenir un haut degré de chaleur sans se vitrifier. Ainsi, d'une part, la porcelaine acquiert, à l'aide d'une plus forte cuisson, une liaison plus intime entre ses parties, et en même temps une plus grande consistance ; et d'une autre part, elle reste en-deçà du terme où, étant voisine de l'état vitreux, elle ne pourrait subir l'alternative du froid et du chaud sans se casser. A ces qualités, d'où dépend la bonté de la porcelaine, se joignent celles qui font sa beauté, savoir la blancheur, jointe à un commencement de transparence.

C'est en faisant subir au mélange des deux matières différentes opérations, dont le détail n'entre pas dans mon plan, que l'on obtient ces beaux vases qui, au moyen des oxides métalliques appliqués sur leur surface, présentent des tableaux où la vivacité des teintes le dispute au fini du dessin, et où tout contribue à rendre la porcelaine digne de figurer parmi tout ce que la magnificence peut étaler de plus riche et de plus recherché.

QUATRIÈME ESPÈCE.

MICA.

(*Glimmer*, W. *et* K.)

Caractères spécifiques.

Caract. géomét. Forme primitive : prisme droit rhomboïdal (fig. 257, pl. 82) de 120^d et 60^d, dans lequel le côté de la base est à la hauteur à peu près dans le rapport de 3 à 8 (*). Les joints parallèles

____

(*) AA. (fig. 258) étant le rhombe de la base, la perpen-

aux bases sont très nets; les joints latéraux sont ordinairement ternes et mats. Le mica se divise jusqu'à une extrême ténuité en lames flexibles et élastiques.

Molécule intégrante : *idem.*

Caract. physiques. Pesant. spécif. , 2,65...2,93.

Consistance. Très facile à rayer; peu fragile , et se laissant plutôt déchirer que briser.

Elasticité. Sensible dans les lames minces.

Raclure. Poussière blanche et onctueuse.

Impression sur le tact. Surface simplement lisse, sans onctuosité sensible.

Eclat de la surface. Tirant sur le métallique.

Electricité. Acquérant, à l'aide du frottement, l'électricité vitrée.

Caract. chimique. Fusible au chalumeau, en émail dont la couleur varie du blanc au gris, et quelquefois passe au vert. Les fragmens noirs donnent un émail de cette même couleur, dont l'action est très sensible sur le barreau aimanté.

Analyse du mica foliacé, par Klaproth (Beyt. , t. V, p. 69) :

---

diculaire E*n*, menée sur un des côtés jusqu'à la rencontre de l'autre, est à la hauteur G ou H (fig. 257) comme 3 est à 1.

Silice   48,00
Alumine   34,25
Potasse   8,75
Oxide de fer   4,50
Perte   4
                                      ———
                                      100,00.

Du mica argentin de Zinnwalde, par le même
(*ibid.*) :

Silice   47,0
Alumine   20,0
Potasse   14,5
Oxide de fer   15,5
Perte   3
                                      ———
                                      100,0.

Du mica noir de Sibérie, par le même (Beyt.,
t. V, p. 78) :

Silice   42,5
Alumine   11,5
Potasse   10,0
Magnésie   9,0
Oxide de fer   22,0
Oxide de manganèse . .   2
Perte   3
                                      ———
                                      100,0.

Caractères distinctifs. 1°. Entre le mica blanc
ou verdâtre, et le talc proprement dit (talc de

Venise). Le talc communique à la cire d'Espagne et à la résine l'électricité vitrée par le frottement, et le mica l'électricité résineuse ; celui-ci n'a point comme le talc une onctuosité très sensible au toucher. 2°. Entre le mica gris et la diallage grise éclatante. Celle-ci raye le mica et se casse net, au lieu de fléchir. 3°. Entre le mica et le disthène. Celui-ci est beaucoup plus dur et se divise latéralement par des coupes beaucoup plus sensibles, inclinées sur les grandes faces. Il résiste à la fusion, au lieu que le mica est fusible. 4°. Entre le mica et la chaux sulfatée en lames minces. Celle-ci se divise facilement en rhombes, dont les angles sont de 113^d et 67^d ; le mica, lorsque sa division a lieu, donne des rhombes de 120^d et 60^d. Il ne forme point de plâtre comme la chaux sulfatée, par l'action du feu. 5°. Entre le mica et le molybdène sulfuré. Le premier ne tache point, comme l'autre, le papier sur lequel on le passe avec frottement. 6°. Entre le mica et la plombagine, *idem.* 7°. Entre le mica et l'oxide vert d'urane cristallisé. Celui-ci est fragile, au lieu d'avoir la souplesse du mica ; il ne s'exfolie pas comme lui au chalumeau ; il s'y convertit en scorie noire, et le mica en émail blanchâtre. 8°. Entre le mica d'un gris-noirâtre et le fer oligiste écailleux. Les particules de celui-ci sont friables et adhèrent aux doigts ; elles ont souvent de l'action sur le barreau aimanté, et se fondent en une scorie noire.

VARIÉTÉS.

FORMES DÉTERMINABLES.

Quantités composantes des signes représentatifs.

$$\overset{\scriptstyle\frac{1}{2}\ \frac{1}{2}}{MP A B}\ {}^{1}H^{1}\ H^{2}\ {}^{2}H^{2}\ {}^{2}G^{1}.$$
$$MP\ xx'\quad r\quad z\quad l\quad a$$

Combinaisons deux à deux.

1. Mica *primitif.* MP (fig. 257).

En prisme droit rhomboïdal, ordinairement fort court.

Trois à trois.

2. *Binaire.* MH^{a}P (fig. 259).
$$M\ z\ P$$

En lames rectangles. Voyez la figure 258, où les lignes *En, En*, qui expriment par leur position l'effet du décroissement H^a, sont à angle droit sur les bords primitifs EA, EA ; cette propriété suit nécessairement de ce que les angles E, A sont de 120^d et 60^d.

3. *Prismatique.* M^{1}H^{1}P (fig. 260).
$$M\ r\ P$$

En prisme hexaèdre régulier, ordinairement fort court. Quelquefois les prismes, qui, dans ce cas, sont de simples lames, forment des compartimens d'hexagones de différentes grandeurs , qui anticipent les uns sur les autres.

Quatre à quatre.

4. *Périoctogone.* 'H' 'H' 'G'P (fig. 261).

Des environs de Baltimore.

Cinq à cinq.

5. *Bibino-annulaire.* M 'H'TABP (fig. 262).

Formes indéterminables.

Mica *foliacé*. Mica en grandes feuilles , vulgairement *verre* ou *talc de Moscovie.*

Lamelliforme. Mica en petites lames ; mica proprement dit de plusieurs naturalistes.

a. *Noir.*

b. *Violet* (lépidolithe). A Rosena ; dans l'île d'Elbe ; à Pfitsch en Bavière ; à Chantelube en France ; à Utö en Suède dans le pétalite.

Ecailleux. En masses composées d'une infinité de parcelles qui se détachent aisément par l'action du doigt.

Testacé. Mica hémisphérique.

Filamenteux. Divisible en filamens déliés ; la

tranche de ses lames a un certain brillant au lieu d'être terne, comme dans les autres variétés.

Pulvérulent. Vulgairement *sable doré.*

Sous-variétés dépendantes des accidens de lumière.

Couleurs.

Mica *métalloïde jaune d'or.* Vulgairement *or de chat,* par un abus de langage dont l'ancienne Minéralogie offre de nombreux exemples.

Blanc argentin. Vulgairement *argent de chat.*
Verdâtre.
Rougeâtre.
Jaunâtre.
Brun.
Violet. (Lépidolithe.)
Violet manganésifère. (De la vallée d'Aost.)
Noir.

Transparence.

Mica *transparent.* Il ne l'est que quand ses lames ont peu d'épaisseur. On l'a appelé *glacies Mariæ.*
Translucide.
Opaque. Le noir l'est toujours lorsqu'on le prend en masse ; mais souvent ses lames séparées ont une demi-transparence verdâtre.

Substances étrangères à l'espèce du mica,
auxquelles on a donné son nom.

Le fer carburé. Mica des peintres, *mica pictoria.*

Le molybdène sulfuré. *Idem.*
L'urane oxidé. Mica vert.

Relations géologiques.

Le mica est une des substances qui sont, pour ainsi dire, de première ligne en Géologie, et dont l'origine remonte aux plus anciennes formations. Aucune observation ne paraît prouver qu'il constitue seul des roches proprement dites ; mais il entre comme partie essentielle dans la composition de quatre roches primitives : la première, où il fait la fonction de base, est le *mica schistoïde ;* ce minéral y forme des feuillets très apparens, séparés par des couches moins visibles dont la matière est le quarz.

Dans la seconde, qui est le granite, le mica est associé au feldspath, qui est ordinairement la partie dominante, et au quarz. Le mica est, au contraire, le principe le moins abondant, et quelquefois il se fait chercher. (Il arrive assez souvent que le mica noir est tellement engagé dans le granite, que la tranche de ses lames est tournée en dehors ; dans cet état, il peut être facilement confondu avec l'amphibole. Mais en variant la position du morceau, on parvient à apercevoir les grandes faces des lames qui sont lisses et éclatantes, et qui se distinguent de celles de l'amphibole, en ce que le joint qu'elles présentent est unique, au lieu que, dans l'amphibole il y a deux joints également brillans, qui font entre eux un angle d'environ 124^d. Cette observation, qui est due à M. de Monteiro, est intéressante pour ceux qui étudient les roches.)

Dans la troisième, qui est le gneiss, les principes sont les mêmes que ceux du granite, mais sous une apparence feuilletée qui est due à l'abondance et à la disposition du mica noir.

La quatrième roche est le *graïsen*, (greisen, W.) dans laquelle le mica est associé au quarz seul.

Il suit de ce que je viens de dire, que la différence entre le gneiss et le granite consiste principalement dans le mode de réunion des composans; et même cette différence marche par des degrés successifs, en sorte que le granite passe au gneiss; et au-delà du gneiss, il existe une nouvelle série de termes au milieu de laquelle les changemens qui interviennent dans l'état et dans le nombre des principes, dont quelques-uns diminuent de quantité et finissent par disparaître, déterminent le passage du gneiss au mica schistoïde, et de celui-ci au schiste luisant (thon schiefer des Allemands).

Il y a donc cette grande différence entre les espèces géologiques et les espèces minéralogiques, que les principes des premières étant susceptibles de varier, soit dans leur arrangement, soit dans leur rapport, admettent entre elles des successions de nuances et des passages gradués, au milieu desquels on a saisi certains termes assez éloignés entre eux pour offrir des caractères propres à les faire contraster les uns à côté des autres. Au contraire, tout passage d'une espèce à l'autre est interdit en Minéralogie; en sorte que cet adage : *in rerum naturâ nil fit per saltum*, rien ne se fait par saut dans la nature, peut bien être vrai, géologiquement parlant; mais c'est en abuser que de l'appliquer, ainsi que l'ont fait plusieurs savans, à la méthode minéralogique.

Le mica concourt aussi à la composition de certaines roches, composées des détritus de roches anciennes, agglutinés et réunis mécaniquement. Tel est, entre autres, le métaxyte ou le grès des houillères.

Le mica entre accidentellement dans la composition de diverses roches. Je citerai pour exemple la chaux carbonatée magnésifère, ou dolomie du mont Saint-Gothard, dans laquelle le mica est disséminé sous la forme de petites lames dont quelques-unes sont rhomboïdales.

Enfin le mica en parcelles libres se trouve mêlé, dans une multitude d'endroits, aux sables qui occupent les terrains de transport, et c'est probablement de là que lui vient le nom de *mica*, dont le sens est, *qui brille dans le sable*.

Annotations.

Je me suis servi, pour déterminer les dimensions de la molécule intégrante, d'un cristal représentant la variété bibino-annulaire, que m'a donné M. Lelièvre, qui l'avait détaché d'un morceau de roche rejeté par le Vésuve. La petitesse de ce cristal, qui n'a que quatre millimètres d'épaisseur, ne me permet de regarder les mesures auxquelles je suis parvenu, que comme des approximations.

On dit que l'on a trouvé en Sibérie des feuilles de mica qui avaient près de deux aunes et demie en carré (*), ce qui revient à environ trois mètres dans chaque dimension.

Le mica qui se divise si facilement dans le sens des bases de sa forme primitive, est en même temps une des substances terreuses qui se prête le moins aux divisions latérales. Je n'ai pu effectuer celles-ci que sur un petit nombre de morceaux, en pliant les lames avec précaution jusqu'à ce qu'elles se rompissent, et en les déchirant ensuite doucement. A l'égard de la division parallèle aux bases, en lames toujours plus minces, il n'y a point de minéral qui, à cet égard, ne le cède de beaucoup au mica; et ces lames, à raison d'un certain degré de souplesse et de ténacité, ont encore cela de particulier, que

---

(*) Histoire générale des Voyages, t. XVIII, p. 272.

l'on peut les découper avec la même facilité qu'une feuille de métal battu. Je suis parvenu à en obtenir d'isolées, qui étaient si minces, que leur surface réfléchissait des couleurs d'iris, semblables à celles que produit souvent une légère fissure qui a lieu à l'intérieur. Ayant calculé l'épaisseur d'une de ces lames, à l'endroit où elle était peinte d'une belle couleur bleue, j'ai trouvé cette épaisseur égale à environ 43 millionièmes de millimètres, ou environ 1,6 millionième de pouce (*).

Il en est du mot de *talc* à peu près comme de celui de *spath*, que l'on a appliqué à des minéraux de différentes natures. Il indiquait, en général, une pierre divisible en lames minces, parallèlement à un seul plan, comme la substance qui est l'objet de cet article, le talc dit *de Venise*, la chaux sulfatée, etc. Ce nom était employé, relativement à l'espèce dont il s'agit ici, par opposition à celui de *mica*, en sorte que le talc était un mica en grandes lames, et le mica un talc en petites lames. On avait cru remarquer que le talc était plus doux et le mica plus aride au toucher. Il restait à déterminer le point où finissait le talc et où commençait le mica.

La manière dont le molybdène sulfuré cristallise en hexagones réguliers, et la propriété qu'il a de

---

(*) Voyez dans la partie géométrique du Traité (première édition, t. II, p. 103), la méthode que j'ai suivie pour arriver à ce résultat.

se diviser aussi en lames minces, l'avait fait prendre pour un mica à écailles très fines, coloré par du fer et de l'étain, en même temps qu'on le confondait avec le fer carburé, vulgairement *plombagine* ou *mine de plomb*. L'urane oxidé en petites lames carrées présentait aussi un aspect qui semblait le rapprocher du mica, auquel on l'avait effectivement rapporté, sous le nom de *mica vert*. La Chimie a fait disparaître le vice de ces rapprochemens, en substituant des résultats pris dans la nature des êtres, aux indications trop souvent équivoques des caractères purement extérieurs.

On a d'abord donné le nom de *lépidolithe* à un assemblage de petites lames nacrées, d'une couleur violâtre, qui sont flexibles et très aisément fusibles par l'action du chalumeau. On avait trouvé cette substance près de Rosena en Moravie, où elle forme des masses assez considérables engagées dans un granite. Ces masses, à certains endroits, servent de gangue à la tourmaline apyre cylindroïde. On rencontre aussi quelquefois à Rosena la lépidolithe sous la forme de lames qui ont plusieurs millimètres de largeur, et dont quelques-unes paraissent tendre vers la figure de l'hexagone régulier. On a retrouvé depuis le même minéral en Suède, dans le pétalite, et à l'île d'Elbe, avec le feldspath laminaire et le quarz. On a regardé encore comme une variété de la lépidolithe, une substance qui se rencontre aussi à Rosena, et qui ne diffère de la précédente qu'en ce que sa couleur est jaune, une autre qui se trouve à Pfitsch en Bavière, et qui n'offre qu'une très légère nuance de violet, et une troisième du même endroit, dont la couleur est verte. La variété précédente paraît passer à celle-ci, en offrant à quelques endroits la même couleur verte.

M. Alluaud a trouvé, dans les campagnes de Chantelube, près de Limoges, des fragmens isolés d'une substance en petites lames, les unes violettes et les autres grises, qu'il a cru devoir rapporter à la lépidolithe. Enfin je possède dans ma collection deux morceaux dont l'un présente des indices très marqués d'une forme primitive semblable à celle du mica, qui est un prisme rhomboïdal de 120^d et 60^d, et le second des prismes hexagones réguliers. L'éclat nacré des lames dont ces cristaux sont composés, joint à leur couleur d'un rouge-violet, leur donne la plus grande analogie avec la lépidolithe. Ils sont engagés dans un granite de la province de Massachusset, aux États-Unis. J'ai employé, pour observer leur réfraction, le moyen ingénieux imaginé par M. Arago, et j'ai trouvé qu'elle était parfaitement d'accord avec celle du mica.

Toutes ces variétés de lépidolithe ont certainement de grands rapports avec le mica, et M. Cordier a entrepris un travail dont le but était de prouver le rapprochement des deux substances dans une même espèce. Les ayant comparés relativement à leur éclat, leur élasticité, leur dureté, leur pesanteur spécifique et leur fusion, il a trouvé entre ces substances une si grande conformité de caractères, qu'il en a conclu qu'elles étaient de la même nature. Leurs analyses, qui paraissaient d'abord diverger, en ce que le mica jusqu'alors n'avait point offert de potasse, ont fini par être d'accord, lorsque M. Klaproth a en répété celle du mica, où d'abord cet alkali avait échappé.

La lépidolithe a donné à M. Vauquelin (Bulletin des Sciences de la Société Philomatique, n° 4) :

Silice.	54
Alumine.	20
Potasse.	18
Chaux fluatée	4
Oxide de manganèse et de fer. . . .	4
	100.

La couleur de la lépidolithe de Rosena, qui, lorsque cette pierre a reçu le poli, est d'un violet intense brillanté par une espèce de scintillation, comme dans l'aventurine, l'a fait admettre parmi les substances que l'on travaille pour en former des plaques d'ornement, des tabatières et différens vases.

Le mica réunit aux autres propriétés remarquables dont nous avons parlé, celle de réfléchir fortement la lumière; en sorte que la surface de ses lames présente dans certaines variétés un faux aspect métallique. Plus d'une fois des hommes sans connaissances en Minéralogie se sont laissés éblouir et par l'éclat du mica et par l'idée flatteuse d'avoir fait la découverte d'une mine d'or.

On emploie le mica à différens usages. En Sibérie, on le substitue au verre dont on garnit les fenêtres. Patrin a vu à l'une de celles de l'apothicairerie d'Ekaterinbourg un carreau de mica, qui a fixé son attention, en ce que sa surface était marquée de plusieurs hexagones concentriques très distincts, d'une couleur rembrunie : l'hexagone extérieur occupait à peu près toute l'étendue du carreau, qui était d'environ 3 décimètres dans un sens, et de 2,5 décimètres dans l'autre (*). On lit dans l'Histoire générale des Voyages (**), que la marine russe fait une grande consommation de mica pour les vitrages des vaisseaux, et qu'on le préfère au verre, parce qu'il n'est pas sujet à se briser par les commotions qu'occasionne l'effet de la poudre à canon. Cependant il a l'inconvénient de se salir et de perdre sa transparence, lorsqu'il a été long-temps exposé à l'air.

On s'est servi aussi du mica pour faire des lanternes, et il y a de l'avantage à le substituer à la corne, parce qu'il est plus diaphane et n'est pas susceptible d'être brûlé par la flamme d'une bougie (***).

(*) Hist. nat. des minér., t. 1, p. 71 et 72.

(**) Tome XVIII, p. 272.

(***) Lemery, Dict. des Drogues simples, au mot *talcum*.

Le mica en paillettes est employé pour brillanter différens ouvrages d'agrément sur lesquels on l'applique. Ce que les papetiers appellent *poudre d'or*, n'est autre chose qu'une poussière de mica, mêlée de sable jaunâtre, dont on se sert pour empêcher l'écriture de s'effacer.

Réflexions.

J'ai conservé dans cette édition tout ce qui a rapport à la détermination du mica, tel que je l'avais inséré dans la première. Cependant il y aurait de grands changemens à y faire, si l'on s'en rapportait aux résultats des recherches dont cette substance minérale a été le sujet, depuis quelques années, et auxquelles ont concouru, en particulier, la Cristallographie et la Chimie. Je vais examiner successivement ces résultats, et j'espère prouver que les conséquences qui en ont été déduites ne sont pas aussi fondées qu'on l'a cru.

Les premiers ont pour auteur M. le comte de Bournon (*), et doivent paraître d'autant plus dignes de confiance, qu'il est censé y avoir regardé de très près, avant d'affirmer que le mica a été mal connu et très incomplètement décrit jusqu'ici (**). La forme

____

(*) Catalogue de la Collection minéralogique particulière du Roi, 1817, p. 112 et suiv.

(**) L'assertion de M. le comte de Bournon ne se bornait

primitive de ce minéral est, selon lui, un prisme rhomboïdal oblique (fig. 263), dont les pans M, M' font entre eux des angles de 120° 60', et dont il dit que les bases sont inclinées sur l'axe, de manière à faire, avec les bords formés par la rencontre des côtés du prisme, sous l'angle de 120^d, des angles de 98^d et 82^d (*), ce que l'on exprime d'une manière succincte, en disant que les bases P sont inclinées de 98^d et 82^d sur l'arête H et sur son opposé.

Pour déterminer la forme des molécules intégrantes, M. de Bournon partage le prisme dont je viens de parler en quatre prismes triangulaires rectangles, dont les bases, telles qu'on les voit (fig. 264), sont données par la sous-division du rhombe terminal *abcd*, à l'aide de deux perpendiculaires *af*, *cg*, menées des angles *a*, *c* sur les côtés *ab*, *cd*, et d'une parallèle *gf* aux côtés *ad*, *bc*. Les perpendiculaires *af*, *cg*, selon lui, divisent en deux parties égales les côtés sur lesquels elles tombent, par une suite des propriétés du rhombe de 120^d et 60^d.

M. de Bournon raisonne ici comme si la base du prisme avait exactement la figure de ce rhombe ; mais

---

pas à un retour vers le passé, elle anticipait encore sur l'avenir, en attaquant implicitement plusieurs savans distingués, entre autres M. Cleaveland.

(*) M. de Bournon indique 98^d et 102^d, qui ne sont pas supplémens l'un de l'autre ; mais à la page 116 on trouve 98^d et 82^d, qui doivent être les mesures.

cela n'est vrai que pour la coupe transversale du prisme; et à l'égard du rhombe *abcd*, il résulte de sa position inclinée à l'axe que ses angles diffèrent de ceux de 120^d et 60^d, et que les segmens *cf*, *df* et *bg*, *ag* des côtés *ab*, *cd*, à l'aide des perpendiculaires *af*, *cg*, ne sont pas exactement égaux. J'ai cherché, par le calcul, les valeurs de ces quatre quantités, et j'ai trouvé, pour les angles *bcd*, *bad*, 119^d 42′, ce qui donne 60^d 28′ pour les angles *adc*, *abc*, et, pour le rapport entre *cf* et *df* ou *ag* et *bg*, celui de 305 à 301. Quoique les différences avec les quantités correspondantes sur le rhombe de 120^d et 60^d soient assez légères, il suffit qu'elles soient réelles pour que l'on ait droit d'en conclure que M. de Bournon assigne aux molécules intégrantes deux formes prismatiques qui ne sont pas égales et semblables. Dans ce cas, l'identité rigoureuse est une condition essentielle pour la justesse de la théorie.

Mais il y a mieux, et M. le comte de Bournon a oublié sur sa figure deux lignes qui sont nécessaires pour la rendre symétrique, comme étant les analogues des lignes *af*, *cg* du côté opposé, savoir, une perpendiculaire *an* (fig. 265), menée de l'angle *a* sur *bc*, et une seconde *cr*, menée de l'angle *c* sur *ad*. La figure alors étant complète, il ne s'agit plus que de déterminer, parmi les segmens qui la sousdivisent, celui qui représente la base de la molécule intégrante; mais c'est à M. le comte de Bournon qu'est réservée cette détermination.

Venons maintenant aux mesures directes. La seule qui soit indiquée par M. de Bournon, pour l'inclinaison de la base, est celle qui donne l'incidence de cette base sur l'arête H (fig. 263). Or cette arête n'est pas assez vive ni assez exactement rectiligne pour que l'incidence dont il s'agit soit susceptible d'être mesurée exactement, en supposant même que les deux plans dont elle fait la jonction soient unis et exempts des inégalités dont je parlerai plus bas. L'incidence qui doit être choisie de préférence est celle de P sur M, et il est assez singulier que M. le comte de Bournon ne l'ait pas déduite de la première. C'est ce que j'ai fait, en partant des données que m'a fournies la détermination de ce savant, et j'ai trouvé qu'elle était de $96^d\ 55'$, bien près de 97^d.

Or j'ai dans ma collection des prismes hexaèdres de mica, qui viennent de différens pays, tels que les environs de Rome, ceux d'Albano, le Vésuve le Mexique, le voisinage de Pargas en Finlande, etc., et dont les bases font très sensiblement des angles droits avec les pans. Dans quelques-uns, deux de ces pans, savoir l et son opposé, qui dépendent du décroissement $^{\prime}G^{\prime}$ (fig. 263), sont beaucoup plus étroits que les autres; en sorte qu'ils ont leurs côtés à peu près égaux. Suivant la théorie de M. de Bournon, ces pans seraient des rhombes de 98^d et 82^d. Or, en mesurant leurs angles avec soin, à l'aide d'une carte convenablement découpée, on trouve qu'ils sont très sensiblement de 90^d, et il n'est même nécessaire, pour en juger, que de les considérer attentivement, parce que l'angle droit est une limite que tout observateur tant soit peu exercé a dans les yeux; et ces organes seraient même capables d'apercevoir une déviation beaucoup moindre que celle de 8^d, à laquelle conduit la théorie dont il s'agit.

Les observations que j'ai faites sur un cristal de la variété annulaire, d'une forme très prononcée, viennent à l'appui de celles qui précèdent. Après l'avoir attaché sur un socle, en donnant à son axe une position horizontale, j'y ai fixé, à une petite distance, dans la même position, un petit cristal d'émeraude primitive de Santa-Fé, de manière que son axe fût de même horizontal. En faisant tourner alors cette émeraude autour du même axe, à la lumière d'une bougie placée dans l'obscurité, je parvins à un terme où d'une part les bases des deux cristaux renvoyaient simultanément à mon œil les rayons émanés de la flamme, et où, d'une autre part, les reflets qui, à l'aide d'un nouveau mouvement imprimé au socle, partaient d'un des pans du prisme de mica, coïncidaient avec ceux que son analogue, situé sur le prisme d'émeraude, envoyait à mon œil. J'avais ainsi la preuve que les pans du prisme de mica faisaient avec sa base un angle de 90^d, égal à celui qui avait lieu dans le prisme d'émeraude.

Mais pour réussir dans ces expériences, il y a un choix à faire entre les divers prismes de mica, dont une partie ont subi l'effet d'une cause que l'on pourrait comparer à une force perturbatrice qui a laissé son empreinte sur leur surface. Cet effet consiste en ce que leurs lames composantes se dépassent mutuellement d'une quantité imperceptible dans chacune d'elles, mais qui devient sensible dans leur succession, par un défaut de parallélisme entre les faces latérales du prisme et son axe; et ce qui prouve que l'effet dont il s'agit est purement accidentel, c'est que les incidences des mêmes faces sur les bases, varient d'un cristal à l'autre, en sorte que la limite de ces variations est encore l'angle droit que donne le goniomètre avec une grande précision, lorsque rien n'a contrarié la marche de la cristallisation.

Je vais maintenant considérer le mica sous le rapport de la Chimie. M. Berzelius, en raisonnant conformément à la nouvelle opinion qu'il a adoptée, et que j'ai exposée dans les préliminaires de cet ouvrage, avoue que la formule représentative de la composition du minéral dont il s'agit n'est pas encore exactement connue, et que l'on ne voit pas bien à quelle classe de corps isomorphes appartiennent les combinaisons qui y entrent (*). D'après ce que j'ai dit au même endroit, le mot *isomorphe* porte sur un faux supposé. Mais en regardant les substances auxquelles M. Berzelius l'applique, comme étant accidentelles et n'ayant entre elles qu'une relation de rencontre, il suffit de jeter un coup d'œil sur les

----

(*) De l'Emploi du Chalumeau, p. 367 et 368.

résultats des diverses analyses dont le mica a été le sujet, pour apercevoir à quel point elles divergent les unes des autres, et combien devrait être embarrassé le chimiste qui entreprendrait de débrouiller cette confusion.

Ici se présente une considération remarquable, qui se déduit des observations que l'on peut faire sur les divers corps auxquels on a donné le nom de *mica*, quel que soit le pays où ils ont été trouvés. Tous sont susceptibles d'être divisés en lames toujours plus minces, jusqu'au degré de ténuité où ils offrent des couleurs analogues à celles d'où dépend le phénomène des anneaux colorés. Tous sont flexibles et élastiques. Ils s'assimilent encore par l'éclat de leur surface, qui persiste au milieu de la diversité de couleurs qu'elle réfléchit. Ces propriétés tiennent à la structure et au tissu du mica; elles sont générales, comme je viens de le dire; en sorte que l'on pourrait appliquer ici la remarque qui a été faite à l'égard des plantes, que celui qui a vu un seul individu a vu l'espèce entière. Aussi suffit-il d'avoir montré, même à ceux qui ne s'occupent pas de Minéralogie, deux ou trois échantillons de mica, pour qu'ils le reconnaissent ensuite du premier coup d'œil, partout où ils le rencontreront. Il ne quitte son état ordinaire, où il se montre sous la forme de simples lames, que pour prendre celle du prisme hexaèdre régulier, qui n'est qu'une légère modification de sa forme primi-

tive, et quelquefois pour offrir cette dernière telle
que la donne la division mécanique. On le rencontre
encore dans certains endroits sous celle du prisme
hexaèdre, modifié par des facettes additionnelles
dues à des lois de décroissemens qui dépendent des
dimensions constantes de ses molécules intégrantes :
et si l'on réfléchit sur les variations qu'ont subies
les analyses d'une substance minérale que l'on peut
regarder comme celle qui porte le plus visiblement
un caractère d'unité, on ne pourra se défendre
d'une double surprise en voyant la Chimie à la fois
si peu d'accord avec elle-même et avec la nature.

SILICE COMBINÉE AVEC L'ALUMINE ET LE LITHION.

PREMIÈRE ESPÈCE.

TRIPHANE.

(*Spodumène* de Dandrada.)

Caract. géométrique. Forme primitive : octaèdre
(fig. 266, pl. 83), dont la surface est composée de
huit triangles isocèles, dont quatre ont leurs sommets obtus, et les quatre autres ont leurs sommets
aigus. Pour lui donner sa position naturelle, il faut
le placer de manière que les arêtes G soient hori-
zontales, et les arêtes G verticales. L'incidence de M
sur M est de 79^d 5o', et celle de P sur P, qui n'est

donnée que par approximation, est de 145ᵈ 42′. Cet octaèdre se divise très nettement dans le sens d'un plan mené par les angles E, E, parallèlement à l'arête G; les divisions parallèles à M, M ont à peu près le même degré de netteté; et cette égalité d'éclat qui n'est pas ordinaire dans les cristaux qui se divisent d'une manière analogue, m'a suggéré le nom de *triphane*, qui signifie *apparent dans trois sens*.

Caractères physiques. Pesant. spécif., 3,2.

Dureté. Rayant le verre; étincelant par le choc du briquet.

Eclat. Tirant sur le nacré.

Caract. chimiq. Chauffé dans un creuset, il se délite en parcelles qui sont d'abord d'un jaune métallique, et deviennent ensuite d'un gris foncé. Elles ressemblent alors à de la cendre, et c'est de là qu'est tiré le nom de *spodumène* que M. Dandrada a donné au minéral, et qui signifie *couvert de cendre*. J'ai préféré une dénomination déduite de la structure.

Analyse du triphane d'Utô, par Arfwedson :

Silice....................	66,40
Alumine.................	25,30
Lithion.................	8,85
Oxidule de fer.........	1,45
	102,00.

VARIÉTÉS

J'ai une portion de cristal, en prismes à six pans, dont les sommets sont remplacés par des fractures.

Si le cristal était terminé par deux bases perpendiculaires à l'axe, ce serait le triphane périhexaèdre.

Laminaire. A Utö et en Bavière.

Fibro-laminaire. Au Groenland. Il ressemble par son aspect au pétalite; mais sa division mécanique donne l'octaèdre du triphane.

Annotations.

Le triphane a d'abord été envoyé à l'École des Mines, sous le nom de *zéolithe de Suède*. M. Dandrada est le premier qui l'ait reconnu pour une espèce particulière. On le trouve dans les mines d'Utö, où il a pour gangue un granite dont le feldspath est d'un rouge de chair.

Le même minéral a été retrouvé en 1807, dans le Tyrol, par M. Leonhard, professeur de Minéralogie à l'Université de Heidelberg. La gangue du triphane, dans cette nouvelle localité, est un feldspath laminaire blanc entremêlé de lamelles de mica nacré.

M. Leonhard a publié, sur le triphane du Tyrol, un Mémoire qui fait honneur à l'étendue de ses connaissances, et d'après lequel la forme primitive du triphane serait, non pas un octaèdre, mais un parallélépipède obliquangle, dont les pans les plus inclinés feraient entre eux un angle de 103^d, au lieu de 100^d, qui est celui que j'indique. Je présume que les morceaux que M. Leonhard a eus d'abord entre les mains ne se prêtaient pas aussi heureusement à la division mécanique que ceux qui ont servi à mes observations ; car, dans son Manuel d'Oryctognosie, publié tout récemment, M. Leonhard a abandonné sa première détermination, pour adopter l'octaèdre rectangulaire.

M. Leonhard a inséré dans son Mémoire le résultat de l'analyse du triphane, faite par M. Vogel, dont on connaît l'habileté. Cette analyse indique une quantité de potasse égale à $\frac{6}{105}$ de la masse. Mais il paraît que M. Vogel a pris la potasse pour le nouvel alkali que M. Arfwedson a découvert dans le pétalite, et qu'il a retrouvé depuis dans le triphane.

SECONDE ESPÉCE.

PÉTALITE.

Caractères spécifiques.

Caract. géométr. Forme primitive : prisme rhomboïdal droit (fig. 267, pl. 83), dans lequel la plus grande inclinaison des pans l'un sur l'autre est de $137^d 10'$, et la plus petite, de $42^d 50'$ (*). Ce prisme se sous-divise parallèlement à un plan mené par les petites diagonales de ses bases ; cette sous-division

---

(*) Le rapport entre les diagonales a pour limite celui de $\sqrt{13}$ à $\sqrt{2}$.

donne des joints naturels moins nets que ceux qui répondent aux pans. Ceux-ci ont un éclat nacré ; celui qui est parallèle à la base n'a qu'un léger degré de luisant.

Caract. phys. Pesant. spécif., 2,436. (Berthier, ingénieur des Mines.)

Dureté. Rayant fortement le verre ; étincelant par le choc du briquet.

Éclat. Celui de la surface est vif et quelquefois nacré.

Caract. chimiq. Fusible sans addition, à l'aide du chalumeau, en un verre transparent et bulleux. Insoluble dans les acides.

Analyse par Arfwedson :

Silice.....................	79,212
Alumine...............	17,225
Lithion................	5,761
	102,198.

Formes indéterminables.

Laminaire.

Lamellaire. Quelquefois entremêlé de quarz grisâtre et de lamelles de mica blanc.

Accidens de lumière.

Blanc.
Rouge de rose.
Verdâtre.

Annotations.

Le pétalite se trouve à Utö en Suède, dans des filons de peu de largeur, qui traversent les couches de mine de fer que l'on exploite au même endroit.

M. Dandrada a publié, il y a environ 20 ans, la description de ce minéral, dans le Journal des Mines. Cette description, comme beaucoup d'autres, ne peint que les caractères qu'on nomme *extérieurs*, et qui se rapportent à l'éclat, à la couleur, à l'aspect du tissu, etc. Depuis l'époque dont je viens de parler, on a tenté inutilement de retrouver le pétalite dans la mine d'Utö; on n'en voyait même dans aucune collection. Il n'y a que peu d'années qu'il a été retrouvé par M. Suedenstierna, qui m'en envoya plusieurs morceaux, en m'invitant à les examiner et à lui communiquer le résultat de mes observations. M. Dandrada n'avait indiqué que le tissu lamelleux et l'éclat nacré de ce minéral. La division mécanique m'ayant fait connaître que sa forme primitive était le prisme rhomboïdal droit, dont j'ai parlé, et dans lequel l'incidence des pans était très sensiblement plus grande que dans tous les autres prismes du même genre, qui appartenaient à la staurotide et à diverses autres substances, je marquai à M. Suedenstierna que le pétalite formait une espèce très distinguée de toutes celles qui étaient connues jusqu'alors. Ma réponse ne fit qu'exciter davantage le désir qu'avait M. Suedenstierna de connaître la composition chimique du pétalite ; il en remit un morceau à M. Arfwedson, dont on ne peut faire un plus bel éloge qu'en l'appelant le *digne élève de M. Berzelius* ; et le résultat qu'a obtenu M. Arfwedson, en analysant le morceau dont il s'agit, a confirmé d'une manière brillante les indications de la Géométrie, par la découverte du nouvel alkali auquel on a donné le nom de *lithion*, et qui entre dans la composition du pétalite.

Le nom de *pétalite* paraît être tiré du mot grec πεταλος, qui signifie *étendu*, *épanoui*. J'ai cru devoir conserver ce nom, comme exprimant la grande ouverture de l'angle primitif du pétalite. M. Dandrada ne dit rien de la signification qu'il y attache, et qui peut-être se rapporte à quelque modification vague et accidentelle.

SILICE COMBINÉE AVEC L'ALUMINE ET L'EAU.

ESPÈCE UNIQUE.

TRICLASITE.

(*Fahlunite*, Hisinger.)

Caractères spécifiques.

Caract. géométr. Forme primitive : prisme rhomboïdal oblique (fig. 268, pl. 83), dans lequel l'incidence de M sur M est de 109^d 28′, et celle de P sur M de 99^d 24′; la diagonale oblique de la base fait avec l'arête longitudinale H un angle de 101^d 32′ (*).

Caract. physiq. Pesant. spécif. ,... 2,6.

Dureté. Rayant le verre.

Couleur. Ordinairement le brun-rougeâtre.

Caract. chimiq. Exposé sur le charbon au feu du chalumeau, il blanchit et fond sur les bords en un verre blanc et bulleux. Avec addition de borax, il donne, par une dissolution lente, un verre légèrement coloré par le fer (Berzelius).

Analyse par Hisinger :

Silice................	46,79
Alumine..............	26,73
Eau	13,50
Magnésie.............	2,97
Fer et mangan. oxid....	5,44
	95,43.

VARIÉTÉS.

Forme déterminable.

1. Triclasite *périhexaèdre.* P^{1}G^{1}M (fig. 269).
P   r   M
Incidence de M sur *r*, 125^d 16′.

(*) La moitié *g* de la grande diagonale de la coupe transversale, celle *p* de la petite, et l'arête H, sont entre elles dans le rapport des nombres $\sqrt{12}$, $\sqrt{6}$, 1.

Forme indéterminable.

Triclasite *compacte*. Dans un talc schistoïde de la mine de cuivre d'Eric-Matts, à Fahlun en Suède. Cette substance a été trouvée par M. Wallmann, qui lui a donné le nom de *triklasit*, à cause de son triple clivage.

C. QUATERNAIRE.

SILICE COMBINÉE AVEC L'ALUMINE, LA BARYTE ET L'EAU.

ESPÈCE UNIQUE.

HARMOTOME.

Kreuzstein, W. *Hyacinthe blanche cruciforme*, De l'Isle.

Caractères spécifiques.

Caract. géométr. Forme primitive : octaèdre symétrique (fig. 270, pl. 83), dans lequel l'incidence de P sur P' est de 86ᵈ 36'. Cet octaèdre se sous-divise suivant des plans qui passent par les arêtes B, B, et par le centre (*). Ces dernières coupes sont plus nettes que les autres.

(*) Le côté C de la pyramide qui a son sommet en A, est à la hauteur de la même pyramide comme 3 à $\sqrt{2}$.

Molécule intégrante : tétraèdre symétrique.

On peut consulter le Traité de Cristallographie (*), sur le résultat de la division de l'octaèdre parallèlement à ses faces, en octaèdres et en tétraèdres partiels. Mais ici l'octaèdre primitif pouvant être sous-divisé ultérieurement sur l'arête B, si l'on suit, par la pensée, l'effet de cette seconde division, on concevra qu'elle doit partager chaque octaèdre en quatre nouveaux tétraèdres, tandis que les mêmes coupes passeront entre les premiers tétraèdres, sans les entamer. On a donc ici deux espèces différentes de tétraèdres, dont chacune peut être adoptée, en laissant à la théorie toute sa simplicité; mais la raison d'analogie semble déterminer la préférence en faveur des tétraèdres donnés immédiatement par les divisions parallèles aux faces de la forme primitive. La manière dont l'octaèdre primitif se sous-divise, dans le cas présent, par des coupes qui coïncident avec les arêtes situées à la jonction des faces d'une même pyramide, a servi de fondement à la dénomination d'*harmotome*, dont le sens est : *qui se divise sur les jointures.*

Caract. physiq. Pesant. spécif., 2,3333.

Dureté. Rayant légèrement le verre.

Phosphorescence par le feu. D'un jaune-verdâtre.

Cassure. Transversale, raboteuse, presque terne.

---

d'où il suit que la demi-diagonale de la base est à la hauteur comme 3 à 2.

(*) Voyez t. II, p. 211 et suiv.

Caract. chimiq. Fusible au chalumeau sur le charbon, en un verre diaphane, exempt de bulles (Berzelius).

Analyse de la variété cruciforme d'Andreasberg, par Klaproth (Beyt., t. II, p. 83):

Silice................	49
Baryte...............	18
Alumine.............	16
Eau.................	15
Perte...............	2
	100.

De la variété dodécaèdre d'Oberstein, par Tassaërt:

Silice................	47,5
Baryte...............	16,0
Alumine.............	19,5
Eau.................	13,5
Perte...............	3,5
	100,0.

Caractère d'élimination. Ses indications, 1°. dans le zircon dodécaèdre comparé à la variété d'harmotome qui porte le même nom : les coupes verticales interceptent les arêtes du prisme; dans l'harmotome, elles sont parallèles aux pans. Les faces adjacentes sur un même sommet, dans le zircon, sont inclinées entre elles de $124^{\mathrm{d}}\frac{1}{2}$, et dans l'harmotome, de $121^{\mathrm{d}} 57'$. La pesanteur spécifique du zircon est plus grande dans le rapport d'environ 15 à 8. Le zircon est infusible, et l'harmotome facile à fondre. 2°. Dans la mésotype : elle n'est point divisible, comme l'harmotome, par des coupes obliques à l'axe ; elle est électrique par la chaleur, et non l'harmotome. 3°. Dans la stilbite : elle n'a de joints nets que dans un sens parallèle à l'axe ; l'harmotome en a deux parallèles à l'axe, avec d'autres dans des directions obliques. Dans le dodécaèdre de la stilbite, l'inclinaison des faces du sommet est très différente, suivant qu'on la prend à l'endroit d'une arête ou de l'autre ; dans celui de l'harmotome, elle est égale de part et d'autre. La stilbite, exposée pendant quelques secondes sur un charbon ardent, blanchit et s'exfolie, ce qui n'arrive point à l'harmotome.

VARIÉTÉS.

FORMES DÉTERMINABLES.

Quantités composantes des signes représentatifs.

$$\mathrm{MPC'E'.}$$
$$\mathrm{MP} \tfrac{1}{2} \, {}^{0}$$

Combinaisons deux à deux.

1. Harmotome *dodécaèdre.* $\mathrm{{}^{1}E^{1}P}$ (fig. 271).
$$\mathrm{{}_{0}P}$$

2. *Cruciforme* (fig. 272).
Composé de deux cristaux semblables à la va-

riété dodécaèdre, plus larges dans un sens que dans
l'autre, et croisés de manière que leurs axes se confondent, et que les pans larges de l'un font des angles
rentrans de 90^d avec ceux de l'autre.

Trois à trois.

3. *Partiel.* 'E'PC (fig. 273).
o P ½

Cette variété est composée, comme la précédente,
de deux cristaux dodécaèdres, mais qui paraissent
se pénétrer de manière que l'un ne forme qu'une
légère saillie au-dessus de l'autre. De plus, ce dernier a deux des arêtes de son sommet remplacées
par des facettes qui manquent sur les deux autres,
ce qui offre une exception au moins apparente à la
loi de symétrie. Je dis *apparente*, parce que l'on
peut supposer que les molécules destinées à produire
un second cristal dans le même espace où s'est formé
le premier, ont influé, comme par une force perturbatrice, sur l'attraction des molécules de celui-
ci, de manière à rendre nulle une loi de décroissement qui, sans cela, aurait eu lieu. L'affinité, n'ayant
pas joui ici de toute sa liberté, n'a pas non plus
produit complètement son effet. Le disthène nous a
offert un accident du même genre.

a. *Prismatoïde.* La variété précédente, raccourcie
dans le sens de son axe et alongée dans le sens perpendiculaire, les faces *s*, *s* s'étendent dans le même

sens, aux dépens des faces P, qui deviennent des trapèzes étroits. Il en résulte pour un œil peu attentif une illusion qui tend à faire considérer ces cristaux comme des prismes hexaèdres, qu'on pourrait presque supposer réguliers, et qui seraient tronqués sur quatre des arêtes de leurs bases.

Accidens de lumière.

Couleurs.

Blanchâtre. D'un blanc mat.
Blanc-jaunâtre.

Transparence.

Translucide.
Opaque.

Relations géologiques.

Je ne connais jusqu'ici que deux manières d'être géologiques de l'harmotome, qui lui sont communes, l'une avec toutes les substances que l'on a nommées *zéolithes*, et l'autre avec la stilbite. A Oberstein, ses cristaux garnissent l'intérieur de la même roche amygdalaire qui renferme aussi la chabasie ; mais ailleurs l'harmotome s'associe, comme la stilbite, à la formation accidentelle des filons, quoique dans des pays différens. C'est ce qui a lieu dans le filon de plomb sulfuré d'Andreasberg au Hartz, où l'har-

motome est tantôt adhérent à la chaux carbonatée,
et tantôt engagé dans un schiste.

Il est très probable que l'harmotome de Konsberg
occupe aussi le filon d'argent que l'on exploite près
de cette ville. Dans un des morceaux de ma collection, les cristaux d'harmotome ont pour gangue un
feldspath altéré qui renferme des grains de quarz et
des parcelles de talc verdâtre.

A l'égard de l'harmotome partiel d'Écosse, tout
ce que nous savons de son gissement, c'est que ses
cristaux y adhèrent à la chaux carbonatée.

Annotations.

De toutes les substances avec lesquelles on a confondu l'harmotome, la seule qui exigeât des observations délicates, pour éviter la méprise, était le
zircon en cristaux dodécaèdres, connus alors sous
le nom d'*hyacinthes*. Outre qu'il n'était pas facile
d'estimer, sur des cristaux d'un petit volume, la
différence assez peu considérable qui se trouve entre
les angles des deux dodécaèdres, la couleur des zircons, qu'on appelait *hyacinthes blanches*, était
une nouvelle cause d'illusion. En 1793, M. Gillot,
l'un de mes élèves qui ait cultivé avec le plus de
succès l'étude de la théorie des décroissemens, guidé par la structure des cristaux de l'une et l'autre
substance, traça entre elles une ligne nette de

séparation, et prouva que l'harmotome devait être regardé comme une nouvelle espèce (*).

On pourrait absolument considérer l'harmotome cruciforme comme un cristal simple, de figure dodécaèdre, qui, par l'effet d'un défaut d'accroissement, se trouverait échancré aux endroits de ses arêtes verticales; et si l'on y fait attention, on concevra que les faces rentrantes qui appartiennent aux échancrures, faisant des angles droits avec les résidus des pans du dodécaèdre, sont dans le sens des coupes qui sous-divisent l'octaèdre primitif. Mais les angles rentrans paraissent exclus en vertu des lois de la cristallisation, qui produisent les cristaux simples. D'ailleurs, en examinant un groupe d'harmotomes partiels qui m'a été confié par M. Gillet-Laumont, j'ai remarqué sur quelques-uns des cristaux qui sont, comme je l'ai déjà dit, plus larges dans un sens que dans l'autre, le rudiment d'un second cristal qui croisait le premier à angle droit; et sur la même gangue on voit un petit harmotome cruciforme qui est complet. Ainsi, tout nous conduit à penser, avec Romé de l'Isle, que cette dernière variété résulte d'un assemblage de deux dodécaèdres simples comprimés, et croisés de manière que leurs axes se confondent, et que la quantité dont ils se dépassent mutuellement est égale à la différence entre les deux dimensions du rectangle qui

____

(*) Voyez le Journal de Physique, août 1793.

représente leur coupe, dans un sens perpendiculaire à l'axe.

SILICE COMBINÉE AVEC L'ALUMINE, LA CHAUX ET L'EAU.

PREMIÈRE ESPÈCE.

LAUMONITE.

(*Laumonit*, W. *Zéolithe efflorescente.*)

Caractères spécifiques.

Caract. géométr. Forme primitive : octaèdre rectangulaire (fig. 274, pl. 84), dans lequel l'incidence de M sur M est de 98^d 12′, et celle de P sur P de 117^d 2′ (*). Cet octaèdre se sous-divise suivant deux plans, dont l'un passe par les arêtes C, G, et l'autre par les angles E, E′, parallèlement à G.

Molécule intégrante : tétraèdre hémi-symétrique.

Caract. physiq. Pesant. spécif., 2,3.

(*) Soit (fig. 275) la même forme primitive que figure 274. Ayant mené les diagonales nr, ox de la base commune des deux pyramides qui composent l'octaèdre, si de leur point de concours s, on élève st perpendiculaire sur ol, et si l'on mène des points n, r, les lignes nz, rz perpendiculaires sur ol, et ensuite sz, on pourra faire $ns = \sqrt{4}$, $oz = \sqrt{3}$, $st = \sqrt{\frac{1}{4}}$.

Dureté. Tendre et même friable.

Aspect. Légèrement nacré.

Couleur. Le blanc mat.

Caract. chimiq. Soluble en gelée dans l'acide nitrique. Ses cristaux, au moins ceux d'Huelgoët, tombent en poussière quelque temps après qu'on les a exposés à l'air. Au chalumeau, ils se boursoufflent en commençant à fondre, et donnent un émail blanchâtre qui, par un feu prolongé, se transforme en un verre demi-transparent.

Analyse par Vogel (Journal de Physique, 1810, p. 64):

Silice...........	49,0
Alumine.........	22,0
Chaux..........	9,0
Eau............	17,5
Perte..........	2,5
	100,0.

VARIÉTÉS.

FORMES DÉTERMINABLES.

Quantités composantes des signes représentatifs.

$$M P E' {}^{\cdot} G' .$$
$$M P, \quad l$$

Combinaisons trois à trois.

1. Laumonite *unitaire*. $P M' G'$ (fig. 276).
$$P M \ l$$

Quatre à quatre.

2. *Bisunitaire.* $E'M'G'P$ (fig. 277).
$_{s}M\,L'P$

Formes indéterminables.

Laumonite *bacillaire*. A Schemnitz, dans une wacke.

Aciculaire. Au Saint-Gothard, sur le feldspath, avec cristaux de chaux phosphatée.

Annotations.

Ce minéral a été découvert par M. Gillet-Laumont, vers l'année 1785, dans les travaux de la mine de plomb d'Huelgoët, aux environs de Chatelaudren, département des Côtes-du-Nord. Elle y tapissait des portions de la roche dans laquelle est renfermé le filon, et qui, à en juger par un morceau de ma collection, est un schiste noir. Elle y forme des cristaux d'un blanc légèrement nacré, qui, dans l'instant même où ils viennent d'être retirés de la terre, sont déjà très friables et susceptibles de se déliter avec une grande facilité. Ils conservent un certain degré de consistance, lorsqu'on les tient enfermés et à l'abri du contact de l'air ; mais dès qu'on les expose à l'action de ce fluide, leurs lames composantes se désunissent spontanément, et bientôt ce n'est plus qu'un amas confus de parcelles que je ne puis mieux comparer qu'aux détritus d'un cristal de chaux sulfatée que l'on a fait chauffer, et que l'on a brisé ensuite par la percussion d'un corps dur. Lors même que l'on a eu soin de luter les bords du vase dans lequel on a renfermé les cristaux dont il s'agit, ils finissent tôt ou tard par tomber en poudre.

Cette substance ne s'électrise point par le frottement, à moins qu'elle ne soit isolée; et, dans ce cas, elle acquiert l'électricité résineuse. Elle se résout en gelée dans les acides, ce qui a engagé les minéralogistes à la placer parmi les zéolithes; mais Werner l'a regardée comme une espèce particulière, à laquelle il a donné le nom de *laumonite*, en l'honneur du savant qui en a fait la découverte.

On a retrouvé depuis, dans le même pays, des morceaux de laumonite un peu mieux caractérisés que les premiers; et M. Laumont est parvenu à les préserver de l'altération dont ils sont susceptibles, en les tenant plongés pendant quelque temps dans un mucilage gommeux. Les échantillons qui sont dans ma collection ont subi cette préparation, à l'aide d'une dissolution épaisse de gomme arabique.

La laumonite est accompagnée, dans le même endroit, de chaux carbonatée lamellaire et de cristaux de la même substance entremêlés avec les siens. On peut conserver encore jusqu'à un certain point la laumonite, en la laissant plongée dans l'eau, à laquelle on ajoute de l'alcool pour l'empêcher de se corrompre; mais ce moyen paraît moins avantageux que le premier.

On a découvert plus récemment la laumonite dans d'autres endroits. Elle existe au Saint-Gothard, où elle accompagne les cristaux de chaux phosphatée limpide.

En examinant avec attention des groupes de cristaux de stilbite de Feroë, on aperçoit des cristaux de laumonite engagés parmi eux. Suivant M. de Bournon, la laumonite existe aussi dans le comté d'Antrim en Irlande, où elle accompagne la stilbite et l'analcime; et ce savant en a observé des cristaux dans des morceaux d'argile rapportés, les uns de l'État vénitien, et les autres de la Chine. A en juger par ceux de Feroë, la laumonite n'est pas toujours aussi susceptible d'altération que celle qui se trouve à Huelgoët. Les cristaux que je possède, quoique exposés à l'air, se sont assez bien conservés pendant long-temps, quoique je n'eusse pris aucune précaution pour les garantir de l'efflorescence.

SECONDE ESPÈCE.

STILBITE.

(Strahlzeolith , et blätterzeolith , W.)

Caractères spécifiques.

Caract. géométr. Forme primitive : prisme droit rectangulaire (fig. 278, pl. 84), dans lequel le rapport des côtés C, G, B est à peu près celui des nombres 3, 2 et 5 (*). Coupes parallèles à M très nettes ; de légers indices de lames dans le sens de T.

Molécule intégrante : *idem.*

Cassure. Transversale, raboteuse, presque terne.

Caract. physiq. Pesant. spécif., 2,5.

Dureté. Rayant la chaux carbonatée.

Éclat. Nacré, dans le sens des joints qui résistent le moins à leur séparation : les deux autres n'ont qu'un éclat vitreux.

Caract. chimiq. Exposée sur un charbon allumé, elle blanchit et s'exfolie.

Elle ne se convertit point en gelée dans l'acide nitrique, à moins qu'on ne l'y laisse long-temps, et qu'on ne fasse chauffer l'acide à plusieurs reprises. Alors on obtient une gelée, mais qui a l'aspect

---

(*) Le rapport des trois dimensions C, G, B est celui des nombres 5, $\sqrt{12}$ et $\sqrt{72}$.

moins perlé que celui de la gelée qui provient de la mésotype.

Fusible au chalumeau, avec bouillonnement et phosphorescence.

Analyse de la stilbite de Feroë par Vauquelin (Journal des Mines, n° 39, p. 164) :

Silice.................	52,0
Alumine..............	17,5
Chaux...............	9,0
Eau.................	18,5
Perte...............	3,0
	100,0.

Caractères distinctifs. 1°. Entre la stilbite et la mésotype. Celle-ci est électrique par la chaleur, et non la stilbite ; elle se résout en gelée dans les acides, ce que ne fait pas la stilbite. Ses divisions longitudi-nales sont également nettes dans les deux sens, au lieu que la stilbite n'en a qu'une qui le soit. 2°. Entre la stilbite et la chaux sulfatée. Les lames de celle-ci se divisent par la percussion en rhombes de 113^d et 67^d ; la stilbite ne produit rien de semblable. La chaux sulfatée se fond en verre, et la stilbite en masse spongieuse.

VARIÉTÉS.

FORMES DÉTERMINABLES.

Quantités composantes des signes représentatifs.

$$\overset{\frac{2}{3}}{M}PT\overset{\frac{1}{2}}{A}A^{aa}A\overset{\frac{3}{8}}{B}C\overset{1}{C}\overset{\frac{1}{8}}{G}^{aa}G.$$

$$M\,P\,T\quad u\qquad r\qquad s\,z\,l\qquad x$$

Combinaisons trois à trois.

1. Stilbite *primitive*. MPT (fig. 275).
2. *Dodécaèdre*. MTA^{aa}A (fig. 276).
En Écosse ; à Feroë.
a. *Lamelliforme*. Le dodécaèdre, qui, en général, a moins d'épaisseur entre M et la face opposée que dans l'autre sens, est aminci dans cette sous-variété, au point qu'on le prendrait pour une lame hexagonale à biseaux. De Born, Catal., t. I, p. 209 et 210. XI, c. 3, c. 4, c. 5 et c. 6.

Quatre à quatre.

3. *Épointée*. MTA^{aa}AP (fig. 277).
$$M\,T\qquad r\qquad P$$
La variété précédente, dont chaque sommet est intercepté par une facette P perpendiculaire à l'axe.

4. *Anamorphique*. $MT\overset{\frac{3}{2}}{B}\overset{1}{C}$ (fig. 278).
$$M\,T\,s\,z$$
Si l'on considère le cristal comme un prisme

hexaèdre incomplet dans deux angles solides pris
autour de chaque base M, et que l'on dispose les
pans *s* verticalement, la forme du noyau se trouvera
renversée par rapport à la situation qu'elle a dans
la première variété, figure 276. A Feroë.

5. *Accélérée.* $MG^{2*}G\overset{3}{\underset{*}{B}}\overset{1}{\underset{*}{C}}$ (fig. 279).
$\underset{M}{}{}_{x}{}_{**}$

A Fassa.

Cinq à cinq.

6. *Octoduodécimale.* $MT\overset{2}{\underset{*}{B}}\overset{1}{\underset{z}{C}}\overset{3}{\underset{n}{A}}$ (fig. 280).

Formes indéterminables.

1. Stilbite *arrondie.* Elle dérive de la stilbite
épointée, dont les sommets sont devenus curvilignes.

a. Blanche. Du département de l'Isère.

b. Brunâtre. *Idem*, sur un diorite.

2. *Laminaire.*

a. Rouge. (Zéolithe d'Ædelfors.)

b. Radiée, blanche et bronzée. Avec fer arsenical, en Norwége.

3. *Lamelliforme.* Rougeâtre.

4. *Lamellaire.* De Konsberg.

5. *Grano-lamellaire.*

6. *Aciculaire-radiée.*

7. *Mamelonnée-radiée.* Brunâtre; sur le quarz.

Couleurs.

Blanchâtre.

Brune.

Grise. A Arendal.

Rouge obscure. A Fassa.

Relations géologiques.

La stilbite a des gissemens qui lui sont communs avec la mésotype, et d'autres qui jusqu'ici lui appartiennent en particulier. Les mêmes wackes qui renferment la dernière à Feroë et à Fassa en Tyrol, servent aussi de gangue à la stilbite. Quelquefois les cristaux de stilbite adhèrent à la cavité d'une géode de quarz enchatonnée dans la wacke. Mais la stilbite a franchi les limites dans lesquelles la mésotype se trouve resserrée, pour aller occuper une place dans les terrains primitifs, où elle paraît n'avoir cependant été produite qu'après coup, dans les fentes qui interrompent ces terrains; c'est ainsi qu'on la trouve au département de l'Isère, dans les granites de l'Aiguille-Rousse, près de Saint-Christophe, et au pays d'Oisans, dans le même diorite qui sert aussi de gangue à diverses substances, telles que l'épidote, l'axinite, etc. La plupart des morceaux trouvés dans ces deux localités appartiennent à la variété arrondie.

La stilbite s'associe encore à la formation accidentelle des filons, près d'Arendal en Norwége, et près d'Andreasberg au Hartz. Dans cette dernière localité, le filon renferme du plomb sulfuré, et la stilbite repose immédiatement sur un schiste dans lequel sont disséminés des grains de plomb sulfuré.

C'est encore dans un filon de la même substance métallique que l'on trouve, en Écosse, près du cap Strontian, la stilbite en petits prismes qui présentent la forme de la variété primitive.

Le gissement de la stilbite en Islande, dont les alentours sont d'ailleurs inconnus, est remarquable par la position des cristaux de ce minéral sur des rhomboïdes de chaux carbonatée transparente. C'est de cette localité que les rhomboïdes dont il s'agit ont emprunté le nom de *spath d'Islande*, que l'on a ensuite appliqué à tous les autres qui jouissaient de la même transparence, de quelque pays qu'ils vinssent.

Annotations.

Les cristaux réguliers de stilbite dodécaèdre que j'ai observés avaient environ sept millimètres ou trois lignes de largeur, sur une longueur beaucoup plus considérable. Mais cette variété se présente assez souvent en cristaux groupés, dont l'ensemble paraît former un cristal unique de deux centimètres d'épaisseur, ou davantage, et qui sont accolés entre eux par les hexagones M (fig. 276), de manière qu'ils divergent en partant de leur point d'adhérence à leur commun support. A l'égard de la variété anamorphique, les plus gros cristaux que j'en aie vus avaient près de deux centimètres entre la face T (fig. 278) et son opposée.

La stilbite diffère sensiblement, par plusieurs caractères, de la mésotype, avec laquelle on l'avait confondue, et son analyse n'avait pas encore été faite, lorsque je l'en ai séparée, d'après les résultats de la géométrie des cristaux. Dans le triage que j'ai fait des formes cristallines qui lui appartiennent, j'ai éprouvé quelque embarras par rapport à la réunion de la variété dodécaèdre avec l'anamorphique. A la vérité, elles ont une grande analogie par leur tissu lamelleux dans un seul sens, par leur apparence nacrée, et par la manière dont le feu agit sur elles; mais elles contrastent tellement par l'ensemble et par la disposition de leurs faces, qu'on ne les soupçonnerait pas, au premier aperçu, de pouvoir être ramenées à la même forme de molécule; et c'est surtout dans ces sortes de cas que l'on a besoin de mesures très précises, qui puissent garantir l'application de la théorie. La variété anamorphique se prête davantage à cette précision. Mais les cristaux de la première, même lorsqu'ils sont d'ailleurs très prononcés, ont les faces de leurs sommets altérées par de petites inégalités, et par des interruptions de poli et de niveau; en sorte que les mesures des angles, qui participent de ces altérations, ne permettent que de regarder comme extrêmement probables les conséquences qui s'en déduisent en faveur du rapprochement dont j'ai parlé.

Parmi les différentes substances qui ont porté le nom de *zéolithe*, la stilbite est remarquable par son éclat fortement nacré, qui est semblable à celui de certaines variétés de chaux sulfatée, et qui persiste au milieu des diversités de couleur que présente le minéral dans ses diverses localités. Wallerius avait remarqué cette analogie; il appelait la stilbite *zéolithes facie seleniticâ*. L'éclat peut être ici rangé parmi les caractères spécifiques; et il m'a suggéré le nom de *stilbite*, qui exprime cet aspect particulier à l'aide duquel l'œil évite de confondre cette substance avec les autres zéolithes. Le même caractère fournit une observation importante, qui est liée à la loi de symétrie, et qui n'exige qu'un simple coup d'œil pour être saisie. Elle consiste en ce que, si deux joints naturels adjacens sur une forme primitive, diffèrent sensiblement l'un de l'autre par le caractère dont il s'agit, on doit en conclure une différence d'étendue entre les faces qui correspondent à ces joints sur la molécule intégrante; en sorte qu'il existe une corrélation nécessaire entre l'aspect des joints naturels dépendant du tissu qu'ils présentent à la lumière, et le rapport de leurs dimensions. Cette observation s'applique parfaitement à la stilbite, dont un joint naturel offre un éclat nacré très sensible, tandis que celui qui lui est adjacent n'a que l'éclat vitreux.

Le passage de la couleur blanche à l'aspect bronzé ne fait autre chose que modifier les qualités de l'éclat, en laissant subsister le contraste, de même à peu près qu'un son change de timbre, suivant les circonstances, en conservant le même intervalle relativement à un autre son avec lequel il fait une dissonance. Au contraire, dans la mésotype, la chabasie, etc. , les joints naturels peuvent se remplacer l'un l'autre, comme à l'insu de l'œil, qui voit de part et d'autre le même poli et le même lustre. C'est l'unisson de la lumière réfléchie. Il en résulte que, sur la molécule intégrante, les faces qui répondent à ces joints sont égales en étendue; d'où l'on doit conclure que la substance à laquelle appartient cette molécule est incompatible avec la stilbite, dans un même système de cristallisation.

TROISIÈME ESPÈCE.

CHABASIE.

(*Schabazit*, W. *Variété du würfelzeolith*, R.)

Caractères spécifiques.

Caract. géométr. Forme primitive : rhomboïde obtus (fig. 284, pl. 84), dans lequel l'incidence de P sur P est de $93^d\ 48'$, et celle de P sur P', de $86^d\ 12'$ (*).

(*) Le sinus de la moitié de la plus grande inclinaison

11..

Molécule intégrante : *idem*.

Caract. physiq. Pesant. spécif., 2,7176.

Dureté. Rayant légèrement le verre.

Caract. chimiq. Aisément fusible en une masse blanchâtre et spongieuse.

Analyse de la chabasie de Feroë, par Vauquelin (Annales du Muséum , t. IX , p. 335) :

Silice................	43,33
Alumine..............	22,66
Chaux	3,34
Soude mêlée de potasse.	9,34
Eau.................	21,00
Perte	0,33
	100,00.

Caractères distinctifs. 1°. Entre la chabasie et la mésotype. Dans celle-ci, les joints sont situés à angle droit les uns sur les autres ; dans la chabasie ils font entre eux des angles de $93^{d}\frac{3}{4}$ et $86^{d}\frac{1}{4}$; la mésotype est électrique par la chaleur, et non la chabasie. 2°. Entre la même et la chaux carbonatée. Celle-ci se divise en rhomboïde beaucoup plus obtus, dont les faces sont inclinées entre elles de $101^{d}\frac{1}{2}$ et $78^{d}\frac{1}{2}$; elle fait effervescence avec l'acide nitrique, ce qui n'a pas lieu pour la chabasie.

---

des faces est au cosinus comme $\sqrt{8}$ est à $\sqrt{7}$, ce qui donne le rapport $\sqrt{17}$ à $\sqrt{15}$, pour celui des diagonales du rhombe.

VARIÉTÉS.

FORMES DÉTERMINABLES.

Quantités composantes des signes représentatifs.

$$\text{PBBE}''\text{E.}$$
$$\text{P} \overset{1}{n} \overset{A}{x} \quad \overset{0}{r}$$

Combinaison une à une.

1. Chabasie *primitive*. P (fig. 284).

Incidence de P sur P, $93^d\ 48'$. Angle plan au sommet du rhomboïde, $93^d\ 36'$.

Trois à trois.

2. *Tri-rhomboïdale*. PB'E' (fig. 285).
$$\text{P} \overset{1}{n} \ r$$

Combinaison de trois rhomboïdes; l'un primitif, indiqué par P; le second plus obtus, indiqué par les facettes *n*, *n*; le troisième aigu, auquel appartiennent les facettes *r*, *r*. Les deux derniers sont au premier ce que sont le rhomboïde équiaxe et l'inverse de la chaux carbonatée à l'égard du noyau de cette substance.

3. *Uniquadragénaire*. PB'E' (fig. 283).
$$\text{P} \overset{4}{n} \overset{2}{x} \ r$$

Accidens de lumière.

Couleurs.

Chabasie *blanchâtre.* La couleur rougeâtre que présentent certains cristaux n'est qu'un enduit superficiel.

Transparence.

1. Chabasie *transparente.*
2. Chabasie *translucide.*

Relations géologiques.

Si les relations géologiques des substances minérales décidaient de leur rapprochement dans la méthode, le nom de *zéolithe*, qui a été donné à la chabasie, lui conviendrait parfaitement.

Les trois espèces de roche qui la renferment le plus ordinairement sont précisément de celles dans lesquelles se trouve aussi la mésotype.

L'une est le grünstein amygdaloïde de transition des minéralogistes allemands, xérasite de ma méthode; c'est ainsi qu'on l'observe à Fassa et à Oberstein, où la même roche y renferme de la chaux carbonatée, du quarz hyalin et du quarz-agate concrétionné.

La deuxième roche est la wacke; celle de Feroë nous offre un exemple de ce gissement. J'ai dans ma collection un échantillon dont je suis redevable au savant M. Neergaard, et qui offre des cristaux de stilbite dodécaèdre implantés dans la chabasie primitive. La cristallisation, en associant ces deux minéraux, semble avoir voulu mieux faire ressortir, aux yeux des naturalistes qui les confondent, les contrastes qui indiquent au contraire leur séparation dans la méthode. Cette diversité de formes, incompatible avec l'idée que l'affinité les ait façonnées d'après un modèle commun; cet éclat nacré, qui tranche à côté de cet autre éclat demi-vitreux, tout annonce que ces deux substances ne sont pas faites pour se lier dans une même espèce.

La troisième roche est le basalte; tel est celui du Vogelsgebirge.

Annotations.

Le nom de *chabasie* a été donné, par M. Bosc d'Antic, à des cristaux de la variété tri-rhomboïdale, inconnus jusqu'alors, et que ce savant a décrits dans un Mémoire lu à la Société d'Histoire naturelle.

D'une autre part, on connaissait depuis longtemps des cristaux en petits rhomboïdes légèrement obtus, les uns transparens, les autres blanchâtres et presque opaques, qui occupent les cavités de différentes laves, où ils sont quelquefois entremêlés de stilbite dodécaèdre lamelliforme. On les

avait pris pour des cubes, et réunis à la zéolithe,
sous le nom de *zéolithe cubique*. Ayant mesuré
les incidences de leurs faces, j'avais trouvé que leur
forme différait sensiblement du cube et était un
rhomboïde qui se rapprochait beaucoup de celui
de la chabasie; et il me paraissait d'autant plus
vraisemblable qu'ils apparténaient à cette substance,
qu'ils donnaient, comme elle, par le chalumeau,
une masse blanchâtre boursoufflée.

Ce rapprochement acquiert un nouveau degré de
probabilité par l'observation du beau groupe de
ces mêmes cristaux, dont M. Neergaard m'a fait
présent, et qui vient de l'île de Feroë. Le volume
de ces cristaux, qui ont environ quinze millimètres
d'épaisseur, rend la similitude de leur forme avec
celle de la chabasie ordinaire beaucoup plus facile
à saisir. Ils ont d'ailleurs la même teinte, le même
facies ; et puisque nous en sommes aux nuances,
j'ajouterai que leur demi-transparence permet d'apercevoir, dans leur intérieur, certains accidens que
j'avais aussi remarqués dans les cristaux d'Oberstein;
ce sont des espèces de ruptures de continuité, d'où
naissent des reflets particuliers, et que l'on pourrait comparer à ce que les lapidaires appellent
glaces dans les gemmes. Des stilbites dodécaèdres
s'implantent dans leur intérieur, en sorte qu'il est
visible que les deux substances ont cristallisé simultanément; et ceci achève de prouver que ces deux
zéolithes de l'ancienne Minéralogie doivent être

regardées comme deux espèces distinctes : car on sait que les cristaux d'un minéral quelconque, qui sont contemporains et ont été produits dans la même circonstance, affectent, en général, les mêmes formes ; qu'ils ont, pour ainsi dire, le même tour, et présentent les traits du modèle commun d'après lequel travaillaient les lois d'affinité qui agissaient dans toute la masse du liquide.

Les rhomboïdes de la chabasie étant peu différens du cube, on les a confondus avec les cristaux d'analcime, qui dérivent d'un véritable cube. La petite différence d'environ trois degrés, entre leurs angles et ceux du cube, aura échappé à l'attention, ou bien on l'aura négligée, d'après le principe qu'un angle est droit lorsque sa mesure est comprise entre 90^d et 100^d. Mais si, au lieu de se borner à l'incidence des faces primitives, on considère l'ensemble des faces qui se combinent sur les cristaux secondaires, on verra que parmi les bords et les angles du solide primitif, les uns sont remplacés par des facettes, tandis que les autres restent intacts ; d'où il faut conclure que le solide dont il s'agit n'est point un cube.

SILICE COMBINÉE AVEC L'ALUMINE, LA SOUDE ET L'EAU.

PREMIÈRE ESPÉCE.

ANALCIME.

(Kubizit , W. Variété du würfelzeolith , R.)

Caractères spécifiques.

Caract. géométrique. Forme primitive : le cube (fig. 287, pl. 85).

Molécule intégrante : *idem.*

Caract. auxil. Pesant. spécif., au-dessous de 3 (*).

Dureté. Rayant légèrement le verre.

Électricité. Difficile à exciter par le frottement, même dans les morceaux diaphanes (**).

Cassure. Un peu ondulée lorsque la transpa-

(*) Je n'ai pu l'estimer que par aperçu, en opérant sur un morceau dans lequel on remarquait, en le cassant, de petites cavités.

(**) J'ai observé que les cristaux d'analcime, même ceux qui étaient diaphanes, n'acquéraient, au moyen du frottement, qu'une faible vertu électrique ; et au défaut d'un caractère plus tranché, j'ai tiré de celui-ci le nom que j'ai donné à la substance dont il s'agit, et qui signifie *corps faible , sans vigueur.*

rence existe ; compacte et à grain très fin, lorsque le cristal est opaque.

Caract. chimiq. Fusible, au chalumeau, en un verre transparent.

Analyse de l'analcime de Montecchio-Maggiore, dans le Vicentin, par Vauquelin (Annales du Muséum, t. IX, p. 249) :

Silice.................	58
Alumine..............	18
Chaux................	2
Soude................	10
Eau..................	8,5
Perte................	3,5
	100,0.

De la sarcolithe du Vicentin, par le même (*idem*, p. 248) :

Silice................	50
Alumine..............	20
Chaux................	4,5
Soude................	4,5
Eau..................	21
	100,0.

De la sarcolithe de Castel, dans le même pays, par le même (Annales du Muséum, t. XI, p. 47) :

Silice..................... 50
Alumine................... 20
Chaux..................... 4,25
Soude..................... 4,25
Eau...................... 20
Perte..................... 1,5
____
100,00.

Caractères distinctifs. 1°. Entre l'analcime trapézoïdal et l'amphigène. Le premier n'offre point
de joints parallèles aux faces d'un dodécaèdre rhomboïdal, comme dans l'amphigène : il est fusible, au
chalumeau, en verre transparent ; l'amphigène résiste à la fusion. 2°. Entre le même et le grenat trapézoïdal. Celui-ci raye le quarz ; l'analcime ne raye
le verre qu'avec difficulté. Sa pesanteur spécifique
n'est guère que la moitié de celle du grenat. 3°. Entre
l'analcime et la mésotype. Celle-ci est électrique par
la chaleur, et non l'analcime. Ses formes secondaires dérivent d'un prisme dont les pans sont des
rectangles, et les bases des rhombes ; et celles de
l'analcime sont originaires d'un cube. 4°. Entre le
même et la stilbite. Celle-ci a un aspect nacré, elle
s'exfolie lorsqu'on la présente à une petite distance
d'un charbon allumé ; elle a un sens où elle se divise très nettement ; trois caractères qui manquent
à l'analcime. Les formes secondaires de la stilbite
ont un aspect qui ne permet pas de les rapporter
à un cube, comme celles de l'analcime.

VARIÉTÉS.

FORMES DÉTERMINABLES.

Quantités composantes des signes représentatifs.

PÅÅ.
Po

Combinaison une à une.

1. Analcime *trapézoïdal.* Å (fig. 288).

Vingt-quatre trapézoïdes égaux et semblables. Zéolithe cristallisée comme le grenat, à 24 facettes. Sciagr., t. I, p. 304.

Deux à deux.

2. *Tricpointé.* PÅ (fig. 289).
Po

Passage de la forme primitive à celle du solide trapézoïdal. Zéolithe tronquée sur ses angles par trois petites faces triangulaires. Sciagr., *ibid.* Dans les laves de l'Etna.

3. *Cubo-octaèdre.* PÅ.

D'un rouge de chair. *Sarcolithe* de Thomson. Du mont Somma.

Formes indéterminables.

Analcime *radié.*

Globuliforme. Dans un xérasite du Vicentin, avec la strontiane sulfatée laminaire bleuâtre.

Amorphe. En masses irrégulières, quelquefois mamelonnées.

Accidens de lumière.

Couleurs.

1. Analcime *limpide.*
2. Analcime *blanc mat.*
3. Analcime *rouge incarnat.*

Transparence.

1. Analcime *translucide.*
2. Analcime *opaque.* Les cristaux incarnats.

Annotations.

L'analcime est aussi compris dans l'alliance formée par les caractères géologiques, entre les diverses substances que l'on avait associées dans la méthode sous le nom commun de *zéolithe.* Il a de même pour gangue, dans certains endroits, l'amygdaloïde de transition (xérasite de ma méthode), comme au Vicentin, où la même roche renferme, dans ses cavités, de la strontiane sulfatée et des cristaux de chaux carbonatée. L'analcime y est tantôt cristallisé, tantôt en globules engagés dans les cellules de la roche.

Dans d'autres endroits, la roche environnante est le basalte, comme dans les îles Cyclopes, ou la wacke, comme au Vésuve, et à Fassa dans le Tyrol; mais dans ce dernier endroit, la gangue immédiate de l'analcime est l'apophyllite laminaire, que l'on a regardé d'abord comme n'étant autre chose que l'analcime lui-même qui avait passé à cet état.

Effectivement, on serait porté à croire que les lames sont faites de la même pâte que les cristaux, et que c'est ici une de ces transitions d'une substance cristallisée à une modification amorphe, qui, ayant lieu sur le même morceau, indique le rapprochement des deux substances dans une même espèce. Cependant, en y regardant de près, on aurait vu que les lames ne font pas continuité avec les cristaux; que ceux-ci y sont engagés de manière qu'il est facile de les en détacher, et qu'on ne peut assimiler ce cas à ceux où les cristaux sont visiblement une expansion de la matière enveloppante. Mais ces observations ne sont venues qu'après coup, et lorsqu'ayant détaché des portions de ces lames, j'y ai reconnu des indices très marqués de la cristallisation de l'apophyllite. Les autres caractères, en particulier celui qui se tire de l'exfoliation de l'apophyllite dans l'acide nitrique, ont confirmé cette indication.

Une autre substance à laquelle adhère immédiatement l'analcime de Fassa, est la chaux carbonatée en cristaux de la variété cuboïde. On le trouve aussi associé au quarz, comme à Waldeshut, dans le duché de Bade, où l'on voit des cristaux de quarz prismé blanchâtre, dont les interstices sont garnis de cristaux d'analcime, et le tout repose sur un psammite à grain fin, c'est-à-dire sur une de ces roches nommées *grauwacke* par les minéralogistes allemands.

L'analcime a cela de commun avec la stilbite, qu'on le trouve associé à la formation accidentelle des filons. Le terrain d'Arendal, qui nous a offert un exemple de ce mode de gissement à l'égard de la stilbite, en fournit un nouveau relativement à l'analcime qui se trouve dans le filon d'argent natif de Neskiel; ses cristaux ont pour gangue une argile entremêlée de chaux carbonatée lamellaire, et qui contient aussi de petits cristaux d'amphibole. On y voit des parcelles d'argent disséminées. Cette argile n'agit pas comme la wacke sur l'aiguille aimantée.

Je n'ai aucune indication sur le gissement de l'analcime de Dumbarton, près de Glascow en Ecosse, dont les cristaux sont remarquables par leur volume. Ils ont quelquefois un pouce et demi d'épaisseur, et sont d'un blanc mat ou d'un rouge de chair joint à l'opacité.

Il existe à la montagne de la Somma, à laquelle appartient le Vésuve, des cristaux d'un rouge de chair, dont la forme est celle d'un parallélépipède rectangle, avec huit facettes à la place des angles solides. M. Thomson, à qui la découverte en est due, leur a donné le nom de *sarcolithe*. D'après les observations que j'ai faites sur des fragmens de ces cristaux qui m'avaient été envoyés par ce célèbre naturaliste, l'incidence de chaque facette additionnelle sur les faces adjacentes du parallélépipède ne s'écarte pas beaucoup de 125^d, ce qui paraît indiquer que les cristaux sont des solides cubo-octaèdres. Il est du moins certain que les faces principales font entre elles des angles droits. Ces cristaux ayant un tissu vitreux, et étant assez durs pour rayer le verre, j'ai présumé qu'ils étaient une variété de l'analcime.

D'une autre part, on trouve dans le Vicentin, à Montecchio-Maggiore et à Castel, une substance qui a beaucoup d'analogie avec celle dont je viens de parler. Elle forme en général de petites masses d'un rouge incarnat, engagées dans une wacke. Quelques-unes ont une cassure moins vitreuse et plus mate que celle de la sarcolithe de Thomson ; elles sont en même temps assez tendres, et c'est sans doute le résultat d'une expérience faite sur l'une d'elles qui a porté M. Vauquelin à dire que, d'après le peu de dureté de la sarcolithe, on serait déjà forcé de la regarder comme une espèce différente de l'analcime (*Annales du Mus*., t. IX, p. 242).

La substance dont je viens de parler accompagne des cristaux d'analcime blanchâtre. En la suivant sur les divers morceaux qui lui servent de gangue, on la voit se rapprocher par degrés du même minéral, en prenant un tissu vitreux. Elle devient capable de rayer fortement le verre; et les morceaux dont il s'agit présentent, à certains endroits, des cristaux qui réunissent à la forme de l'analcime trapézoïdal la couleur de la sarcolithe, et qui paraissent offrir le dernier terme de la gradation, à l'aide de laquelle celle-ci passe à l'autre.

S'il était vrai, comme le pense M. Vauquelin, que certains cristaux d'une forme analogue à celle du quarz prismé, que M. Léman a dégagés d'une masse de la sarcolithe de Castel, appartinssent à cette substance, on aurait, dans une même espèce, deux formes qui semblent se repousser, attendu que le prisme terminé par des pyramides hexaèdres, et le cube, doivent être regardés comme des quantités hétérogènes, relativement à un même système de cristallisation.

Les différences qu'offrent les analyses de l'analcime et de la sarcolithe, dans les quantités d'eau et de soude qu'ont données ces deux minéraux, ne paraîtront pas assez marquantes pour déterminer ici une ligne de séparation, surtout si l'on considère que la ressemblance des mêmes analyses avec celle de la chabasie, pourrait tout aussi bien passer pour l'indice d'un rapprochement entre ce dernier minéral et les deux autres, dont il est cependant si éloigné par ses caractères géométriques et physiques. Au reste, tout ce que je prétends inférer de cette discussion, c'est que jusqu'ici il est probable que la sarcolithe doit être associée à l'analcime. Mais quand des observations ultérieures démontreraient un jour le contraire, il ne pourrait en résulter aucune objection fondée contre la Cristallographie, puisque la forme cubique est susceptible d'appartenir à des minéraux de diverse nature.

SECONDE ESPÈCE.

MÉSOTYPE.

(Faserzeolith, W. Formes déterminables, *nadelstein*, W. *La zéolithe de l'ancienne Minéralogie.*)

Caractères spécifiques.

Caract. géométr. Forme primitive : prisme droit rhomboïdal (fig. 290, pl. 85), dans lequel l'incidence de M sur M est de $93^d\ 22'$, et la hauteur H est égale à la perpendiculaire menée du centre de la base sur un des côtés (*). Ce prisme se sous-divise diagonalement. Les divisions parallèles aux pans M

(*) On fera $g = \sqrt{9}$, $p = \sqrt{8}$, et $H = \sqrt{\dfrac{g^2 p^2}{g^2 + p^2}} = \sqrt{\dfrac{27}{17}}$

12..

sont ordinairement nettes. Celles qui répondent aux diagonales le sont moins ; celles qui ont rapport aux bases se laissent à peine apercevoir.

Molécule intégrante : prisme triangulaire rectangle scalène.

Cassure. Un peu vitreuse.

Caract. physiq. Pesant. spécif., 2,083.

Dureté. Rayant la chaux carbonatée.

Réfraction. Double.

Electricité. Une partie seulement des cristaux sont électriques par la chaleur. Dans la description des variétés qui partagent cette propriété, je les supposerai symétriques, comme j'ai fait par rapport à l'axinite, en attendant que l'on ait pu déterminer d'une manière précise les différences de configuration entre les parties dans lesquelles résident les deux pôles électriques.

Caract. chimiq. Soluble en gelée dans l'acide nitrique. Pour éprouver ce caractère, je verse de l'acide nitrique sur de la mésotype réduite en poudre fine. Au bout de quelque temps, les particules de cette substance se coagulent en une masse semblable, par son aspect et par sa consistance, à une gelée de viande.

Fusible avec bouillonnement en émail spongieux.

Analyse de la mésotype, par Klaproth (Beyt., t. V, p. 49) :

Silice.................... 48,00
Alumine.................. 24,25
Soude.................... 16,50
Eau 9,00
Oxide de fer............. 1,75
                        ————
                        100,00.

De la mésotype de Feroë, par Vauquelin.

Silice.................... 50,24
Alumine 29,30
Chaux.................... 9,46
Eau...................... 10,00
Perte.................... 1,00
                        ————
                        100,00.

Caract. d'élimination. Ses indications, 1°. dans la stilbite : elle ne se divise nettement que dans un seul sens parallèle à l'axe de ses cristaux ; la mésotype a deux joints latéraux également nets et presque perpendiculaires l'un sur l'autre. Elle est électrique par la chaleur, et soluble en gelée dans les acides ; deux propriétés qui manquent à la stilbite. 2°. Dans la chabasie : elle se divise parallèlement aux faces d'un rhomboïde obtus, peu différent du cube, mais cependant assez pour que la différence soit sensible. *Idem*, pour les caractères par l'électricité et par les acides. 3°. Dans l'analcime : il a une cassure compacte qui ne laisse apercevoir aucuns joints sensibles, au lieu que ceux de la méso-

type sont faciles à observer. Les cristaux de mésotype
dérivent d'un prisme quadrangulaire ordinairement
alongé; ceux de l'analcime sont originaires d'un cube
dont les huit angles solides subissent des modifications semblables. *Idem*, pour les caractères par
l'électricité et par les acides. 4°. Dans la prehnite,
soit du Cap, soit de France : sa pesanteur spécifique
est plus grande dans le rapport d'environ 9 à 7;
elle raie le verre, ce que ne fait pas la mésotype.
Elle ne se résout pas, comme celle-ci, en gelée dans
les acides. 5°. Dans l'harmotome : il a des joints
obliques à l'axe, qui n'existent pas dans la mésotype.
Sa poussière est phosphorescente sur un charbon
ardent, et non celle de la mésotype. Il n'est ni
électrique par la chaleur, ni soluble en gelée dans
les acides. 6°. Dans la chaux carbonatée radiée comparée à la mésotype de la même forme : elle fait
effervescence avec les acides; la mésotype s'y résout
paisiblement en gelée. *Idem*, pour le caractère
tiré de l'électricité.

VARIÉTÉS.

FORMES DÉTERMINABLES.

Quantités composantes des signes représentatifs.

M B' G'.
M o r

Combinaisons deux à deux.

1. Mésotype *pyramidée*. $\overset{\grave{}}{\underset{M\ o}{MB}}$ (fig. 291).

Trois à trois.

2. *Sexoctonale*. $\underset{M\ r\ o}{M^1 G^1 \overset{\grave{}}{B}}$ (fig. 291).

Scolésite de Gehlen et de Fuchs.

Formes indéterminables.

Mésotype *bacillaire*. De Fassa en Tyrol.

Aciculaire libre. Sur la nathrolite mamelonnée.

Aciculaire radiée. Du Puy-de-Dôme ; de Fassa.

Globuliforme radiée. De Montecchio-Maggiore ; de Fassa (*crocalite*).

Fibreuse radiée. De Feroë.

Globuliforme fibreuse radiée. Jaune - brunâtre (*natrolithe*).

Mamelonnée subgranulaire. Jaune-brunâtre. Le tissu fibreux a presque disparu.

Quelquefois les mamelons d'une couleur jaune-brunâtre sont enveloppés d'une couche blanchâtre de la même substance, à un plus grand état de pureté ; la couleur jaune paraît provenir du mélange d'une terre étrangère. Quoique la natrolithe soit assez tendre, elle est susceptible d'un assez beau poli ; la roche qui la renferme partage cette qualité. On la taille, dans le pays, sous la forme de plaques, où l'on voit ressortir d'une part les zones concentriques qui indiquent la succession des couches dont est composée la natrolithe, et de l'autre les petits cristaux de feldspath disséminés dans la roche environnante.

Capillaire. De Feroë.

Filamenteuse.

Floconneuse. Elle ressemble à un flocon de coton qui aurait été pressé. De Norwége.

Compacte. Elle est toujours plus ou moins altérée.

Je réunis ici à la mésotype la substance appelée *natrolithe*, que j'avais placée, dans mon Tableau comparatif, parmi les minéraux dont la classification laissait encore des doutes à éclaircir, avant d'être arrêtée définitivement. Déjà cependant la Cristallographie, d'après une observation faite par MM. Brard et Lainé, semblait indiquer un rapprochement entre la natrolithe et la mésotype. Mais la première, analysée par M. Klaproth, avait donné 17 parties de soude sur 100, tandis que l'analyse de la seconde, faite plus anciennement par M. Vauquelin, n'avait pas offert un atome du même alkali. Une différence aussi remarquable entre les résultats obtenus par deux hommes si justement célèbres, m'avait engagé à ajourner le classement de la natrolithe. Mais depuis cette époque, M. Smithson, célèbre chimiste anglais, à qui j'avais envoyé un groupe de cristaux

de mésotype du département du Puy-de-Dôme, en
ayant détaché une partie pour en faire l'analyse,
est parvenu au même résultat que celui qu'avait obtenu M. Klaproth, en opérant sur la natrolithe.
D'une autre part, j'avais comparé un petit cristal
de natrolithe qui m'avait été envoyé par M. Deleros,
avec un cristal de mésotype, en les disposant l'un
et l'autre sur un même socle, de manière que quand
je faisais mouvoir ce socle, les reflets de la lumière
fussent renvoyés simultanément à mon œil par les
pans des deux prismes, et j'avais observé que la
même coïncidence avait lieu à l'égard des reflets qui
partaient des faces des deux pyramides; et quoique cette méthode ne fût pas rigoureuse, en réunissant son résultat à ceux des analyses et à la propriété
de se résoudre en gelée dans les acides, qui est commune aux deux substances, on ne pouvait plus douter de leur identité. C'est ce qui m'a déterminé à
effectuer cette réunion, à laquelle la Chimie avait
paru d'abord s'opposer. On demandera comment
17 parties de soude ont pu échapper aux agens chimiques, dans l'ancienne analyse de la mésotype. C'est
que la méthode que l'on employait alors pour les opérations de ce genre n'était pas propre à déceler la
présence des alkalis, lorsqu'ils existaient dans la substance analysée. On se servait d'alkalis pour la fondre,
d'où il résultait que la portion d'alkali que renfermait la substance analysée, se trouvant mêlée avec
le fondant, était mise sur son compte; en sorte qu'on

ne faisait entrer dans le résultat que les terres et autres principes composans de l'alkali. La découverte inattendue de la potasse dans l'amphigène, faite par M. Klaproth, a donné comme le signal aux chimistes, pour changer leurs méthodes d'analyses, et les rendre susceptibles de saisir ces principes, qui jusqu'alors pouvaient s'échapper à leur insu.

Sous-variétés dépendantes des accidens de lumière.

Couleurs.

Mésotype *incolore.*
Blanchâtre.
Rougeâtre ; noirâtre.

Transparence.

1. Mésotype *transparente.* Quelques cristaux de mésotype *pyramidée.*
2. Mésotype *translucide.*

APPENDICE.

Mésotype *terreuse altérée.* Mehlzeolith, W.

Substances étrangères à cette espèce, auxquelles on a donné le nom de zéolithe.

1. Zéolithe nacrée. La stilbite.
2. Zéolithe dure. L'analcime.

3. Zéolithe cubique. La substance en rhomboïdes un peu obtus, que nous avons réunie à la chabasie.

4. Zéolithe bleue. Le lazulite.

5. Zéolithe. L'harmotome.

6. Zéolithe du Cap. La prehnite.

7. Zéolithe du Brisgaw. L'oxide de zinc cristallisé du même pays.

Relations géologiques.

Le domaine de la mésotype dans la nature est tout différent de celui des substances que nous avons considérées précédemment. Ce minéral paraît être étranger aux terrains primitifs; on ne le trouve que dans des roches dont les unes, suivant les neptuniens, appartiennent aux terrains de transition, et les autres aux terrains stratiformes ou secondaires, dans lesquels abondent les débris des êtres organiques. Ces mêmes roches ont été considérées par les volcanistes comme des produits du feu, et l'origine de la mésotype elle-même entre pour quelque chose parmi les pièces du grand procès qui dure depuis si long-temps entre les partisans des deux opinions. Les roches qui renferment la mésotype sont au nombre de trois, savoir: 1°. le phonolite porphyrique, à Hohentwel dans la Souabe, et dans le département du Puy-de-Dôme; il sert de gangue à la natrolithe; 2°. la wacke, à Feroë, à Fassa, au Groenland; 3°. le basalte, dans le département du

Puy-de-Dôme. Ce basalte subit des altérations qui
le font passer à un état qui lui donne de la ressemblance avec la wacke. A mesure que l'altération
continue, il devient plus tendre, il jaunit et finit
par se convertir en argile ferrugineuse.

Annotations.

La substance dont je fais ici une espèce à part
est celle que Cronstedt, à qui nous en devons la
connaissance, a nommée *zéolithe*, à cause de l'espèce d'ébullition qu'elle éprouve par l'action du feu.
Bergmann la considérait comme ayant de grands
rapports avec les schorls (*), et Wallerius l'avait
réunie à la tourmaline (**), d'après les caractères
que l'une et l'autre présentaient lorsqu'on les fon-
dait, et surtout la lueur phosphorescente qu'elles
répandaient au moment même de leur fusion. Leur
lien commun aurait paru se resserrer encore davantage, si l'on eût su alors que la zéolithe était électrique par la chaleur, comme la tourmaline. Elle en
a été depuis séparée, ainsi que des autres schorls,
d'après les différences très sensibles qui l'en distinguent à plusieurs égards, et en particulier celle
qui se tire des formes cristallines. Mais, comme si
elle s'était ressentie encore du voisinage des schorls,

(*) Sciagr., édit. de Lamétherie, t. I, p. 301.
(**) *Systema mineral.*, édit. de 1778, p. 329.

après cette séparation, elle est devenue à son tour le point de ralliement de plusieurs substances qui n'avaient avec elle que des rapports équivoques; tels que la propriété de se fondre en une masse spongieuse, celle de faire gelée dans les acides, une cristallisation en rayons divergens, une couleur d'un blanc mat, etc. On y regardait même si peu, que la dissolution en gelée qu'on étendait à toutes les zéolithes, après l'avoir reconnue dans celle de Cronstedt, appartient presque exclusivement à cette dernière; du moins ai-je tenté inutilement d'obtenir cet effet, en essayant différentes variétés de ces minéraux. J'ai seulement remarqué que quelquefois les particules semblaient se renfler, en prenant de la transparence; mais elles ne se coagulaient pas en masse continue.

Les mêmes motifs qui m'ont déterminé à supprimer le nom de *schorl*, se tournent également contre celui de *zéolithe*. Pour le remplacer avec avantage, j'ai comparé la forme primitive de la substance dont il s'agit ici, avec celle de l'analcime et celle de la stilbite, qui sont les deux espèces que l'on a surtout confondues avec elle, et j'ai trouvé qu'elle présentait comme un moyen terme entre les noyaux des deux autres substances; et c'est ce qu'indique le nom de *mésotype*.

Qu'on me permette, en terminant cet article, de résumer les caractères que fournit la cristallisation, pour établir une distinction nette et précise entre les quatre substances qui ont été plus généralement confondues sous le nom de *zéolithe*, je veux dire la mésotype, la stilbite, la chabasie et l'analcime. Dans celui-ci, les décroissemens qui donnent les cristaux secondaires agissent de la même manière autour de tous les angles solides, d'où résultent des formes qui, sous différentes positions, offrent le même aspect, ce qui est une suite de la forme cubique du noyau. Dans la mésotype, les décroissemens auxquels sont dues les facettes des sommets, diffèrent de ceux qui ont lieu vers les parties latérales, d'où naissent des prismes terminés par des pyramides, et cela en conséquence de ce que la base est un rhombe, tandis que les pans sont des rectangles. Dans la stilbite, où il y a une différence non-seulement entre la hauteur du parallélépipède primitif et chacun des côtés de la base, mais encore entre ces côtés eux-mêmes, les effets des décroissemens se rapportent à trois axes perpendiculaires entre eux. Enfin, dans les cristaux de chabasie, les effets des décroissemens se rapportent à un seul axe qui passe par deux angles solides opposés du rhomboïde primitif, et leur action, relativement à ces deux angles, est différente de celle qui s'exerce sur les angles latéraux ; d'où il suit que les cristaux sont dans leur attitude naturelle, lorsque l'axe dont j'ai parlé est situé verticalement. Ces quatre modifications bien distinctes de la structure et de ses lois, ces variétés dans les dimensions des formes primitives, ces routes différentes par lesquelles marche la cristallisation des substances dont il s'agit, m'avaient paru annoncer, avant que l'analyse de ces substances eût atteint son degré de perfection, qu'elle offrirait un jour des diversités sensibles dans les qualités ou dans les quantités respectives de leurs élémens, ce que l'expérience a pleinement confirmé.

SILICE COMBINÉE AVEC LA CHAUX, LA POTASSE ET L'EAU.

ESPÈCE UNIQUE.

APOPHYLLITE.

(*Fischaugenstein*, W. *Zéolithe d'Hellesta*, Rinmman. *Ichthyophthalme de* Dandrada.)

Caractères spécifiques.

Caractère géométrique. Forme primitive : prisme droit symétrique (fig. 293, pl. 85), dans lequel le rapport entre les côtés B et G est celui des nombres 4 et 5. Ce prisme se sous-divise diagonalement.

Molécule intégrante : prisme triangulaire rectangle isocèle.

Caractères physiques. Pesanteur spécifique, 2,37.

Dureté. Rayant légèrement la chaux fluatée. Si

l'on passe avec frottement un fragment de la pierre sur un corps dur, en le présentant sur le côté, comme si on voulait le polir, il se délite en feuillets.

Réfraction. Simple, lorsqu'une des faces de l'angle réfringent est parallèle à l'axe de la forme primitive. Si l'on s'en rapporte à l'analogie, elle doit être double à travers une face perpendiculaire à l'axe, et une autre qui soit oblique par rapport au même axe.

Éclat. Tirant sur le nacré.

Électricité. Vitrée par le frottement, sans que le corps ait besoin d'être isolé.

Caractères chimiques. A la flamme d'une bougie, il se délite en feuillets. Il est fusible avec difficulté, en émail blanc, par l'action du chalumeau.

Mis dans l'acide nitrique, il se divise au bout d'environ une demi-heure, et quelquefois beaucoup moins, en petits fragmens qui finissent par se convertir en une matière floconneuse blanchâtre ; sa poussière y forme une gelée semblable à celle que produit, dans le même cas, la mésotype. C'est la triple tendance de ce minéral à l'exfoliation par le frottement, par la chaleur et par l'acide nitrique, qui m'a suggéré le nom d'*apophyllite* que je lui ai donné, et dont le sens est *qui s'exfolie*.

Analyse par Fourcroy et Vauquelin (Annales du Muséum d'Hist. nat., t. V, p. 317) :

Silice 51
Chaux 28
Potasse 4
Eau 17
——————
100.

Par Rose (Journal de Gehlen, t. V, p. 44) :

Silice 55
Chaux 25
Potasse 2,25
Eau 15
Perte 2,75
——————
100,00.

VARIÉTÉS.

FORMES DÉTERMINABLES.

Quantités composantes des signes représentatifs.

$$\mathrm{MP\,\overset{1}{A}\overset{3}{A}\,{}^{1}_{2}\overset{1}{\bar{A}}{}^{3}_{2}\,(\mathrm{A}\mathrm{B}^{4}\mathrm{B}^{1})(\mathrm{A}\mathrm{B}^{\frac{5}{4}}\mathrm{B}^{1})\mathrm{B}\mathrm{B}\mathrm{G}^{\frac{1}{5}}\mathrm{G}\mathrm{G}^{\frac{13}{4}}\mathrm{G}.}$$
$$\mathrm{MP}\;s\;\;k\quad h\qquad r\qquad\qquad o\qquad f\;u\quad l\qquad n$$

Combinaisons deux à deux.

1. Apophyllite *primitif.* MP (fig. 293, pl. 85).
Se trouve à Utö en Suède.

2. *Dodécaèdre.* $\overset{1}{\mathrm{M}}\overset{\grave{}}{\mathrm{A}}$ (fig. 294).
   M s
A Feroë.

Trois à trois.

3. *Épointé.* MP$\overset{\scriptscriptstyle A}{}$A (fig. 295).
     M P s

Mésotype épointée du Tabl. comp. A Utö; à
Feroë; à Marienberg en Bohême. Albin, W.
a. Anamorphique.
b. Alongé.
4. *Octoduodécimal.* MG^{oo}G$\overset{\scriptscriptstyle A}{}$A (fig. 296)
     M l s

Quatre à quatre.

5. *Déciduodécimal.* MG^{oo}G$\overset{\scriptscriptstyle A}{}$AP (fig. 297)
     M l s P

Sept à sept.

6. *Surcomposé.* $\overset{3}{A}\overset{1}{A}{}^{\frac{1}{s}}\overset{\frac{1}{s}}{A}{}^{\frac{5}{s}}(\overset{\frac{1}{s}}{A}B^3B')\overset{\frac{15}{s}}{B}BP.$
     k s h   o   f u P
Voyez le Journal des Mines, n° 137, p. 388.

Parmi les différens cristaux que j'ai observés depuis que je me livre à l'étude de ces corps, aucun
ne m'a paru plus singulier que celui-ci, qu'une légère percussion a détaché de sa gangue, à laquelle
il ne tenait que par un point, en sorte qu'il est terminé de tous les côtés, ce qui est déjà une sorte de
rareté. Mais une circonstance bien plus rare encore,
c'est le contraste qu'offrent les parties semblablement

situées, lorsqu'on les compare entre elles. Ordinairement lorsqu'un cristal déroge à la symétrie, ce n'est que par l'absence d'un très petit nombre des facettes nécessaires à l'intégrité de l'ensemble, en sorte que ces facettes paraissent n'avoir échappé que par accident aux lois qui tendaient à les produire, et que l'observateur a peu de choix à faire pour les rétablir par la pensée. Mais dans le cristal dont il s'agit, si l'on fait abstraction d'une ou deux facettes presque imperceptibles, dont il serait impossible de déterminer les positions, il n'y a qu'une seule des faces situées d'un côté, savoir M, dont l'analogue se retrouve du côté opposé; aucune des autres ne se répète sur les parties correspondantes; en sorte que sur huit faces qu'exige la symétrie, la cristallisation en a oublié sept, et cette espèce de réticence est un peu embarrassante pour l'observateur qui veut tout connaître. On ne croirait jamais que la forme de ce corps, qui n'a que dix faces, pût être ramenée à celle d'un autre corps qui en présente quarante-quatre. Il a fallu beaucoup de persévérance pour remplir ce canevas de manière à y retrouver le véritable type de la forme.

Formes indéterminables.

Apophyllite *laminaire.*

a. Incolore, à Utô. Au Groenland, où il est associé à la mésotype.

b. Blanc-grisâtre et rouge de chair, à Fassa.

Accidens de lumière.

Incolore.
Blanchâtre et nacré.
Blanc-grisâtre.
Gris-verdâtre.
Rouge de chair.

Annotations.

L'apophyllite se trouve dans la mine d'Utö en Suède. Il a pour gangue, tantôt une chaux carbonatée lamellaire d'un rouge-violet, que l'on serait tenté de prendre, au premier coup d'œil, pour un feldspath, et qui renferme de l'amphibole d'un noir-verdâtre, et tantôt l'amphibole seul. Quelquefois il adhère immédiatement au fer oxidulé, ou bien il s'associe en même temps la chaux carbonatée et le fer oxidulé.

On ne peut guère douter que la substance analysée par M. Rinnman, sous le nom de *zéolithe d'Hellesta*, ne fût une variété de l'apophyllite. Mais ce minéral était entièrement oublié, lorsqu'en 1800 M. de Dandrada, célèbre minéralogiste portugais, publia la description de plusieurs substances qu'il avait recueillies dans un voyage en Suède et en Norwége, et parmi lesquelles se trouvait celle-ci. Il lui donna le nom d'*ichthyophthalme*, qui signifie

œil de poisson, sans doute à cause des reflets légèrement nacrés que répand cette pierre, et qui ont
quelque rapport avec ceux d'une variété de feldspath à laquelle on a donné le même nom. D'autres
l'ont appelé *ichthyophthalmite*. Cette dénomination
étant équivoque jusqu'à un certain point, j'ai cru
devoir la remplacer par celle d'*apophyllite*, pour
les raisons que j'ai exposées plus haut.

Ce minéral s'est montré de nouveau en 1812, à
Grodenthal, près de Fassa dans le Tyrol, en cristaux et en masses laminaires d'un volume considérable. La substance qui lui sert de gangue est une
chaux carbonatée lamellaire blanche, couverte en
partie de cristaux de la même substance qui appartiennent à la variété cuboïde. M. Hardt, amateur
très distingué par ses connaissances en Minéralogie,
à qui furent envoyées les prémices de cette découverte, a eu la bonté de m'adresser l'échantillon qui
est dans ma collection. La description des cristaux
qu'il renferme m'a fourni la matière d'un Mémoire
que j'ai envoyé à M. Hardt lui-même, comme hommage de ma reconnaissance, et qu'il a fait insérer
dans les Annales du baron de Moll.

Parmi les diverses variétés de formes que j'ai décrites, il en est une, savoir celle qui porte le nom
d'*épointée*, que j'avais d'abord rangée parmi les variétés de la mésotype, et que la plupart des minéralogistes anglais en ont séparée les premiers pour la
réunir à l'apophyllite. Ils se fondaient principale-

ment sur des expériences faites à l'aide du chalumeau, qui indiquaient une conformité dans les propriétés des deux substances; et ils ajoutaient que la mésotype épointée différait encore des autres variétés de mésotype par l'aspect nacré de la base de sa forme primitive, et que, sous ce rapport, elle s'accordait avec l'apophyllite, dont une des faces présente le même aspect. Ce nouveau rapprochement a été confirmé par les résultats de l'analyse chimique, et par des observations récentes sur les systèmes de cristallisation des deux substances, d'où il résulte que l'un, celui de la mésotype, se rapporte à un prisme à base rhombe, et non à base carrée comme je l'avais supposé jusqu'alors; et l'autre, celui de l'apophyllite, à un prisme quadrangulaire symétrique.

La substance que Werner a appelée *albin*, probablement à cause de sa couleur blanche, a été récemment découverte à Marienberg, près d'Aussig en Bohême. Elle forme des masses d'un blanc mat, engagées dans un phonolite altéré, et qui, à certains endroits, recouvrent la variété de mésotype que l'on a appelée *natrolithe*. De ces masses sortent des cristaux dans lesquels M. de Monteiro, à qui je suis redevable de ces morceaux, a reconnu la forme de la mésotype épointée; il a même mesuré l'incidence de *s* sur P, et l'a trouvée d'environ 119^d. J'ai reconnu que cette substance se résolvait en gelée, comme l'apophyllite épointé, dans l'acide nitrique.

Cet effet a lieu promptement lorsqu'on fait chauffer l'acide; mais si on le laisse froid, on trouve, au bout de quelques jours, qu'il s'est pris en une gelée limpide et épaisse. Ainsi, toutes les indications sont en faveur du rapprochement de cette substance avec l'apophyllite.

TROISIÈME CLASSE.

SUBSTANCES MÉTALLIQUES AUTOPSIDES.

Elles existent naturellement, dans un ou plusieurs états, doués de l'éclat métallique.

Les substances métalliques, lorsqu'elles sont pures, homogènes et réduites à leurs seules molécules intégrantes, ou lorsqu'elles sont simplement alliées les unes avec les autres, ont des caractères si parlans, que l'observateur même le moins exercé les reconnaît pour appartenir à la classe dans laquelle les minéralogistes les ont réunies. Ces caractères sont, en général, une grande densité, une opacité parfaite et un éclat particulier qu'il serait difficile de définir, mais qui n'a pas besoin d'être autrement désigné que par le nom d'*éclat métallique* qu'on lui a donné, parce qu'il est si remarquable, et qu'il nous est d'ailleurs si familier, qu'aussitôt qu'il se montre, l'œil le reconnaît.

Tels sont les métaux, lorsqu'ils jouissent, comme je l'ai dit, de toute leur pureté. Mais viennent-ils à se combiner avec des principes étrangers, tels que l'oxigène, le soufre, le carbone, ou avec un acide, ils perdent ces caractères qui tranchaient si fortement à côté de ceux des substances qui appartiennent aux autres classes. A cette opacité parfaite succède quelquefois une transparence qui, dans certains composés, va jusqu'à la limpidité. Cet éclat si vif et si particulier fait place à des reflets et à des couleurs que partagent les substances connues sous le nom de *pierres*.

Le plomb carbonaté prend un aspect vitreux qui lui donne une certaine ressemblance avec le quarz. Le même métal, en se combinant avec l'acide du chrôme, passe au rouge-aurore. Le mercure, qui est d'un blanc métallique éclatant dans son état ordinaire, se change en vermillon par son union avec l'oxigène. Dans le zinc combiné avec le soufre, l'éclat métallique fait place au jaune de topaze, accompagné d'une belle transparence. Le même métal, uni simplement à l'oxigène, prend la forme de cristaux aciculaires translucides, qu'on rangerait parmi les pierres, si l'on s'en rapportait au jugement de l'œil. L'oxide de fer, uni à l'acide phosphorique, devient d'un bleu d'azur. L'oxide de cuivre, combiné avec l'acide carbonique, semble ajouter à l'émeraude une variété fibreuse ou une variété mamelonnée. La même combinaison, à l'aide d'une différence accidentelle, rivalise avec le saphir indigo. L'acide sulfurique vient-il à remplacer l'acide phosphorique, c'est encore le bleu du saphir, mais avec une teinte moins foncée.

Nulle part les ressources de l'industrie humaine ne se montrent d'une manière plus admirable que dans les procédés qui dégagent les métaux de leurs combinaisons avec des principes hétérogènes, qui font

tomber, pour ainsi dire, le masque sous lequel ils
se déguisaient, et qui les reproduisent tout brillans
de cet éclat qui leur est propre, et avec ces qualités
précieuses qui les rendent susceptibles d'être éla-
borés pour nos usages.

Il n'entre pas dans mon plan d'exposer comment
l'art parvient à dérober au sein de la terre les métaux qu'il renferme, à les débarrasser de ces matières
étrangères dont ils sont mélangés, à rompre les affinités qui tiennent leurs molécules enchaînées à celles
de divers minéralisateurs, et enfin à les mettre en
état d'être livrés aux artistes qui les approprient à
nos besoins.

Je dois m'attacher seulement à décrire exactement ces mêmes substances; à donner la manière
de vérifier les caractères qui distinguent chacune
d'elles; à faire connaître leurs propriétés, dont je
développerai la théorie, lorsqu'il y aura lieu; et
enfin à indiquer leurs principaux usages, et les services qu'elles rendent à la société.

Mais auparavant je vais parcourir les diverses qualités physiques qui sont propres aux métaux, ou
qu'ils possèdent dans un plus haut degré que d'autres
minéraux qui les partagent avec eux.

1°. *Éclat métallique.* Il dépend de la vive impression que produit sur l'organe de la vue l'abondance de la réflexion que subissent les rayons lumineux à la rencontre des surfaces métalliques.
Quelques substances comprises parmi les pierres,

telles que le mica et la diallage, en offrent une fausse imitation, qui disparaît lorsqu'on raie leur surface avec une pointe d'acier.

2°. *Couleur.* Cette qualité mérite d'autant mieux de fixer ici l'attention, qu'elle dépend, comme je l'ai déjà dit, de la réflexion immédiate des rayons sur les faces des molécules intégrantes, en sorte que la couleur doit être rangée, dans le cas présent, parmi les caractères spécifiques, parce qu'elle est constante; ou si elle subit des variations, c'est par l'effet de quelque cause accidentelle, qui altère la pureté du métal, ou modifie les particules réfléchissantes.

Les couleurs dont les métaux sont susceptibles, lorsqu'ils jouissent de l'éclat métallique, peuvent être rapportées aux quatre suivantes : le *blanc* (qui est moins une couleur que l'assemblage de toutes les couleurs), le jaune, le rouge et le bleuâtre. Le blanc de l'argent est pur; celui de l'étain tire sur le gris; celui du plomb a quelque chose de livide. La couleur de l'or est le jaune pur; celle du cuivre est le jaune mêlé de rouge. Celle du fer est le blanc grisâtre mêlé d'une teinte de bleuâtre.

Il est remarquable que les limites entre lesquelles sont renfermées ces couleurs soient indiquées par le phénomène des anneaux colorés. Ce phénomène est produit, comme je l'ai déjà fait remarquer, par une lame d'air interposée entre deux verres, l'un plan, l'autre légèrement convexe, et dont l'épaisseur, par une suite nécessaire, s'accroît graduellement, depuis le point de contact des deux verres. Cette lame offre une succession d'anneaux diversement colorés, qui se partagent en diverses séries; or la première série, ou la plus voisine du centre, qui est en même temps celle où la réflexion est la plus forte, est composée de quatre couleurs, le bleuâtre, le blanc éclatant, le jaune et le rouge. Le vert et le violet en sont exclus; ils ne se montrent que dans les séries plus éloignées du centre. Et ainsi le petit espace qui répond à la première série, et sur lequel la vivacité des reflets et des couleurs est, pour ainsi dire, à son *maximum*, offre l'analogue de ce qui a lieu dans la coloration des substances métalliques.

Si nous suivons cette analogie, nous remarquerons que la lame d'air, à l'endroit qui répond au contact des deux verres, transmet tous les rayons sans en réfléchir aucun, en sorte que l'on voit une petite tache noire au même endroit; il en résulte que le degré de ténuité qui produit la noirceur, est voisin de ceux qui offrent la plus forte réflexion et les couleurs les plus vives. La lumière passe brusquement d'un extrême à l'autre; et de là vient encore que si on atténue une substance métallique en la broyant, surtout si elle était naturellement blanche comme l'argent, ses particules paraissent noires lorsque l'atténuation est parvenue à un certain degré; et en général, lorsqu'on lime ou qu'on triture une substance métallique, soit simple, soit composée pourvu qu'elle ait l'éclat métallique, on voit cet éclat faire place à une couleur noire, ou d'un gris noirâtre, ou d'un vert noirâtre, de manière que la teinte a toujours quelque chose de sombre. Ainsi, que je prenne un morceau d'antimoine sulfuré, qui est d'un gris métallique éclatant; si j'en détache des parcelles, et qu'après les avoir mises sur une carte, je me serve d'un petit morceau détaché d'une autre carte pour les écraser et étendre leur poussière, en pressant avec le doigt sur cette seconde carte, et en la faisant passer sur l'autre avec frottement, j'atténue la poussière de l'antimoine au point qu'elle forme une tache noire sur la surface de chaque carte, principalement de celle qui est dessous.

A l'égard des substances métalliques dont les couleurs ne sont point accompagnées de l'éclat métallique, il peut arriver deux cas : ou bien leur poussière présente encore la même couleur que celle de la masse, ou bien elle en offre une autre qui est voisine de la première, dans l'ordre des couleurs du spectre solaire. Par exemple, le mercure sulfuré conserve sa couleur rouge; mais le plomb chromaté, lorsqu'on le broie, change de teinte en passant du *rouge aurore* à *l'orangé*, qui est à côté du rouge dans le spectre solaire.

Ce sont les métaux, surtout lorsqu'ils ont passé à l'état d'oxide, qui font la fonction de principes colorans à l'égard des substances acidifères et pierreuses. C'est à l'oxide de fer diversement modifié

que sont dues les teintes des diverses variétés de
corindon, de topaze, de grenat, etc. L'oxide du
chrôme communique sa belle couleur verte à l'émeraude, à la diallage, à l'amphibole dit actinote. Le
même métal à l'état d'acide colore le spinelle en
rouge. L'oxide du nickel, en se mêlant à la calcédoine, détermine la variété verte de cette pierre,
qui porte le nom de *prase*.

3°. *Densité*. Celle des métaux purs l'emporte généralement de beaucoup sur celle des substances non
métalliques les plus pesantes. L'étain, le plus léger
des métaux usuels, a une pesanteur spécif. de 7,3.
Je ne parle ici que des métaux qui proviennent des
substances facilement réductibles à cet état. Car autrement, d'après les belles découvertes du célèbre
Davy, la potasse et la soude étant aussi des oxides
métalliques, et la pesanteur spécifique des métaux
renfermés dans ces oxides ayant été trouvée inférieure à celle de l'eau; la limite que j'indique ici
comme séparant les métaux des autres substances,
sous le rapport de cette propriété, disparaît entièrement; sur quoi je remarquerai que cette grande lé-
gèreté des substances dont il s'agit, qui s'accorde si
peu avec l'analogie de tout ce que l'on connaissait
jusqu'alors, a fourni une des plus fortes objections
que l'on ait opposées à l'opinion de M. Davy; mais
aujourd'hui elle n'arrête plus les chimistes.

4°. *Dureté*. Les métaux, considérés relativement
à cette qualité, le cèdent sensiblement à diverses

substances pierreuses ; mais c'est pour nous un avantage, en ce que les métaux étant susceptibles d'un grand nombre d'usages qui exigent qu'on leur donne différentes formes, ils en sont moins difficiles à travailler. Il est heureux cependant que parmi les métaux il s'en trouve un, savoir le fer converti en acier trempé, qui nous offre un moyen si puissant pour élaborer les autres métaux et le fer lui-même.

5°. *Elasticité.* On appelle ainsi la faculté qu'a un corps de revenir de lui-même à sa figure naturelle, lorsqu'une force qui l'avait comprimé ou forcé de fléchir, cesse d'agir sur lui. C'est surtout en profitant de l'élasticité du fer converti en acier que les Arts exécutent tous ces ressorts auxquels la société est redevable d'une grande partie des services que lui rend ce précieux métal. On parvient à augmenter la dureté des autres métaux, et à leur donner en même temps de l'élasticité, en les alliant avec un métal différent, dont les molécules, interposées entre celles de l'autre métal, diminuent le jeu de ces dernières, et les rendent plus susceptibles de résister à l'action d'une force qui tendrait à les déranger de leurs positions respectives.

6°. *Ductilité.* Elle consiste dans la faculté qu'ont certains métaux de s'étendre par la pression ou par la percussion, tandis que leurs molécules glissent les unes sur les autres sans se quitter, en sorte que le corps conserve la forme qu'il a prise en vertu de l'une ou l'autre des deux forces dont il s'agit. Cette qualité précieuse, qui permet d'amincir à volonté une masse métallique pour la réduire en lames, ou de la tirer en fils plus ou moins déliés, n'appartient pas à tous les métaux. Quelques-uns, tels que l'antimoine, le manganèse, le cobalt, se brisent, au lieu de se laisser étendre sous le marteau. On donnait autrefois à ces derniers le nom de *demi-métaux*; mais on a senti le vice de cette dénomination, et on lui a substitué celle de *métaux fragiles* ou *cassans*.

Les minéralogistes étrangers distinguent trois degrés dans l'effet qui résulte de l'épreuve relative au caractère dont il s'agit ici. Ils appellent *ductiles* les métaux qui s'étendent par la pression : et comme cette faculté est liée à celle de se laisser couper en lames flexibles, ils se servent d'un couteau pour essayer d'entamer le métal, et en détacher un fragment mince, qu'ils soulèvent ; et si le fragment plie, en continuant d'adhérer à la masse, ils jugent que le corps est ductile : ex., argent sulfuré. Ils donnent le nom d'*aigres* aux métaux qui, dans le même cas, se divisent en parcelles qui se détachent de la masse en s'isolant les unes à l'égard des autres : plomb sulfuré. Et ils appellent *traitables* les métaux qui se laissent couper sans néanmoins fléchir, sinon très peu : bismuth natif. Ces caractères, qu'il est aisé de se rendre familiers par l'exercice, ne sont pas à négliger.

7°. *Ténacité.* Elle s'estime d'après la faculté qu'a

un fil de métal d'un diamètre donné, de résister, sans se rompre, à l'action d'une force connue, qui le tire par une extrémité, tandis qu'il est fixe par l'extrémité opposée. Ce caractère est du ressort des Arts plutôt que de la Minéralogie. Une des circonstances où les métaux exercent leur ténacité d'une manière sensible, est celle où l'on accorde un piano ou tout autre instrument du même genre.

8°. *Dilatabilité par le calorique.* La force de l'affinité qui produit l'adhérence mutuelle des molécules d'un corps à l'état de solidité, et placé au milieu d'une température constante, est nécessairement en équilibre avec la force élastique du calorique interposé entre les molécules; autrement le corps se dilaterait ou se contracterait, suivant que la force du calorique l'emporterait sur celle de l'affinité, ou réciproquement. Supposons que le corps reçoive subitement une nouvelle quantité de calorique; la force élastique de ce fluide étant supérieure, dans le premier instant, à la force attractive de l'affinité, le corps se dilatera, et en même temps l'élasticité du calorique s'affaiblira par une suite de l'augmentation d'espace, et la force de l'affinité elle-même diminuera par une suite de l'augmentation de distance entre les molécules; au milieu de ces variations, l'équilibre s'établira de nouveau, d'où nous devons conclure que pendant l'écartement des molécules, la force élastique du calorique, qui d'abord était prépondérante, a diminué

dans un plus grand rapport que l'affinité. Tant que
la distance entre les molécules, au moment de l'équilibre, sera beaucoup plus petite que le rayon de leur
sphère d'activité sensible, le corps restera à l'état de
solidité, et ses molécules continueront d'adhérer plus
ou moins fortement entre elles ; car si une cause quelconque agissait pour les écarter davantage les unes des
autres, elle éprouverait plus de résistance de la part
de l'affinité, qu'elle ne serait secondée par l'élasticité
du calorique, à cause de la tendance qu'aurait cette
dernière force à diminuer dans un plus grand rapport que l'affinité. Or c'est la disposition de l'affinité à l'emporter sur le calorique, dans le cas d'un
plus grand écartement des molécules, qui s'oppose
à ce que cet écartement puisse avoir réellement lieu,
et qui, par une suite nécessaire, maintient le corps
à l'état de solidité.

Mais si telle est l'abondance du calorique, que la
force de ce fluide ait écarté les molécules d'un métal
les unes des autres, jusqu'à la distance où, leur affinité étant presque nulle, elles puissent se mouvoir
librement en tout sens, et céder à la plus légère
pression, alors le métal devient liquide.

La dilatation des métaux est sensiblement proportionnelle dans chacun d'eux à l'élévation de température, au moins tant que le métal reste encore à
l'état solide ; car, aux approches de l'ébullition, la
dilatation suit une loi beaucoup plus rapide que l'é-
lévation de température, parce que la force expan-

sive de calorique, n'étant plus balancée que faiblement par l'affinité, est employée à peu près tout entière à écarter les molécules les unes des autres.

La connaissance du rapport entre la dilatation que subit un métal et l'élévation de température, est très utile dans diverses circonstances, comme pour laisser une distance suffisante entre les pièces de fer que l'on place bout à bout dans certaines constructions, et empêcher qu'après être parvenues à se toucher en s'alongeant, elles ne soient ensuite tourmentées par l'effort qu'elles feraient pour s'alonger davantage pendant une nouvelle élévation de température. Je dirai, en parlant du cuivre, comment la même connaissance sert à corriger les effets de l'alongement ou du raccourcissement des verges qui règlent le mouvement des pendules, et comment, à l'aide d'un procédé ingénieux, les inégalités produites par le changement de température se détruisent elles-mêmes. La *fusibilité* fournit un caractère distinctif qui peut être employé avec avantage pour reconnaître certains métaux, soit purs, soit à l'état d'alliage. Par exemple, l'antimoine natif et l'antimoine sulfuré sont fusibles à la simple flamme d'une bougie, ce qui peut servir à faire distinguer surtout le dernier, lorsqu'il est à l'état compacte. Dans le même cas, l'argent rouge se fond en se *réduisant*, c'est-à-dire en donnant un bouton qui offre le blanc métallique de l'argent.

Lors même qu'il n'y a pas de fusion proprement

dite, l'action de la chaleur donne lieu à divers phénomènes propres à indiquer la nature d'un composé métallique. Le fer sulfuré laisse dégager une vapeur sulfureuse, et devient capable d'agir sur l'aiguille aimantée. Dans le fer arsenical, ce dernier effet est précédé d'une odeur d'ail qui décèle la présence de l'arsenic, et ainsi d'une multitude d'autres effets que j'aurai occasion de citer, en décrivant les substances qui les offrent.

9°. *Électricité.* La propriété de devenir électrique par l'intermède de la chaleur, dont nous avons vu plusieurs exemples dans les deux premières classes, reparaît dans celle des substances métalliques, dont deux jusqu'ici, le zinc oxidé et le titane calcaréosiliceux, la manifestent avec d'autant plus d'avantage, que, sans ce caractère, on serait quelquefois embarrassé pour les distinguer. Par exemple, l'aspect de certains cristaux de zinc oxidé est fait pour réveiller l'idée de quelque substance acidifère ou terreuse. Ce minéral jouit à un si haut degré de la propriété dont il s'agit, qu'il n'a besoin que d'être présenté immédiatement à la petite aiguille d'épreuve pour que l'attraction électrique dissipe l'illusion produite par une fausse apparence. La chaleur naturelle de l'air suffit pour l'électriser, même lorsque la température est de plusieurs degrés audessous de zéro. J'entrerai dans de plus grands détails sur ce sujet lorsque je traiterai du zinc oxidé.

On sait que les substances métalliques sont éminemment conductrices de l'électricité, lorsqu'elles jouissent de l'éclat métallique; et cette faculté s'étend, en général, à celles qui résultent de l'union de plusieurs principes, telles que le plomb sulfuré, le cobalt arsenical. Mais si on les isole, et qu'on les passe avec frottement sur une étoffe de laine, celle-ci acquiert une électricité dont l'espèce peut varier suivant la nature du métal, et cet effet détermine dans la substance métallique elle-même l'électricité opposée.

Les substances métalliques, considérées sous ce rapport, forment deux classes, dont l'une est composée de celles qui acquièrent, à l'aide du frottement, l'électricité vitrée, et l'autre de celles qui s'électrisent résineusement.

Par exemple, le cuivre natif donne l'électricité vitrée, et le cuivre pyriteux l'électricité résineuse. L'argent natif s'électrise vitreusement, et l'argent antimonial, qui lui ressemble beaucoup par son aspect, s'électrise résineusement.

Dans certaines substances, la seule intensité de l'électricité acquise pourrait servir d'indication. Ainsi le cuivre gris acquiert une très forte électricité résineuse lorsqu'on le frotte, en quoi il est distingué du fer oligiste, qui s'électrise très faiblement dans le même cas, et manifeste l'électricité contraire.

Au reste, je sais qu'il y a des caractères distinctifs plus directs et plus accessibles que ceux qui se tirent des épreuves que je viens de citer ; mais ces derniers m'ont paru mériter d'être étudiés, au moins sous le rapport de la Physique des minéraux. Si la méthode ne les réclame pas, ils ne sont pas perdus pour la science ; nous n'en avons pas besoin pour reconnaître les minéraux, mais ils servent à nous les faire mieux connaître.

10°. *Odeur par l'action du feu.* Plusieurs substances métalliques exhalent, lorsqu'on les chauffe, une odeur qui provient du dégagement d'un des principes qui les minéralisaient, tels surtout que le soufre, dont l'odeur est connue de tout le monde, et l'arsenic, dont l'impression sur l'odorat est semblable à celle que produit l'ail.

11°. Les formes primitives des substances métalliques sont celles à l'égard desquelles nos connaissances se trouvent le plus en retard. Les métaux ductiles, comme l'or, l'argent, le cuivre, etc., ne laissent apercevoir aucun joint naturel. Plusieurs de ceux qui sont combinés avec l'oxigène ou avec d'autres principes, n'ont encore été rencontrés qu'en masses irrégulières, sans indice de structure, ou à l'état pulvérulent. Enfin, la petitesse des cristaux, dans le mercure muriaté, le cobalt arseniaté, etc., ne permet pas de les soumettre à la division mécanique.

Parmi les formes primitives des métaux divisibles qui sont purs, comme le bismuth et l'antimoine qu'on appelle *natifs*, ou qui n'ont point perdu leur brillant par leur union avec d'autres principes, comme le fer sulfuré, le cobalt gris, c'est le cube et l'octaèdre régulier qui dominent; et il est probable que les métaux ductiles ont aussi pour noyau l'un ou l'autre de ces deux solides. Dans le cuivre gris, la forme primitive est le tétraèdre régulier; dans le cuivre sulfuré, le prisme hexaèdre régulier; et parmi les substances dépourvues du brillant métallique, le zinc sulfuré se divise en dodécaèdre rhomboïdal; en sorte que la classe dont il s'agit a cela de particulier, qu'elle offre la réunion des cinq formes primitives connues.

Huit substances donnent le rhomboïde : savoir, l'argent antimonié sulfuré, le mercure sulfuré, le cuivre dioptase, le zinc carbonaté, le plomb phosphaté qui se sous-divise en dodécaèdre bipyramidal, le fer sulfaté, le fer oligiste et le fer oxidulé titané. Dans les autres espèces, on a tantôt l'octaèdre rectangulaire, comme dans le zinc oxidé, et tantôt le prisme droit, qui est rhomboïdal dans le fer arseniaté ou mispickel, et rectangulaire dans le schéelin ferruginé ou wolfram. Enfin, le cuivre sulfaté présente le moins régulier de tous les noyaux connus, savoir un parallélépipède obliquangle, dont les angles solides sont formés par la réunion de trois plans diversement inclinés, sans qu'aucune de ces inclinaisons soit de 90^d ou de 60^d, comme dans le feldspath. Ainsi, on peut dire que la classe des substances métalliques est celle où les formes primitives

varient à tous égards entre les limites les plus étendues.

Il serait très difficile, pour ne pas dire impossible,
d'établir une distinction nette entre les substances
métalliques et celles des autres classes, d'après un
petit nombre de caractères faciles à vérifier, comme
on peut le faire pour ces dernières comparées entre
elles. La propriété qui particularise les substances
métalliques, est d'avoir le brillant métallique, ou
d'être susceptibles de l'acquérir. On peut cependant,
pour reconnaître celles qui en sont dépourvues,
s'aider des caractères suivans, qui, sans s'étendre à
leur ensemble, conviennent exclusivement à quelques-unes d'entre elles.

1°. Pesanteur spécifique au-dessus de 4,5.

2°. Permanence d'une couleur vive, après la trituration, ou passage à une couleur voisine, qui est
elle-même plus ou moins vive.

3°. Combustion avec dégagement de vapeurs, dont
l'odeur est ou sulfureuse ou semblable à celle de
l'ail.

On a donné le nom de *mines*, tantôt aux endroits
de la terre d'où l'on tirait les substances métalliques
proprement dites, tantôt à ces substances elles-mêmes; et ce nom, employé dans la seconde acception,
est devenu le mot initial des phrases par lesquelles
les minéralogistes désignaient la plupart des corps
dont il s'agit. Ainsi on disait *mine d'argent vitreuse,
mine de fer arsenicale, mine de plomb spathique*

Ce mot se trouve exclu de notre nomenclature, qui n'admet que des dénominations méthodiques et précises, composées du nom générique et du nom spécifique de la substance.

La nature peut nous présenter un même métal dans cinq états différens.

1°. Pur, ou à peu près. Cet état a été désigné par le mot de *vierge* ou de *natif*, ajouté au nom du métal. On n'a encore trouvé qu'une partie des substances métalliques à cet état ; tels sont le platine, l'or, l'argent, le cuivre, etc.

2°. Uni à un autre métal, sans qu'aucun des deux cesse d'être à l'état métallique. Tel est l'argent uni à l'antimoine dans la substance nommée, par Romé de l'Isle, *mine d'argent antimoniale*.

3°. Combiné avec l'oxigène. Les métaux, dans cet état, étaient désignés par le nom impropre de *chaux métallique* ; et l'on disait *fer en chaux*, *bismuth en chaux*, etc.

Il peut arriver aussi qu'un métal oxidé soit uni à l'oxide d'un autre métal.

4°. Combiné avec un combustible, tel que le carbone, le soufre. On appelait *minerais* les produits de ces combinaisons, *minéralisateurs* les principes combinés avec le métal, et *minéralisation* l'acte même de la combinaison. On disait *fer minéralisé par le soufre, fer minéralisé par le carbone*, etc.

5°. Combiné avec un acide, tel que l'acide carbonique, l'acide muriatique, etc. C'était un autre

genre de minerai, que l'on indiquait de la même
manière, en disant, par exemple, *plomb minéralisé
par l'acide aérien.*

J'ai profité du langage de la nouvelle Chimie pour
exprimer ces différens états. Mais comme il n'offrait
point d'expressions assez variées pour remplir complètement l'objet que je me proposais, j'ai tâché d'y
suppléer, en donnant, dans certains cas, des inflexions particulières aux noms des substances. Voici
l'ordre de ma nomenclature.

1°. Le métal pur sera indiqué par le mot de *natif*:
exemple, *or natif, argent natif,* etc.

2°. Lorsqu'un métal à l'état métallique sera uni
à celui qui détermine le genre, j'en modifierai le
nom par la terminaison en *al*. Ainsi j'appellerai *fer
arsenical* la combinaison du fer avec l'arsenic, dans
la substance qu'on nomme communément *mispickel.*

3°. L'union d'un métal avec l'oxigène sera dési-
gnée par le mot *oxidé*, ajouté à celui du métal:
exemple, *fer oxidé, bismuth oxidé,* etc.

Mais si un autre métal pareillement oxidé mi-
néralise celui qui détermine le genre, son nom se
terminera en *é* : exemple, *fer oxidulé titané,* au
lieu de fer oxidulé combiné avec le titane oxidé.

4°. Si le minéralisateur est un combustible, je
me servirai du langage de la nouvelle Chimie, en
disant, par exemple, *fer sulfuré, fer carburé,* etc.,
pour exprimer la combinaison du fer avec le soufre ou
avec le carbone.

5°. Si un métal, ou plutôt son oxide, est combiné avec un acide, le même langage me fournira les dénominations de *fer oxidé sulfaté*, de *cobalt oxidé arseniaté*, etc. (*), pour désigner l'union du fer avec l'acide sulfurique, celle du cobalt avec l'acide arsenique, etc.

Mais il arrive souvent qu'un métal s'unit accidentellement à une espèce proprement dite. Dans ce cas, j'emploierai la terminaison *fère*, en disant, par exemple, *fer sulfuré aurifère*, *bismuth natif arsenifère*, pour faire connaître que l'or ou l'arsenic n'est ici qu'un principe additionnel.

Au reste, quelque effort que l'on fasse pour ramener la nomenclature à la simplicité et à la précision, il y aura des substances métalliques si composées, que leurs dénominations s'en ressentiront nécessairement. Ainsi, pour désigner la mine connue sous le nom d'*argent rouge*, qui, suivant les analyses de Klaproth et de Vauquelin, est une combinaison d'oxide d'argent avec l'oxide d'antimoine et le soufre, il faudra dire argent antimonié sulfuré (**), dénomination qui se trouvera encore alongée par les épithètes relatives aux formes cristallines. Rien n'em-

---

(*) On peut sous-entendre le mot *oxidé*, parce que le titre de la sous-division à laquelle appartient l'une ou l'autre espèce, indique que le métal principal est à l'état d'oxide; et c'est ainsi que j'en userai, pour abréger.

(**) On sous-entend ici le mot *oxidé* à la suite d'*argent*, pour la raison que nous avons dite plus haut.

pêchera, dans ces sortes de cas, de se servir d'un nom vulgaire plus concis, tel que celui d'*argent rouge*, comme d'une indication plus commode, lorsqu'on fera l'histoire de la substance, et partout où l'on voudra éviter une prolixité qui ne servirait qu'à ralentir la marche du discours. Mais il faut que la méthode conserve son uniformité, et que sa partie descriptive emploie des dénominations assorties à l'ensemble des principes que présente chaque substance, et dictées par la science elle-même. On ne pourrait les abréger qu'en exprimant la même chose en moins de mots.

J'ai dit que les métaux n'existaient pas toujours à l'état de natifs dans le sein de la terre. Mais l'art, en faisant subir l'action du feu à ceux qui sont combinés avec d'autres substances, parvient, par divers procédés, à les débarrasser, et à les obtenir dans l'état de pureté. On désignait les métaux ainsi épurés à l'aide de la fusion, par le mot de *régule*, puisé dans la langue des alchimistes; et l'on a même étendu ce mot aux métaux qui, étant d'abord à l'état natif, avaient été ensuite fondus, auquel cas ils avaient aussi éprouvé une dépuration, parce qu'il n'existe peut-être pas une seule substance métallique qui, dans son gissement, soit exempte de tout mélange. Je remplacerai, dans l'un et l'autre cas, le mot de *régule* par celui de *fonte*, et je dirai la fonte de l'or, de l'argent, du plomb, etc., ou l'or fondu, l'argent fondu, etc., pour indiquer chacun de ces métaux amené, par la fusion, à un grand degré de pureté.

Les fontes des métaux sont susceptibles de cristallisation, à l'aide d'un procédé semblable à celui que Rouelle a employé le premier par rapport au soufre, et qui consiste à laisser figer la surface du métal, puis à percer la croûte qui s'y est formée, et à survider le creuset. Après le refroidissement, on brise ce creuset, et on le trouve tapissé à l'intérieur de cristaux ordinairement groupés, qui sont cubiques ou octaèdres. On a cru que le vide laissé par le métal qui était sorti du creuset, favorisait la production des cristaux. La vérité est qu'ils se forment au milieu même du métal encore en fusion, par le rapprochement des parties qui se refroidissent les premières. Il en est de ce métal à peu près comme de l'eau qui se congèle, c'est-à-dire cristallise au milieu de l'eau même encore liquide. On ne fait autre chose, en survidant le creuset, que mettre à nu les cristaux déjà formés, et empêcher qu'ils ne soient saisis par le métal environnant et ne se perdent dans la masse refroidie. C'est ce que prouve une observation de M. Dupouget, qui, au lieu de survider le creuset qui renfermait du bismuth en fusion, se contenta de cerner, avec la pointe d'un canif, la croûte extérieure. Ayant ensuite enlevé cette croûte, il en trouva la surface inférieure chargée de belles cristallisations de bismuth.

Les valeurs relatives des métaux, considérés sous

le point de vue du commerce, et le rang que chacun
occupe dans l'estime des hommes, ont influé sur
l'arrangement qu'on leur a donné dans les méthodes
elles-mêmes. Ainsi, toutes les mines qui renfermaient
de l'or, ne fût-ce qu'accidentellement et en petite
quantité, ont été regardées comme autant d'espèces
distinctes, et placées dans le genre de l'or.

La même chose a eu lieu par rapport à l'argent et
au cuivre associés à d'autres métaux d'une moindre
valeur commerciale; et par une suite de ce principe,
on s'est permis plusieurs doubles emplois, en plaçant telle mine alliée avec un métal plus noble, dans
le genre de ce métal, et en remettant dans son propre
genre la même mine réduite, du moins à peu près,
à ses principes essentiels. Bergmann avoue que ce
mode de classification n'a aucun fondement physique; mais il pense qu'on doit le préférer en faveur
des mineurs, qui, sans cela, seraient obligés de chercher, sous des noms étrangers, la plupart des substances qui sont à leur égard des mines d'or, d'argent ou de cuivre (*).

Il m'a paru, au contraire, qu'une méthode devait
offrir aux mineurs, comme à tous les minéralogistes,
un moyen d'étudier la nature en elle-même, indépendamment de toute considération étrangère, et
que l'avantage de réunir sous un même titre tout
ce qui concerne un même objet d'exploitation, de-

(*) *Sciagraphia regni miner.*, p. 16.

vait le céder à celui de mettre chaque être à sa place,
et de le présenter sous ses véritables rapports avec
tous les autres. Et peut-être est-il intéressant, même
pour ceux qui se livrent à la pratique, que la méthode, par la manière seule dont elle est combinée,
leur offre comme la balance des richesses de chaque
mine ; qu'elle les avertisse de ce que celle-ci peut
renfermer d'essentiel ou de purement accessoire, de
ce qui y domine ou n'en forme que la moindre partie, et qu'elle soit tout-à-la-fois un tableau plus fidèle
de la nature, et mieux assorti au but des recherches
et du travail de l'art.

Au reste, nous sommes encore loin d'avoir toutes les
connaissances nécessaires pour bien ordonner toutes
les parties de ce tableau. D'une part, il existe des
substances métalliques qui laissent des doutes à lever, pour savoir si elles forment des espèces proprement dites; et d'une autre part, il en est plusieurs
parmi celles qui paraissent marquées d'un caractère
spécifique non équivoque, dont la véritable place est
encore incertaine. Le moyen de dissiper cette double
obscurité serait de faire un grand nombre d'analyses
comparatives des différens morceaux qui paraissent
appartenir à une même substance, de démêler parmi
les principes composans ceux qui varient d'une manière sensible, d'avec ceux dont les rapports se sou-
tiennent constamment, et de remarquer surtout ceux
qui deviennent nuls dans certains morceaux. Il faudrait faire attention aux circonstances qui peuvent

altérer, par des mélanges, le vrai type de la composition, telles que la proximité ou la juxta-position
de plusieurs substances de différente nature. On ga-
gnerait beaucoup à choisir chaque mine dans son
état de plus grande perfection, qui est celui où elle
présente des groupes de cristaux dégagés de toute
association avec d'autres cristaux étrangers. En rapprochant la composition de ces cristaux de celle des
masses informes, qui auraient donné des résultats
différens, on pourrait, par la méthode d'élimination,
saisir des points fixes au milieu de cette diversité;
et l'on finirait par retrouver, dans les produits de
l'analyse, les matériaux de la synthèse, si celle-ci
pouvait toujours avoir lieu.

Lorsqu'il restera de l'incertitude sur les véritables
principes composans d'une substance métallique
qui me paraîtra d'ailleurs former une espèce à part,
je préférerai une dénomination un peu vague à celle
qui, en précisant davantage son objet, pourrait
énoncer une erreur; et de plus, j'aurai soin d'exposer, à mesure que l'occasion s'en présentera, les
doutes qui naissent de la différence entre les analyses publiées jusqu'ici relativement à plusieurs des
mêmes substances.

Je distingue, avec Bergmann, trois ordres de substances métalliques. Le premier renferme celles qui
ne sont pas oxidables immédiatement, *c'est-à dire*
par la simple action de la chaleur, à moins que
cette action ne soit poussée à l'extrême, mais qui

sont réductibles immédiatement ; en sorte qu'il suffit de les faire chauffer pour les dépouiller de leur oxigène. Tels sont le platine et l'or.

Les substances métalliques qui appartiennent au second ordre ont la propriété d'être oxidables et réductibles immédiatement, à l'aide d'une température plus élevée que celle qui est requise pour les oxider. Jusqu'ici, on ne connaît que le mercure qui soit dans ce cas.

Le troisième ordre est composé des substances qui sont oxidables, mais non réductibles immédiatement. Pour les réduire, il faut employer des matières grasses ou autres, susceptibles de brûler aux dépens de l'oxigène uni au métal. Tels sont le plomb, l'étain, l'antimoine, etc.

Ce dernier ordre étant beaucoup plus nombreux que les deux autres, je le partage en deux sections, dont l'une renferme les métaux sensiblement ductiles, et le second ceux qui ne sont que peu ou point ductiles.

Dans chaque ordre, les métaux sont rangés d'après le degré de leur pesanteur spécifique. Cet arrangement m'a été suggéré par l'idée que, dans la comparaison des différens métaux entre eux, il semble y avoir une prééminence attachée à celui qui renferme plus de matière propre sous un volume donné.

PREMIER ORDRE.

Non oxidables immédiatement, si ce n'est à un feu très violent, et réductibles immédiatement.

PREMIER GENRE.

PLATINE.

(Tiré d'un mot espagnol qui signifie *argent*. Platin des Allemands.)

ESPÈCE UNIQUE.

PLATINE NATIF FERRIFÈRE.

(*Gediegen platin*, W. *Platine* ou *or blanc*, De l'Isle, t. III, p. 487.)

Caract. géomét. M. Vauquelin est parvenu à obtenir de petits cristaux de platine, dont la forme m'a paru être celle du cube.

Caract. auxil. Blanc argentin. Très difficile à fondre.

Caract. phys. Pesanteur spécifique du platine non purifié, 15,6017 ; du platine purifié et écroui, 20,98, suivant Borda. M. Thomson la porte à 23, lorsque le métal a subi un fort écrouissage. En se bornant au résultat obtenu par Borda, le platine l'emporte déjà en pesanteur spécifique sur toutes les autres substances métalliques, si l'on en excepte toutefois un alliage dont j'aurai bientôt occasion de parler.

Dureté. Inférieure seulement à celle du fer.

Ductilité. Inférieure seulement à celle de l'or.

Rapport de dilatation pour une règle égale à l'unité, et pour chaque degré du thermomètre centigrade, $\frac{1}{115000}$; et pour chaque degré de Réaumur, $\frac{1}{92000}$.

Couleur. Le blanc livide avant d'avoir été épuré; et après la dépuration, le blanc d'argent, mais un peu moins clair.

Caract. chimiq. Soluble dans l'acide nitro-muriatique; infusible sans addition, si ce n'est à un feu d'une extrême activité. C'est le moins fusible des métaux.

VARIÉTÉS.

Platine natif *granuliforme.*
a. A gros grains. Du Choco.
b. A grains fins.

Annotations.

La découverte du platine répond à une époque mémorable dans l'histoire de l'Astronomie physique. Newton, guidé par la seule théorie, avait vu que la terre devait être aplatie vers les pôles, en conséquence de ce qu'elle avait été originairement dans un état de mollesse et de liquidité. Les molécules qui la composaient étant libres d'obéir à la force centrifuge que le mouvement de rotation du globe leur imprimait, et cette force croissant depuis le pôle jusqu'à l'équateur, il avait fallu, pour que l'équilibre s'établît, que les colonnes situées vers l'équateur, perpendiculairement à la surface de la terre, compensassent par leur longueur la perte plus grande qu'elles faisaient de leur pesanteur, par leur excès de force centrifuge; ce qui revient à dire que le globe terrestre est renflé à l'équateur et aplati vers les pôles.

Mais des doutes s'étant élevés sur ce résultat de Newton, l'Académie des Sciences, dans la vue d'éclaircir une question aussi importante, obtint du Gouvernement, en 1735, que plusieurs de ses membres fussent envoyés les uns à l'équateur, les autres au cercle polaire, pour mesurer de part et d'autre un degré du méridien. Le résultat fut que le degré était plus grand vers les pôles qu'à l'équateur; d'où il s'ensuivait que la courbure de la terre y était moins sensible, et qu'ainsi la terre était réellement aplatie par les pôles, comme Newton l'avait annoncé.

J'ai pensé que ces notions ne seraient pas étrangères à mon sujet, parce que l'aplatissement de la terre est vraiment un fait géologique, et qu'il devrait même occuper le premier rang dans un système de Géologie dont le but serait d'expliquer tout ce qui tient à la formation du globe, si les bornes de nos connaissances ne prescrivaient au sage de renoncer à tout système de ce genre.

Un savant espagnol, nommé Don Ulloa, qui accompagnait les académiciens envoyés au Pérou, y ayant trouvé le platine, qui était inconnu jusqu'alors, annonça cette découverte dans la relation de son voyage. Ce métal n'a été observé jusqu'ici à l'état d'isolement que dans les mines d'or de l'Amérique méridionale, au Choco et à Barbacoas, à l'ouest des montagnes qui s'élèvent sur la côte occidentale du Cauca. Le platine qu'on en retire est ordinairement sous la forme de très petits grains, ou de paillettes mêlées avec des grains d'or. On en rencontre quelquefois des grains d'un volume très sensible; mais rien n'est comparable, en ce genre, à une pépite de platine que l'on voit dans le cabinet de Minéralogie de Berlin, auquel il a été donné par le célèbre Humboldt. Il est plus gros qu'un œuf de pigeon et pèse une once sept gros huit grains six dixièmes, c'est-à-dire près de deux onces, qui reviennent à six décagrammes du nouveau système.

Suivant le même savant (Essai politique sur la Nouvelle-Espagne, t. IV, p. 205), on trouve quelquefois au Choco des zircons et du titane oxidé mêlé avec le platine et l'or qui accompagne ce métal.

En 1807, M. Vauquelin a trouvé du platine dans une mine de cuivre gris, située en Espagne, et que je ferai connaître lorsque je parlerai de ce dernier métal.

Le platine, tel qu'il nous vient d'Amérique, n'est jamais pur. Pendant long-temps on a cru que sa pureté n'était altérée que par le fer; car il ne faut pas compter ici l'or dont les grains sont mêlés à

ceux du platine, ni le mercure qui provient du travail à l'aide duquel on extrait cet or associé au platine. Mais les expériences de plusieurs habiles chimistes de France et d'Angleterre prouvent que le
platine contient, outre le fer, du cuivre, du titane,
du chrôme, et deux métaux jusqu'alors inconnus,
le *rhodium* et le *palladium*. De plus, les grains de
platine sont mêlés avec d'autres qui leur ressemblent
beaucoup par leur aspect, mais qui résultent d'un
alliage de deux nouveaux métaux différens des précédens, et auxquels on a donné les noms d'*osmium*
et d'*iridium*. A l'exception du fer, dont la présence
s'annonce par l'action que le platine exerce sur l'aiguille aimantée, les métaux engagés dans le platine
y sont en si petite quantité, qu'on peut assimiler
ici le platine à l'or et à l'argent natifs qui renferment toujours quelques molécules soit de fer, soit
de quelque autre métal, dont la méthode fait abstraction.

Les grains de platine, exposés pendant plusieurs
jours au feu de verrerie, ne s'y fondent pas; seulement ils se ramollissent un peu, et contractent
une faible adhérence. Ces grains, exposés à la chaleur d'un miroir ardent, se fondent très bien, et
après leur fusion ont une ductilité très sensible.
Van Marum ayant soumis un fil à l'action de sa
forte machine électrique, ce fil brûla avec une flamme
blanchâtre, et se dispersa en poudre qui était de

l'oxide de platine (*). Mais en se bornant à faire fondre ce métal, à l'aide des procédés que j'ai d'abord indiqués, on ne pouvait obtenir qu'un petit bouton, et il était intéressant de se procurer ce métal en masses assez considérables pour l'employer à différens usages, comme les autres substances métalliques. C'est vers ce but que les chimistes ont dirigé leurs efforts, et ils y sont parvenus, en alliant le platine avec quelque autre substance, et particulièrement avec l'arsenic, dont la présence favorise la fusion du platine, et qu'on enlève ensuite par le grillage. On a eu recours encore à d'autres procédés dont le détail n'est pas de mon sujet.

On a fabriqué avec le platine des chaînes de montre, des tabatières et autres objets d'utilité ou d'agrément. On en a fait des creusets et des cornues, qui sont très utiles pour plusieurs opérations délicates de Chimie. Le minéralogiste doit avoir dans son nécessaire une petite cuiller de platine pour les épreuves dans lesquelles on emploie de l'acide nitrique ou de l'acide sulfurique chauffé; et une pince du même métal, pour exposer à la flamme les fragmens des substances qui contiennent du fer trop oxidé pour agir immédiatement sur l'aiguille aimantée. On les présente ensuite à cette aiguille, lorsque la chaleur a enlevé l'oxigène. Il faut encore joindre à ces ustensiles un creuset de platine pour les ex-

____

(*) Thomson, Système de Chimie, t. I, p. 186.

périences qui exigent une plus grande quantité d'acide que celle qui suffit dans les cas ordinaires.

C'est avec le même métal, peu susceptible de se dilater ou de se contracter par les variations de la température, qu'ont été fabriquées les règles employées pour mesurer la base de la chaîne de triangles d'où l'on a déduit la valeur de l'arc du méridien qui traverse la France, et par suite la distance de l'équateur au pôle boréal, dont le mètre ou l'unité des nouvelles mesures est la dix-millionième partie.

Le platine a été aussi employé pour la construction des miroirs de télescope à réflexion. Ceux de glace, qui d'ailleurs conservent si bien leur éclat et leur poli, ont l'inconvénient de produire deux images, l'une, qui est la principale, par l'intermède des rayons qui, ayant pénétré la glace, vont se réfléchir sur l'amalgame dont elle est couverte, l'autre par la réflexion d'une partie des rayons au contact de l'air et de la surface antérieure de la glace. Les miroirs faits d'alliages métalliques, qu'on a substitués aux précédens, ne produisent qu'une seule réflexion, mais sont sujets à se ternir, et le cèdent de beaucoup, sous ce rapport, à ceux de platine, dont le poli est à l'abri des impressions de l'air. Cependant, depuis un certain temps, on est dans l'usage de substituer à ces derniers des verres achromatiques, d'abord parce que les miroirs de platine sont fort dispendieux, et ensuite parce que leur pouvoir réfléchissant est moindre que celui des miroirs ordinaires. Peut-être la différence provient-elle de ce qu'on est obligé d'allier d'abord le platine avec de l'arsenic, qui, en s'évaporant ensuite, laisse le premier criblé d'une infinité de pores qui occasionnent autant de petites pertes de lumière réfléchie. Il est possible que, par cette raison, on finisse par renoncer tout-à-fait aux miroirs de platine dans la construction des télescopes; mais les marins les préféreront toujours pour celle des sextans qui leur servent à prendre les hauteurs en mer, à cause de la promptitude avec laquelle l'air de la mer agit sur les miroirs ordinaires, pour leur enlever leur poli, tandis qu'il n'a presque aucune influence pour altérer celui du platine.

Enfin, M. Klaproth a trouvé que l'oxide de platine pouvait être employé avantageusement pour peindre la porcelaine. Il produit sur cette matière un enduit d'un éclat métallique dont la teinte est intermédiaire entre le blanc d'argent et le gris d'acier. Klaproth a consigné ses résultats dans les Mémoires de l'Académie de Berlin, pour l'année 1793.

SECOND GENRE.

IRIDIUM.

ESPÈCE UNIQUE.

IRIDIUM OSMIÉ.

Caractères.

Cette substance, dont les grains accompagnent ceux du platine natif, présente des indices de cristallisation, et sa forme paraît tendre vers celle du prisme hexaèdre régulier. Mais je ne donne ce résultat d'observation que pour un simple aperçu. Les grains d'iridium osmié ressemblent beaucoup aux grains de platine par leur couleur, mais ils en diffèrent essentiellement par leurs propriétés. Ils sont sensiblement plus durs et plus pesans, et ils ne sont attaqués par aucun acide. On les sépare du platine brut, en dissolvant celui-ci par l'acide nitro-muriatique. C'est au docteur Wollaston que l'on doit la découverte de cet alliage.

TROISIÈME GENRE.

OR.

Gold, W. *et* K.

ESPÈCE UNIQUE.

OR NATIF.

(*Gediegen gold* , W.)

Caractères spécifiques.

Caractère géométrique. Cristallisation susceptible d'être ramenée au cube.

Caractère auxiliaire. Couleur d'un jaune pur.

Caractère physique. Couleur. Le jaune pur.

Eclat. Inférieur à celui du platine, du fer, ou plutôt de l'acier et de l'argent ; supérieur à celui du cuivre, de l'étain et du plomb.

Densité. Moindre que celle du platine ; plus grande que celle des autres métaux. Pesant. spécifique dans l'état de pureté, 19,2572.

Dureté. Moindre que celle du fer, du platine, du cuivre et de l'argent ; plus grande que celle de l'étain et du plomb.

Ductilité. Plus grande que celle des autres métaux.

Ténacité. Id.

Fusibilité. Moindre que celle du mercure, de

l'étain, du plomb et de l'argent ; plus grande que celle du cuivre, du fer et du platine.

Caractère chimique. Soluble par l'acide nitro-muriatique.

Caractères distinctifs. 1°. Entre l'or et le cuivre pyriteux. Celui-ci est cassant, et l'or est très ductile. Le cuivre pyriteux est soluble dans les acides sulfurique et nitrique, dont le premier n'attaque pas l'or, et l'autre ne le dissout qu'en proportion presque insensible. 2°. Entre le même et le fer sulfuré. *Id.*

VARIÉTÉS.

Formes déterminables.

1. Or natif *cubique*. *r*. (fig. 1, pl. 86). De Transylvanie.

2. *Octaèdre*. *n*. (fig. 2). En octaèdre régulier.

a. Cunéiforme.

b. Segminiforme.

3. *Trapézoïdal*. *o* (fig. 5).

4. *Cubo-octaèdre*. *rn* (fig. 3). Cette variété se trouve à Mattogrosso dans le Brésil, en cristaux réguliers d'un volume sensible.

Formes indéterminables.

1. Or natif *lamelliforme*. En lames tantôt planes et tantôt contournées, dont la surface est assez souvent comme réticulée. En Hongrie ; au Pérou.

2. *Ramuleux*. En ramifications ou dendrites, dont

les mieux prononcées paraissent composées de petits octaèdres implantés les uns dans les autres.

3. *Capillaire*. En filamens très-déliés.

4. *Granuliforme*. En grains ou en paillettes.

5. *Massif*. On a nommé *pépites d'or* les morceaux d'un volume considérable, surtout ceux qui sont sans gangue. La collection du Muséum en possède une dont le poids est d'environ 5 hectogrammes, ou 1 livre 4 gros.

Relations géologiques.

Les gissemens de l'or peuvent être rapportés à trois manières d'être différentes. La première le présente occupant des filons qui traversent des roches primitives, et dans lesquels il a pour gangue un quarz qui souvent appartient à la variété que l'on nomme *quarz gras*.

On n'a point de renseignemens certains sur la nature des roches qui contiennent les filons d'or du Pérou; mais les morceaux rapportés de ce pays indiquent que c'est aussi le quarz qui y sert de gangue à l'or. Celle de l'or du Chili est encore un quarz gras, quelquefois recouvert d'une espèce de cuivre que l'on a nommé *scoriacé*, et de cuivre oxidulé. Ce cuivre scoriacé forme maintenant une nouvelle espèce dans ma méthode, sous le nom de *cuivre hydraté*. C'est aussi dans le quarz que se trouvent engagés les grains d'or disséminés sur certains morceaux qui viennent de Sibérie. L'or y accompagne le cuivre carbonaté bleu et vert.

La mine d'or qui a été exploitée pendant quelque temps, en France, près de la Gardette, au pays d'Oisans, mais qui a été abandonnée depuis, comme trop peu productive, formait un filon qui traversait un gneiss. La gangue immédiate de cet or était encore un quarz gras.

L'or est quelquefois adhérent à d'autres substances pierreuses, telles que la baryte sulfatée et la chaux carbonatée qui passe au fer spathique.

L'or qui appartient à la seconde manière d'être, est en filons, dans des *psammites* ou *grauwackes* (*). C'est dans une semblable roche que l'on trouve l'or, à Mattogrosso au Brésil, et à Vöröspatack en Transylvanie.

La troisième manière d'être est celle de l'or qui se trouve disséminé en paillettes dans les terrains de transport et dans le lit des rivières. Le Brésil, le Choco et le Chili fournissent une grande quantité de cet or. En France, on en retire aussi, mais avec beaucoup moins d'abondance, des sables de plusieurs rivières, telles que le Rhône, l'Arriége, la Céze, etc.

(*) On appelle ainsi un assemblage de grains de quarz, de schiste, de parcelles de mica, agglutinés mécaniquement par un ciment de schiste, au moins pour l'ordinaire. On en distingue deux modifications, l'une à gros grains et l'autre à grains fins.

Il y a des hommes dont l'unique occupation est de chercher cet or, et que l'on appelle, pour cette raison, *arpailleurs*, *orpailleurs* ou *pailloteurs*.

L'or est aussi disséminé imperceptiblement dans d'autres substances métalliques, que l'on nomme, pour cette raison, *aurifères*, telles que l'argent natif, le tellure, le fer sulfuré, le cuivre pyriteux. Quelquefois l'or s'associe d'une manière visible à un autre métal ; tel est l'or dont les grains sont mêlés avec ceux du platine, ou qui est juxtaposé au tellure, à l'antimoine sulfuré ; tel est encore celui qui se montre en petites lames à la surface ou dans l'intérieur du fer sulfuré décomposé, à Berezoff en Sibérie, et au Brésil.

Annotations.

La forme primitive de l'or ne peut être que le cube ou l'octaèdre régulier, deux solides dont l'un passe à l'autre en vertu d'une loi très simple de décroissement. Ces formes se répètent dans tous les métaux purs que l'on a observés jusqu'ici à l'état de cristallisation. On les retrouve dans quelques-unes des substances où le métal est combiné avec un autre principe ; mais alors ces substances présentent encore, en général, le brillant métallique. Au contraire, dans celles où la présence, soit de l'oxigène seul, soit d'un acide, a fait disparaître ce brillant, la forme primitive devient presque toujours caractéristique par elle-même. Or il est heureux que ces combinaisons

privées de l'éclat métallique, et offrant par cela
même des traits de ressemblance avec les substances
des autres classes, soient précisément celles qui empruntent de leur forme une indication propre à les
faire ressortir, tandis que les corps pourvus du brillant métallique ont d'ailleurs des propriétés faciles
à saisir, et qui suffisent pour les faire distinguer;
en sorte que la cristallisation n'est ici employée conjointement avec un caractère auxiliaire que pour
conserver à la méthode son uniformité.

La présence de l'or attire tellement l'attention,
partout où elle s'annonce, qu'à force de chercher à
voir ce précieux métal où il était, on a cru le voir
où il n'était pas. Le baron de Born cite de petits
œufs d'insectes qui se trouvaient sur des grappes de
raisin, dont la couleur imitait si parfaitement celle
de l'or, que des physiciens les avaient pris pour un
suc composé de ce métal, et qui suintait à travers
les grains de raisin. Mais à côté de cette erreur se
trouvait un fait qui a été constaté de nos jours par
les expériences de MM. Sage, Berthollet, Rouelle,
d'Arcet et Deyeux; c'est qu'il existe des parcelles
d'or dans les végétaux. M. Berthollet a extrait envi-
ron 2 grammes $\frac{14}{100}$, ou 40 grains $\frac{8}{53}$ d'or, de 489 hectogrammes ou un quintal de cendre.

Il en est de l'or comme de ces hommes d'un
mérite supérieur, dont le nom seul fait l'éloge. Il
est le signe le plus précieux de toutes nos autres richesses; il a été de tout temps le symbole de tout

ce qui occupait le premier rang dans l'estime des hommes : a-t-on voulu peindre d'un seul trait le règne de l'innocence et du bonheur, c'était l'âge d'or; cite-t-on une belle maxime en morale, *il faudrait*, disons-nous, *la graver partout en lettres d'or;* et l'idée avantageuse que nous avons de ce métal n'est pas un préjugé, elle est fondée sur des perfections réelles. L'or est de tous les métaux celui qui a la plus belle couleur, celle qui approche le plus de la vivacité du feu et de l'éclat que répand le soleil. Aussi les poètes n'ont-ils pas manqué de saisir cette analogie, en attribuant à l'astre du jour une lumière dorée, *sol aureus*. L'or est le plus ductile des métaux, et celui qui se prête le plus aisément à tout ce qu'on veut en faire. Il se laisse étendre sur des surfaces dont la grandeur, comparée au peu de matière employée, étonne notre imagination. Toujours pur et inaltérable, il est à l'abri des injures de l'air; il sert à en préserver les matières sur lesquelles on l'applique, et il leur imprime le caractère de sa prééminence.

Je vais citer quelques exemples de la grande ductilité de l'or.

Une petite quantité d'or du poids de 53 milligrammes, ou d'un grain, comprimée par le batteur d'or, se réduit en une feuille dont la surface renferme 3 décim. carrés $\frac{65}{123}$, ou environ 50 pouc. carr. L'extension dont l'or est susceptible est bien plus considérable encore dans le travail des fils d'argent doré. Avec une quantité d'or qui est à peu près d'une once, on couvre un cylindre d'argent du poids de 45 marcs. Ce cylindre, passé à la filière, devient aussi délié qu'un cheveu, et d'une longueur égale à 97 lieues de 2000 toises chacune. Ce fil doré passe ensuite entre deux rouleaux d'acier, qui le réduisent en lame mince et l'alongent d'environ $\frac{1}{7}$, ce qui fait 111 lieues pour 97. Cette lame a ses deux surfaces dorées, en sorte qu'en les mettant bout à bout par la pensée, on a réellement une longueur de 222 lieues qu'occupe l'or employé. Mais cette lame a $\frac{2}{9}$ de ligne de largeur, en sorte que si l'on suppose cette largeur divisée seulement en 8 parties, dont chacune sera de $\frac{1}{64}$ de ligne, l'or pourra s'étendre sur une longueur de 1776 lieues. Combien de pieds, de pouces et de lignes dans cette longueur! et si l'on divise seulement chaque ligne en 10 parties, quelle série de chiffres ne faudra-t-il pas pour représenter le nombre de parties visibles dans une once d'or! et au moyen du microscope, chaque partie redeviendrait une feuille d'or où l'œil et le calcul trouveraient encore de quoi s'exercer.

On a long-temps disputé pour savoir si la matière est divisible ou non à l'infini, et l'esprit humain a épuisé les subtilités pour trouver des argumens en faveur de chaque opinion. Après avoir écrit des in-folio, le tout au sujet d'un atome, on n'en a pas été plus avancé, et la solution même de la question ne ferait pas faire un seul pas à la science. Il nous suffit de connaître là-dessus ce que nous apprend l'observation, et les services que nous rendent les Arts, en divisant la matière jusqu'à un degré de ténuité qui, malgré qu'il reste bien en-deçà de la limite, tient déjà du prodige.

La ténacité de l'or est telle, qu'un fil de ce métal, de 2 millim. $\frac{7}{10}$ ou $\frac{1}{10}$ de pouce de diamètre, peut soutenir un poids de 244 kilogr. $\frac{6}{10}$, ou 500 livres, sans se rompre.

Brisson a trouvé que dans un alliage factice d'or et de cuivre, ces deux métaux paraissaient se pénétrer mutuellement, en sorte que la pesanteur spécifique du mélange est plus grande que la somme des pesanteurs spécifiques des deux métaux séparés. Ainsi dans l'or au titre de l'orfévrerie de Paris, tel qu'on l'employait lorsque Brisson a fait son expérience, où la proportion de ce métal est celle de 11 à l'unité, la densité se trouve augmentée d'environ $\frac{1}{21}$.

Les mélanges des autres métaux éprouvent de même des variations qui déterminent tantôt une contraction et tantôt une dilatation ; et ceci fait voir que la solution du fameux problème d'Archimède n'était pas tout-à-fait exacte. J'ai dit, Tr. de Phys., t. 1, p. 27, qu'Archimède avait trouvé, à l'aide de la pesanteur spécifique , qu'une couronne d'or dans laquelle Hiéron, roi de Syracuse, soupçonnait un mélange d'argent, renfermait réellement une certaine quantité de ce dernier métal, et qu'il avait même déterminé le rapport entre les deux métaux alliés.

Or, si nous supposons qu'il y ait eu pénétration

comme dans l'alliage de l'or avec le cuivre, l'erreur a dû être en plus, relativement à la quantité d'or donnée par le calcul. Concevons en effet une masse qui contînt les mêmes quantités relatives d'or et d'argent que la couronne, mais de manière qu'il n'y eût aucune pénétration, il est évident que cette masse aurait une pesanteur spécifique moindre que celle de la couronne, puisqu'elle serait moins dense, par le défaut de pénétration. Supposons maintenant que l'on voulût ramener cette masse à avoir la même pesanteur spécifique que la couronne, en faisant varier le rapport entre les quantités relatives des deux métaux, il faudrait augmenter la quantité du métal le plus dense, c'est-à-dire de l'or, et diminuer la quantité d'argent. Or le résultat d'Archimède se rapportait à cette dernière hypothèse, puisque ce physicien supposait la pénétration nulle. Donc Archimède aurait un peu forcé la quantité d'or, et commis une petite erreur qui eût été à l'avantage de l'orfévre.

Lorsque j'ai dit des métaux, en général, qu'ils sont d'une opacité parfaite, je les ai considérés dans leur état ordinaire; mais, pour ne parler ici que de l'or, Newton a observé qu'on peut le réduire en feuilles assez minces pour qu'étant placées entre la lumière et l'œil, elles paraissent d'un bleu-verdâtre. C'est un phénomène analogue à celui des anneaux colorés, où la même partie de la lame d'air comprise entre les deux objectifs, réfléchit une couleur et en transmet une autre. M. Leslie, célébre phy-

sicien anglais, dans le bel ouvrage qu'il a publié
sur la chaleur, et où il parle de l'observation de
Newton sur la couleur bleuâtre de l'or lorsqu'on le
regarde par transparence, prévient l'objection que
l'on pourrait faire en disant que la lumière qui
produit cette couleur ne fait que passer à travers les
pores dont la feuille d'or est criblée, et qui sont
mis à jour par la grande ténuité de cette feuille. Si
cela était, la lumière transmise serait blanche, comme
celle qui passe par une ouverture quelconque. Mais
sa couleur bleu-verdâtre annonce qu'elle a subi une
modification particulière qui dépend des molécules
de l'or, ce qui prouve qu'elle passe réellement à
travers la filière de ces molécules ; et de là résulte
cette espèce de paradoxe, qu'il est possible de rendre
l'or transparent, sans qu'il ait perdu aucune de ses
qualités.

Pour éclaircir ce que je viens de dire, j'ajouterai
que, d'après l'observation de Newton (*), les corps
n'ont pas seulement la faculté de réfléchir et de
transmettre la lumière, mais encore celle de l'absorber
et de l'éteindre. Parmi ceux qui n'absorbent aucun
rayon, il en est qui réfléchissent une couleur et
en réfractent une autre ; et alors la couleur réfléchie
étant composée de plusieurs couleurs simples qui se
succèdent dans le spectre solaire, la couleur réfractée
est un mélange des autres couleurs. D'autres absorbent

(*) *Opusc. Edit. Genevæ et Lausannæ*, t. II, p. 229.

une partie des rayons colorés du spectre ; et parmi ces corps il en est dans lesquels la couleur résultante des rayons qui n'ont pas été absorbés, est en partie réfléchie et en partie transmise, de manière qu'elle reste la même dans tous les cas. C'est ce qui a lieu à l'égard d'un grand nombre de corps. Mais quelquefois les rayons non absorbés étant, par exemple, de trois couleurs successives, deux d'entre elles s'unissent pour subir la réflexion, et la troisième, qui est alors la couleur complémentaire, est réfractée, ou réciproquement. C'est ce qui a lieu par rapport à l'or ; ce métal absorbe tous les rayons colorés, excepté le bleu, le vert et le jaune, qui se succèdent dans le spectre solaire. Le jaune est le seul réfléchi ; le bleu et le vert s'unissent pour produire le bleu-verdâtre, qui devient la couleur complémentaire, et qui est transmise.

L'or est le plus ductile des métaux, et sans le plomb et l'étain il serait le plus tendre. On est dans l'usage de l'allier avec une petite quantité de cuivre, dont les molécules, interposées entre les siennes, diminuent le jeu de ces dernières, donnent de la consistance à la masse, et rendent les ouvrages faits avec l'or moins susceptibles de s'user et de perdre leur fini ; mais cet alliage change un peu la couleur de l'or, qui devient en quelque sorte plus exaltée et prend une nuance de rougeâtre.

On a donné le nom de *pierre de touche* à diverses substances susceptibles d'être employées pour faire juger à peu près du degré de pureté d'un lingot d'or, à l'aide d'un procédé dont je vais parler. La substance qui porte plus spécialement le nom dont il s'agit, est le *phtanite* ou *pierre lydienne* (Lydischerstein, W.). Lorsqu'on veut essayer un lingot, on le fait passer avec frottement sur une face unie de la pierre, de manière qu'il y laisse une trace métallique. On verse sur cette trace de l'acide nitrique, qui dissout et fait disparaître les particules étrangères mêlées avec l'or; et les artistes exercés, en examinant le nouvel état de la trace, estiment à peu près la quantité d'alliage par le degré d'altération qu'elle a subi.

Le travail de l'or occupe seul une multitude d'artistes de différentes professions, et devient entre leurs mains une des plus fécondes ressources de l'industrie humaine. L'orfèvre en fabrique des vases, des chaînes et différens bijoux, qui, après un grand nombre d'années, malgré le contact de l'air et de l'humidité, se conservent purs et sans altération. Le joaillier emploie l'or avantageusement pour enchâsser les pierres fines, auxquelles ce métal donne une nouvelle grâce, en associant le feu qui le colore avec les reflets étincelans que ces pierres lancent de leur surface et de leur intérieur. Le brodeur, en unissant adroitement l'or avec la soie, le fait entrer dans le tissu des plus riches étoffes. Enfin le doreur l'applique sur les vases de cuivre ou d'argent, sur les lambris des appartemens et sur les cadres de bois, qui, au moyen de cet enduit précieux, deviennent dignes de servir d'alentour à ces belles glaces qui semblent doubler l'existence de tout ce qui se présente devant elles, et à ces tableaux où nous admirons les chefs-d'œuvre de nos Apelles.

La dorure s'exécute tantôt avec l'or en feuilles, que l'on attache sur un corps à l'aide d'une espèce de colle ; tantôt avec l'or réduit en poudre très fine, qui résulte de la combustion du linge imbibé d'une dissolution de ce métal par l'acide nitro-muriatique. On trempe un bouchon mouillé dans la cendre, qui porte le nom d'*or en drapeaux*, et on applique cet or à l'aide du simple frottement.

Un autre procédé consiste à étendre sur la pièce que l'on veut dorer un amalgame d'or et de mercure ; on expose ensuite la pièce au feu, qui vaporise le mercure : c'est ce qui fait l'*or moulu*. On y ajoute une couleur rougeâtre, qui donne à l'or un aspect que l'on a désigné sous le nom de *vermeil*.

J'ai dit que l'alliage du cuivre exaltait la couleur de l'or. Celui de l'argent lui communique une teinte de verdâtre ; celui du fer le rend bleuâtre. Les artistes profitent de ces différentes nuances pour donner plus de vérité à l'imitation des sujets qu'ils exécutent en relief sur certains ouvrages d'orfèvrerie ou de bijouterie.

L'or précipité de sa dissolution par l'étain, forme ce qu'on appelle le *pourpre de Cassius*. Ce précipité est employé pour colorer la porcelaine en pourpre et en violet.

QUATRIÈME GENRE.

ARGENT.

(*Silber*, W. *et* K.)

PREMIÈRE ESPÈCE.

ARGENT NATIF.

(*Gediegen silber*, W. *et* K.)

Caractères spécifiques.

Caract. géométr. Cristallisation susceptible d'être ramenée au cube.

Caract. auxil. La couleur blanche jointe à la ductilité.

Caract. phys. Densité. Inférieure à celle du platine, de l'or, du mercure et du plomb; supérieure à celle du cuivre, du fer et de l'étain. Pesanteur spécifique dans l'état de pureté, 10,4743.

Dureté. Inférieure à celle du fer, du platine et du cuivre; supérieure à celle de l'or, de l'étain et du plomb.

Elasticité. Idem.

Ductilité. Inférieure à celle de l'or et du platine; supérieure à celle du cuivre, du fer, de l'étain et du plomb.

Ténacité. Inférieure à celle de l'or, du fer, du cuivre et du platine; supérieure à celle de l'étain et du plomb.

Éclat. Inférieur à celui du platine et de l'acier ; supérieur à celui de l'or, du cuivre, de l'étain et du plomb.

Couleur. Le blanc éclatant.

Caract. chim. L'acide nitrique le dissout à froid ; l'acide sulfurique a besoin d'être chauffé.

Caract. distinctifs. 1°. Entre l'argent natif et l'argent antimonial. Celui-ci est cassant et a un tissu lamelleux ; l'argent natif est ductile et n'offre aucun indice de lames. 2°. Entre le même et l'antimoine natif. *Id.* 3°. Entre le même et le cobalt arsenical. Celui-ci est cassant, et l'argent ductile ; sa pesanteur spécifique est moindre, dans le rapport d'environ 3 à 4. Exposé à la flamme d'une bougie, il donne une odeur d'ail très marquée, ce que ne fait point l'argent.

VARIÉTÉS.

Formes déterminables.

1. Argent natif *cubique* (fig. 1, pl. 56). De l'Isle, t. III, p. 432.

2. Argent natif *octaèdre* (fig. 2, pl. 56). Octaèdre régulier. De l'Isle, t. III, p. 432 et 434.

a. Cunéiforme. *Ibid.*

b. Segminiforme. *Ibid.*

3. Argent natif *cubo-octaèdre* (fig. 6). De l'Isle ibid.

Formes indéterminables.

Argent natif *ramuleux*. En dendrites, dont les mieux prononcées sont composées de petits octaèdres ou de cubes implantés les uns dans les autres.

a. *Divergent*. Les rameaux s'étendent de différens côtés.

b. *Filiciforme*. Les rameaux sont sur le même plan, ce qui a lieu lorsque la dendrite s'est formée entre deux feuillets de la pierre qui sert de gangue. Leur disposition imite souvent celle des rameaux de la fougère, d'où est venu à cette variété le nom d'*argent en feuilles de fougère*.

c. *Réticulé*. Les rameaux se croisent sur un même plan, de manière à former une espèce de réseau.

La substance qu'on appelle communément *cobalt tricoté* n'est autre chose, suivant l'opinion de Romé-de l'Isle, qu'une sorte de transformation de l'argent réticulé due au cobalt arsenical qui l'accompagne; elle forme des réseaux semblables à ceux de l'argent natif, excepté que leur surface est terne et d'une couleur cendrée. De l'Isle, t. III, p. 126. Je lui donne le nom de *cobalt arsenical pseudomorphique filiciforme*.

Argent natif *filiforme*. En filets d'un diamètre plus ou moins sensible, souvent contournés, et quelquefois courbés en anneaux.

Argent natif *capillaire*. En filets très déliés, qui imitent de petites touffes de cheveux.

Argent natif *lamelliforme*. En lames qui s'insèrent dans les fissures des pierres, ou qui sont appliquées sur la surface.

Argent natif *granuliforme*. L'argent se rencontre beaucoup plus rarement en grains que l'or.

Argent natif *massif*. En masses informes plus ou moins considérables.

L'argent natif se trouve rarement pur dans le sein de la terre; il est mêlé tantôt d'or, tantôt de cuivre, tantôt de fer et tantôt d'arsenic (*). Mais ordinairement ces mélanges n'altèrent pas sensiblement les caractères de l'argent. On peut les désigner par les noms d'*argent natif aurifère*, *cuprifère*, *ferrifère*, *arsenifère*, etc.

APPENDICE.

Argent natif *aurifère*. (Güldisch silber, Karsten). Electrum, Klaproth.

Cette substance est un alliage d'or et d'argent natif, qui se trouve en Sibérie, à Schlangenberg; on y voit des lamelles ou de petites masses qui présentent la couleur jaune de l'or, d'autres qui sont d'un blanc argentin, et d'autres d'un blanc-jaunâtre; en

____

(*) Bergmann, Sciagr. Édit. de Lamétherie, t. II, p. 62 et 63.

sorte qu'en choisissant les endroits on a l'un ou l'autre des composans ou le mixte qui résulte de leur mélange. Suivant l'analyse faite par M. Klaproth d'un morceau de cet alliage, il contiendrait 64 d'or et 36 d'argent. Mais une analyse plus ancienne, publiée par M. Fordice, dans les Transactions philosophiques, avait donné 72 d'argent et 28 d'or ; c'est presque l'inverse du résultat de M. Klaproth, ce qui paraît prouver d'autant mieux que les deux métaux ne sont ici qu'à l'état de mélange, qu'une pareille analyse était une opération facile à faire. Pline a donné le nom d'*electrum* à un alliage du même genre, qui se faisait artificiellement, et dans lequel il n'entrait qu'un cinquième d'argent. M. Klaproth, n'ayant égard qu'à l'analogie, abstraction faite des proportions, a appliqué le même nom à l'alliage naturel d'or et d'argent. La gangue de l'argent natif aurifère est un quarz grossier avec zinc sulfuré, plomb sulfuré et baryte sulfatée.

Annotations.

On ne connaît jusqu'ici qu'imparfaitement la manière d'être de l'argent natif dans les différentes parties de l'Amérique. M. de Humboldt se contente de dire, à l'égard de celui du Pérou, qu'il est disséminé en parcelles presque imperceptibles dans un fer oxidé brun (*). Cependant, à en juger par les

----

(*) Essai politique sur la Nouvelle-Espagne, t. III.

ramifications de ce métal, qui sont engagées dans le quarz, on pourrait présumer que l'argent natif du Pérou se trouve, ainsi que l'or, en filons qui traversent les montagnes primitives. Le même savant dit que l'argent natif n'abonde pas au Mexique ; on y trouve plus communément d'autres espèces où l'argent est uni à divers principes.

Suivant M. Jameson, l'argent natif que l'on retire de différentes parties de l'Allemagne, telles que la Saxe, la Bohême, la Souabe, ainsi que de la Norwége, occupe des filons qui traversent le granite, le gneiss, le mica schistoïde, la siénite, etc.

Les morceaux que j'ai dans ma collection offrent des indications de cette existence de l'argent natif dans les roches primitives. Dans l'un, qui vient de Wittichen en Souabe, on voit l'argent natif ramuleux accompagné de petits cubes éclatans de cobalt arsenical, et adhérant à la baryte sulfatée ; le filon d'argent est renfermé dans le même granite où se trouve la chaux arseniatée avec la baryte sulfatée. Un autre morceau, qui vient de Konsberg en Norwége, est un amphibole lamellaire qui sert de gangue immédiate à des lames d'argent natif, et qui est mêlé de chaux carbonatée ; celle-ci s'associe pareillement à l'argent natif filiforme qui se trouve au même endroit.

L'argent natif est aussi quelquefois engagé dans des masses terreuses. M. Monnet rapporte, dans son Traité de Minéralogie, que l'on a trouvé à Sainte-

Marie-aux-Mines (Alsace) des masses d'argent de 5o à 6o livres (24 à 29 kilogrammes), qui étaient seulement enveloppées d'une terre grasse. Mais parmi toutes les grandes masses d'argent natif qui ont été citées, une des plus célèbres est celle dont parle Albinus, dans la Chronique des mines de Misnie; c'était un bloc du poids de 4oo quintaux, qui fut trouvé à Schnéeberg, en 1478. On dit qu'Albert de Saxe, étant descendu dans la mine, fit apporter son dîner sur ce bloc, et dit aux convives : « L'empereur Frédéric est sans doute un puissant seigneur; mais convenez que ma table vaut mieux que la sienne. » Cependant il y a des auteurs qui ont révoqué ce fait en doute, et qui ont cru que la table et le bon mot du duc Albert devaient être rayés de la Chronique publiée par Albinus.

L'argent est, après l'or et le platine, le plus inaltérable des métaux; le contact de l'air n'agit sur lui qu'après un temps considérable, et ne le ternit que légèrement; mais sa surface se noircit dans les endroits d'où s'élèvent des vapeurs sulfureuses et inflammables.

L'hydrogène sulfuré exerce sur lui une action très marquée, en lui communiquant, aussitôt qu'il est en contact avec lui, une couleur d'un bleu ou d'un violet-noirâtre. Il n'est presque personne qui n'ait observé cette couleur sur les cuillers d'argent qui ont touché du blanc d'œuf. C'est le gaz hydrogène sulfuré que dégage cette substance animale, par l'action de la chaleur, qui produit l'altération dont il s'agit. L'argent qui est resté long-temps exposé à l'air dans des lieux fréquentés, se couvre aussi d'un enduit violet qui altère son éclat et sa malléabilité. M. Proust regarde cet enduit comme un sulfure d'argent (Thomson, t. I, p. 196).

On peut observer encore que les échantillons d'argent qui se trouvent dans la plupart des collections, ont leur surface ternie par un enduit sale et noirâtre qui les dépare. Le moyen de les préserver de cette altération est de les mettre sous verre.

L'argent, et en général les métaux blancs, sont ceux dont les molécules, dans leur état naturel, sont les plus voisines de ce degré de ténuité qui laisse passer la lumière sans la réfléchir, ainsi que je l'ai expliqué dans ma dernière leçon. De là vient que l'argent passé avec frottement sur un corps blanc, tel qu'une carte, y laisse une trace d'une couleur noirâtre. Ici, les extrêmes semblent encore se toucher, dans la gradation que présente le phénomène relatif à la coloration.

L'argent est employé dans la fabrication des pièces d'orfévrerie destinées pour l'usage de la table, et qui exigeraient une trop grande consommation d'or. Il sert aussi aux mêmes usages que ce dernier métal, dans le travail des bijoutiers, dans l'art de la broderie ; et on l'étend de même en feuilles sur des chandeliers de cuivre et autres ouvrages du même métal. Tout le monde sait qu'il est la matière la plus ordinaire des signes représentatifs des diverses marchandises; l'on a même appliqué son nom, par extension, à toutes les espèces de monnaies.

Nous avons vu que l'argent, quoiqu'il tienne le premier rang après l'or, laisse, relativement à ses qualités, une distance sensible entre lui et ce dernier métal. Il renferme beaucoup moins de matière sous un volume donné; il est moins ductile et s'altère assez facilement, comme je l'ai dit, par le contact des vapeurs, qui le ternissent et lui ôtent sa beauté. Aussi a-t-on eu recours à l'or lui-même, pour l'appliquer sur la surface des vases d'argent, qu'on dit alors *être de vermeil*, et auxquels l'or sert à la fois de parure et d'abri. Les deux métaux diffèrent encore relativement à leur manière d'être dans la nature; l'or se présente toujours à l'état de métal natif; s'il est associé à des métaux étrangers, c'est par voie de simple mélange; il est seulement logé dans leurs pores, sans contracter d'union intime avec leurs molécules. Il se soustrait aux minéralisateurs qui, en se combinant avec lui, masqueraient son état. La Chimie elle-même ne parvient à l'oxider qu'en employant le concours de deux acides, le nitrique et le muriatique. L'argent, au contraire, cède à l'action de divers principes qui s'emparent de lui, l'enchaînent et le dépouillent plus ou moins de ses qualités naturelles.

SECONDE ESPÈCE.

ARGENT ANTIMONIAL.

(Spiesglanz silber , W. et K.)

Caractères spécifiques.

Caract. géométr. D'après les observations que
j'ai faites depuis l'impression de mon Tableau comparatif, on peut espérer que ce minéral pourra être
un jour caractérisé par sa forme cristalline. J'ai dans
ma collection un petit prisme qui a ses pans alternativement larges et étroits, et dans lequel on voit trois
joints obliques à l'axe, qui correspondent aux pans
étroits. Cette observation semble indiquer que la
forme primitive de l'argent antimonial est un rhomboïde, qui m'a paru être obtus, autant que j'ai pu
en juger par aperçu.

Il ne paraît pas que cette forme puisse être un
cube, parce que les décroissemens qui donnent les
pans du prisme hexaèdre ayant lieu par deux rangées sur les angles inférieurs, tandis que ceux qui
produisent les bases ont lieu par une rangée sur les
angles supérieurs, cette diversité serait contraire à
la symétrie des lois que suit la cristallisation, en
agissant sur des molécules cubiques.

En attendant que la forme primitive de ce minéral soit connue, j'indiquerai comme caractère
distinctif sa couleur blanche semblable à celle de
l'argent, jointe à la propriété d'être cassant.

Caract. physiq. Pesant. spécif., 9,4406.

Consistance. Cassant, quoique légèrement malléable, lorsqu'on le frappe avec précaution.

Couleur. Le blanc d'argent.

Tissu. Lamelleux.

Caract. chim. Facile à réduire par le chalumeau. Mis dans l'acide nitrique, il s'y couvre, en peu de temps, d'un enduit blanchâtre qui est de l'oxide d'antimoine.

Analyse de l'argent antimonial à grain fin de Wolfach, par Klaproth (Beyt., t. II, p. 301) :

$$
\begin{array}{lr}
\text{Argent} & 84 \\
\text{Antimoine} & 16 \\
\hline
& 100.
\end{array}
$$

D'une variété à gros grains, par le même (*ibid.*) :

$$
\begin{array}{lr}
\text{Argent} & 76 \\
\text{Antimoine} & 24 \\
\hline
& 100.
\end{array}
$$

De l'argent antimonial d'Andreasberg, par Vauquelin :

$$
\begin{array}{lr}
\text{Argent} & 78 \\
\text{Antimoine} & 22 \\
\hline
& 100.
\end{array}
$$

De l'argent antimonial ferro-arsenifère d'Andreasberg, par Klaproth (Beyt., t. I, p. 187) :

Argent.................. 12,75
Antimoine............. 4
Fer.................... 44,25
Arsenic................ 35
Perte.................. 4,00
—————
100,00.

Caractères distinctifs. 1°. Entre l'argent antimonial et l'argent natif. Celui-ci est ductile et l'autre cassant; il n'a point le tissu lamelleux, et ne forme point de dépôt blanchâtre dans l'acide nitrique, comme l'argent antimonial. 2°. Entre le même et le cobalt arsenical. La structure de celui-ci est granulaire, à grain fin, et celle de l'argent antimonial lamelleuse. Le cobalt arsenical, exposé au chalumeau, devient attirable, il colore en bleu le verre de borax; deux propriétés que n'a pas l'argent antimonial. 3°. Entre le même et le fer arsenical. Celui-ci est d'un tissu à grain serré et non lamelleux; il étincelle sous le briquet, en donnant une odeur d'ail, ce que ne fait pas l'argent antimonial.

VARIÉTÉS.

Formes.

1. Argent antimonial *prismatique*. En prisme hexaèdre régulier. C'est la forme qui paraît indiquée par des portions de faces planes qu'offrent quelques-uns des cristaux qui composent des groupes venant de Wittichen en Souabe.

2. Argent antimonial *cylindroïde*. En prisme déformé par des arrondissemens et des stries longitudinales. De la mine de Venceslas ; du Hartz.

3. Argent antim. *granulaire*.

4. Argent antim. *massif*.

APPENDICE.

Argent antimonial *ferro-arsenifère*. Vulgairement *argent arsenical*. Arsenic silber , W.

Cette substance a , comme la précédente , la couleur de l'argent natif, et est de même cassante sous le marteau; mais elle est distinguée par l'odeur d'ail très énergique qu'elle exhale lorsqu'on l'expose au chalumeau. J'en ai reçu de M. Esmark un bel échantillon, qui vient d'Andreasberg ; l'argent y repose sur l'arsenic, avec lequel il est comme incorporé. Il s'y trouve aussi du plomb sulfuré, et la gangue est une chaux carbonatée lamellaire blanchâtre.

De Born pense que l'argent n'est combiné dans cette mine qu'avec l'arsenic seul et un peu de fer, probablement parce que l'antimoine, dont l'odeur a quelque analogie avec celle de l'arsenic, lui a échappé. M. Vauquelin ayant essayé un fragment pris sur le morceau envoyé par M. Esmark, y a reconnu, indépendamment de l'argent, la présence de l'arsenic, et en même temps celle de l'antimoine. Le fragment a donné aussi des indices de fer ; mais il me paraît que les véritables principes de cette mine sont les mêmes que ceux de l'argent antimonial, et cette opinion s'accorde assez avec le résultat de l'analyse que Klaproth a faite d'une mine d'argent arsenical du même endroit, dont il a retiré 35 d'arsenic, 44 de fer, 12,75 d'argent et 4 d'antimoine. Le rapport entre l'argent et l'antimoine, qui, dans le cas présent, est à peu près celui de 13 à 4, se rapproche beaucoup de celui de 76 à 24, ou de 19 à 6, qu'avait donné au même chimiste la mine d'argent simplement antimoniale. Si les quantités d'arsenic et de fer sont prédominantes dans le résultat dont il s'agit, il se pourrait que ce ne fût que par accident. Quoi qu'il en soit, c'est ici une des substances dont il serait à désirer que nous eussions plusieurs analyses exactes faites comparativement.

Annotations.

L'argent antimonial occupe communément les filons qui traversent tantôt le granite, et tantôt un psammite ou grauwacke (Jameson, p. 266). C'est dans ces dernières roches qu'est engagé celui d'Andreasberg au Harz, où il a pour gangue immédiate une chaux carbonatée. Celui de Wittichen et celui de Wolfach, dans le Furstemberg, ont leur gissement dans le granite, et la substance à laquelle ils adhèrent est encore la chaux carbonatée. On trouve la même mine à Casalla, près de Guadalcanal en Espagne. La surface de cette mine est sujette à s'altérer par une teinte de jaunâtre ou de jaune rougeâtre, et assez souvent aussi elle prend une couleur poirâtre : mais il suffit d'y faire une légère fracture pour voir reparaître le blanc argentin, qui est la couleur naturelle de cette substance.

On sait que les métaux sont susceptibles de s'allier les uns aux autres par la fusion, et la nature a produit des alliages analogues par l'intermède d'un liquide. Dans certains cas, ces alliages ne paraissent être soumis à aucun rapport fixe entre les quantités des métaux qui s'unissent l'un à l'autre ; mais il paraît aussi que quelquefois l'alliage s'arrête à une limite, ou à un point d'équilibre qui détermine une espèce particulière, distinguée de l'un et de l'autre des métaux composans : or, c'est ce qui semble avoir lieu dans le cas présent, et ce qui s'accorde d'ailleurs avec l'observation des formes. Car, si l'argent antimonial n'était qu'un simple alliage d'argent et d'antimoine, l'un des deux métaux devrait imprimer aux cristaux le caractère de sa forme particulière : or, celle de l'argent étant le cube ou l'octaèdre régulier, et celle de l'antimoine pouvant de même être ramenée à l'octaèdre, on sent aisément que ni l'argent, ni l'antimoine, ne sont susceptibles de prendre la forme du prisme hexaèdre, qui ne peut dériver que d'un rhomboïde, comme forme secondaire. Mais on demandera s'il est plus facile de concevoir que les molécules de l'argent et celles de l'antimoine, en s'unissant par une combinaison proprement dite, puissent produire un prisme hexaèdre, c'est-à-dire un solide d'une forme incompatible avec chacune de celles des principes composans. J'aurai occasion de citer d'autres substances qui présentent une difficulté du même genre. On serait peut-être tenté d'en conclure que les substances que nous regardons comme simples, sont réellement composées de principes de différentes natures. Cette supposition, qui tend à diversifier et à multiplier les figures élémentaires, augmente par là même le nombre des chances de la cristallisation, parmi lesquelles on peut supposer qu'il y en ait une qui donne la solution du problème. Pour me faire mieux entendre, je vais donner un exemple, dans lequel j'emploierai, comme molécules, des figures planes au lieu de solides.

Supposons donc deux corps A et B qui aient l'un et l'autre pour molécules des cubes que nous remplacerons par des carrés dans le raisonnement qui va suivre : on pourra, si l'on veut, considérer ces carrés comme les coupes des molécules. Supposons que ces deux corps s'unissent de manière que sur deux molécules de A, il y ait trois molécules de B qui entrent dans la combinaison, et que le résultat donne encore une figure carrée. Il sera impossible que ce résultat ait lieu, si les molécules restent entières; car il est évident qu'on ne peut faire un carré avec cinq autres carrés plus petits et égaux entre eux; il faudrait en employer quatre, ou neuf, ou seize, etc.

Mais imaginons maintenant que chaque petit

carré soit composé d'un triangle et d'un trapèze,
alors on pourra composer un carré total, à l'aide
d'un assortiment de trapèzes et de triangles, dont
la somme soit égale à cinq carrés. Cette légère esquisse peut donc nous faire entrevoir comment un
résultat de cristallisation qui serait impossible dans
l'hypothèse d'une réunion de molécules simples,
cesse de l'être si l'on admet que ces molécules soient
composées d'autres molécules de diverses formes. Au
reste, les hypothèses de ce genre ne sont point admissibles dans l'état actuel de nos connaissances,
parce que nous ne devons pas dépasser les limites
tracées par l'expérience. Des chimistes d'un mérite
très distingué ont dit qu'il n'était pas démontré
qu'on ne parviendrait pas un jour à décomposer l'or
et les autres métaux, et il est naturel de penser qu'il
y a beaucoup trop de substances regardées comme
simples, pour que toutes le soient réellement. Mais
jusqu'ici on n'a pu les décomposer, et l'on a agi
sagement en plaçant la simplicité à l'endroit où
s'arrêtent les faits.

TROISIÈME ESPÈCE.

ARGENT SULFURÉ.

(*Glaserz*, W. Vulgairement *argent vitreux*.)

Caractères spécifiques.

Caract. géométr. Cristallisation susceptible d'être
ramenée au cube.

Caract. auxil. Malléable et d'un gris métallique plombé.

Caractères physiques. Pesant. spécif., 6,9.

Consistance. Malléable ; cédant aisément au couteau, qui en détache de petites lames flexibles.

Couleur. Le gris de plomb. Surface ordinairement terne ; les endroits récemment coupés ont un éclat assez vif.

Isolé et frotté, il acquiert une forte électricité résineuse.

Caract. chimiq. Un petit fragment, présenté à la simple flamme d'une bougie, se fond en un instant et donne un bouton blanc d'argent malléable.

Analyse par Klaproth (Beyt., t. I, p. 162) :

$$\text{Argent.............. } 85$$
$$\text{Soufre.............. } \underline{15}$$
$$100.$$

Caractères distinctifs. Entre l'argent sulfuré et le plomb natif. Celui-ci a une pesanteur spécifique plus considérable, au moins dans le rapport de 10 à 7. Il se fond au chalumeau en conservant sa couleur ; l'autre y donne un bouton blanc.

VARIÉTÉS.

Formes déterminables.

1. Argent sulfuré *cubique. r* (fig. 1, pl. 86). De l'Isle, t. III, p. 441 ; var. 1.

2. *Octaèdre.* n (fig. 2). De l'Isle , t. III, p. 443 ;
var. 3. Incidence de n sur n, 109^d 28' 16''.

3. *Cubo-octaèdre.* r, n (fig. 3). De l'Isle , t. III,
p. 442 ; var. 3 ; et 444 , var. 4. Incidence de t sur r,
125^d 15' 52''.

4. *Dodécaèdre.* s (fig. 4). En dodécaèdre rhomboïdal. Incidence de s sur s, 120^d.

5. *Trapézoïdal.* o (fig. 5).

6. *Cubo-dodécaèdre.* r, s (fig. 6).

7. *Biforme.* o, n (fig. 7).

8. *Triforme.* r, n, s (fig. 8).

Formes indéterminables.

1. Argent sulfuré *lamelliforme.*
2. Argent sulfuré *ramuleux.*
3. Argent sulfuré *filiforme.*
4. Argent sulfuré *massif.*

Accidens de lumière.

Gris obscur.
Gris éclatant.

Annotations.

L'argent sulfuré, l'une des espèces de ce métal qui
abondent le plus dans la nature, occupe toujours des
filons qui, selon M. Jameson, traversent des montagnes de gneiss, de mica schistoïde et de schiste,
rarement de porphyre, et plus rarement de granite ;
en quoi il diffère de l'argent natif et de l'argent antimonial. Parmi les mines qui en fournissent, on

distingue celle de Neue-Morgenstern, près de Freyberg en Saxe ; celle de Joachimsthal en Bohême, et celle de Schemnitz en Hongrie : dans celle-ci l'argent sulfuré, qui est couvert de cuivre pyriteux, adhère à une gangue de quarz hyalin et de feldspath compacte altéré.

Suivant M. de Humboldt, une grande partie de l'argent en circulation provient de l'argent sulfuré que l'on extrait au Mexique, particulièrement dans les filons de Guanaxuato, de Zacatécas et autres. On a trouvé à la Valenciana des cristaux de la même substance métallique, dont la surface est plus éclatante que celle des cristaux ordinaires. Leur gangue immédiate est un quarz.

Lorsque l'on expose l'argent sulfuré à une chaleur modérée, il s'en dégage des filamens d'argent semblables à celui qu'on appelle *natif*, et l'on a présumé que quand la nature produit de l'argent natif à la surface de l'argent sulfuré, c'est par un procédé analogue, à l'aide de la chaleur qui résultait soit de l'inflammation spontanée des pyrites, soit de quelque autre phénomène propre à développer l'action du calorique.

Il ne sera pas inutile de remarquer que, dans l'espèce précédente, l'argent uni à l'antimoine conserve sa couleur et son éclat, mais il perd sa ductilité ; au lieu que, dans l'argent sulfuré, la ductilité reste, et est même augmentée, mais la blancheur disparaît. On a nommé l'argent sulfuré *argent vitreux*, parce qu'aux endroits où le couteau a passé, il offre une surface qui approche de l'uni du verre.

M. Klaproth rapporte que l'on avait profité de la mollesse et de la ductilité de l'argent sulfuré, pour en frapper des médailles, sur lesquelles on voyait l'empreinte du roi Auguste Ier. C'est un exemple assez singulier d'une substance métallique qui ait passé immédiatement du sein de la terre entre les mains des artistes, pour être façonnée, sans avoir été soumise auparavant au travail du métallurgiste.

QUATRIÈME ESPÈCE.

ARGENT ANTIMONIÉ SULFURÉ.

(*Rothgültigerz*, W. *et* K. Vulgairement *argent rouge*.)

Caractères spécifiques.

Caract. géométr. Forme primitive : rhomboïde obtus (fig. 9, pl. 87), dans lequel l'incidence de P sur P est de $109^d\ 28'$, et celle de P sur P' de $70^d\ 32'$. Les joints naturels se voient assez sensiblement dans les fragmens que l'on fait mouvoir à une vive lumière.

Molécule intégrante : *id.* (*).

Caract. phys. Pesant. spécif., 5,5637...5,5886.

Consistance. Cassant, facile à racler avec le couteau.

(*) Le rapport entre les deux diagonales est celui de $\sqrt{5}$ à $\sqrt{3}$, d'où il suit que le cosinus de la plus petite incidence des faces est au rayon comme 1 est à 3.

Couleur de la surface. Le rouge vif ou le gris métallique tirant sur celui du fer.

Couleur de la poussière. Elle est rouge comme celle de la masse ; mais elle prend une teinte sombre en s'atténuant.

Transparence. Translucide, lorsqu'il est rouge ; opaque, lorsqu'il a le brillant métallique.

Électricité. Fortement résineuse par le frottement, lorsque le morceau est isolé.

Cassure. Conchoïde.

Caract. chimiq. Réductible à la flamme d'une bougie. Au chalumeau, il décrépite en répandant une odeur assez semblable à l'odeur d'ail de l'arsenic, mais sensiblement plus faible. Si l'on continue le feu, on obtient un bouton blanc métallique, qui est de l'argent pur.

Analyse de l'argent rouge de Freyberg, par Klaproth :

Argent	62,0
Antimoine	18,5
Soufre	11,0
Acide sulfurique libre d'eau	8,5
	100,0.

Analyse par Vauquelin (Journal des Mines, n° 17).

Argent métallique	56,67
Antimoine	16,13
Soufre	15,07
Oxigène	12,13
	100,00.

Analyse d'une mine d'argent rouge, par Thénard (Journal de Physique, an 1800, p. 68) :

Argent...................... 58
Antimoine................... 23,5
Soufre...................... 16
Perte....................... 2,5
——————
100,0.

De l'argent noir laminiforme de Freyberg, par Klaproth (Beyt., t. I, p. 166) :

Argent.................... 66,5
Antimoine................. 10
Fer 5
Soufre.................... 12
Cuivre et arsenic......... 0,5
Gangue.................... 1
Perte..................... 5
——————
100,0.

Caractères d'élimination. Ses indications, 1°. dans l'arsenic sulfuré, dit *réalgar.* Sa pesanteur spécifique est plus faible, dans le rapport de 3 à 5 ; sa poussière obtenue par la trituration, est jaune. 2°. Dans le mercure sulfuré. Sa pesanteur spécifique est plus grande au moins d'un sixième. Il se volatilise entièrement au chalumeau ; l'argent rouge finit par y donner un bouton métallique. 3°. Dans l'argent sulfuré comparé à l'argent antimonié sulfuré ayant l'aspect métallique. Le premier est malléable et se coupe au couteau comme le plomb, au lieu d'être cassant, comme l'argent antimonié sulfuré. 4°. Dans le fer oligiste. Il agit sur le barreau aimanté, et non l'autre. Il ne se laisse point racler facilement au couteau, comme l'argent antimonié sulfuré, et sa poussière n'est pas, à beaucoup près, d'un rouge aussi décidé. 5°. Dans le cuivre gris. Il n'est point facile à racler comme l'autre. Sa poussière est noirâtre, au lieu d'être rouge. Ses formes sont des modifications du tétraèdre, et celles de l'argent antimonié sulfuré des modifications du rhomboïde.

VARIÉTÉS.

FORMES DÉTERMINABLES.

Quantités composantes des signes représentatifs.

$$P\,A\,A\,B\,B\,B\,E^{\prime\prime}\,E\,E^{3\,3}\,E(^{\prime}E^{\prime}B^{2}D^{2})(^{\frac{1}{3}}E^{\frac{1}{3}}D^{1}B^{3})\overset{\frac{1}{2}\,\frac{1}{2}\,4}{D\,D\,D}e.$$

$$\underset{o\ \ a\ \ z\ \ l\ \ l\quad i\quad\quad m\quad\quad\quad x\quad\quad\quad\quad r\quad\quad n\ h\ f\ k}{{}^{1}\ {}^{2}\ {}^{1}\ {}^{2}\ {}^{4}}$$

Combinaisons deux à deux.

1. *Prismé.* $\overset{\cdot}{P}\overset{\cdot}{D}$ (fig. 10, pl. 87).
$$\underset{P\,n}{}$$

2. *Prismatique.* $\overset{\cdot}{D}A$ (fig. 11).
$$\underset{n\ o}{\overset{1}{}}$$

3. *Sexduodécimal.* $\overset{\cdot}{D}B$ (fig. 12).
$$\underset{f\,z}{}$$

4. *Apophane.* $\overset{\frac{4}{3}}{D}B$ (fig. 13).

$\qquad\qquad f^{\frac{3}{2}}$

5. *Unibinaire.* $\overset{2}{D}E^{1,1}E$ (fig. 14).

$\qquad\qquad h\quad i$

Trois à trois.

6. *Bisunitaire.* $\overset{1}{D}PB$ (fig. 15).

$\qquad\qquad n\;P\tfrac{1}{2}$

7. *Triunitaire.* $\overset{1}{D}BA$ (fig. 16).

$\qquad\qquad n\;\overset{1}{z}\;\overset{1}{o}$

8. *Distique.* $^{3}E^{3}(^{\frac{5}{3}}E^{\frac{5}{3}}D^{3}B^{5})A$ (fig. 17).

$\qquad\qquad m\qquad r\qquad \overset{1}{o}$

9. *Sexoctodécimal.* $\overset{1}{D}(^{1}E^{1}B^{3}D^{a})A$ (fig. 18).

$\qquad\qquad n\qquad x\qquad \overset{2}{s}$

10. *Bino-bisunitaire.* $\overset{1\;2}{D}eB$ (fig. 19).

$\qquad\qquad n\;k\tfrac{1}{2}$

11. *Pentahexaèdre.* $\overset{1}{D}\overset{\frac{4}{3}}{D}B$ (fig. 20).

$\qquad\qquad n\,f\,\tfrac{3}{2}$

Quatre à quatre.

12. *Disjoint.* $\overset{1}{D}PBB$ (fig. 21).

$\qquad\qquad n\;P\tfrac{1}{2}\tfrac{4}{c}$

13. *Didodécaèdre.* $\overset{1\;2}{D}ePB$ (fig. 22).

$\qquad\qquad n\,k\,P\tfrac{1}{2}$

Cinq à cinq.

14. *Soustractif.* $\overset{1}{D}\overset{3}{D}E''EPB$ (fig. 23)
${}_{n\,h\quad i\quad P\frac{1}{2}}$

15. *Tridodécaèdre.* $\overset{1}{D}e\overset{3}{D}\overset{2}{P}B$ (fig. 24).
${}_{n\,k\,h\quad\frac{1}{2}}$

Romé de l'Isle cite des cristaux d'argent rouge
trouvés à Guadalcanal en Espagne, en pyramides
hexaèdres alongées, semblables à celles du spath calcaire, dit *en dent de cochon* (chaux carbonatée métastatique de notre méthode). Je présume qu'ils
appartiennent à la variété unibinaire (fig. 14), abstraction faite des facettes i, i, laquelle variété résulte précisément de la même loi que celle qui donne
la chaux carbonatée métastatique, et dont les angles
sont aussi à peu près les mêmes, en conséquence de
ce que la différence d'environ 3 degrés entre les
angles primitifs de part et d'autre, en détermine une
sensiblement plus petite entre ceux des deux formes
secondaires.

Formes indéterminables.

Argent antimonié sulfuré *botryoïde.*
Massif.
Granuliforme.

Accidens de lumière.

Couleurs.

Argent antimonié sulfuré *rouge vif.* (Lichte ,
Rothgültigerz , **W** .)

Rouge-obscur. (Dunkles Rothgültigerz, W.)
Métalloïde. Id., W.

Transparent.

Translucide.

Opaque.

L'argent rouge est quelquefois transparent, et
dans ce cas, lorsqu'on le place entre l'œil et la
lumière, il paraît d'un rouge vif; en sorte que les
personnes qui ne sont pas minéralogistes, et à qui
l'on fait cette observation, sont étonnées d'entendre
dire que ce qu'on leur montre soit une mine d'argent. Il leur semble que ce métal se soit transformé
en rubis, comme ils sont tentés de croire qu'il se
change en plomb, lorsqu'on leur montre de l'argent
sulfuré. La grande différence d'aspect que présentent
les morceaux dont je viens de parler, avec ceux qui
sont d'un gris métallique éclatant, pourrait faire
présumer que les molécules situées à la surface de
ceux-ci sont dans un état différent, qui dépendrait
de leur composition chimique; en sorte, par exemple,
que les molécules métalliques prédomineraient sur
celles du soufre, en imprimant à la surface le caractère
de l'éclat qui leur est propre. Mais la différence dont
il s'agit tient plutôt à celle du poli que présentent
les surfaces ; car si l'on fait prendre le poli, par un
moyen artificiel, à l'un de ces morceaux qui étaient
rouges par transparence, il devient opaque, parce
que les rayons qu'il transmettait auparavant, échappent à la réfraction pour se réfléchir sur la surface

que le poli a convertie en miroir ; et la réflexion
devient en même temps si vive et si abondante,
qu'elle produit ce brillant que l'on a nommé *métallique*.

MM. Vauquelin et Thénard regardent l'argent et
l'antimoine comme étant oxidés l'un et l'autre dans
l'argent rouge ; M. Proust pense, au contraire, qu'ils
y sont à l'état métallique, et il considère l'argent
rouge comme composé de deux sulfures, l'un d'argent et l'autre d'antimoine ; et effectivement, d'après
les rapports connus entre les quantités d'argent et
de soufre qui constituent l'argent sulfuré, et celles
d'antimoine et de soufre que présente l'antimoine
sulfuré, on voit que les trois principes sont unis dans
l'argent rouge, de manière que leur somme est égale
à celle des mêmes principes dans les deux sulfures
pris séparément.

Voici encore une question du même genre que
celle à laquelle a donné lieu l'argent antimonial ;
elle consiste à savoir s'il est possible que deux molécules intégrantes, qui évidemment ne seraient plus
simples dans le cas présent, savoir, celles du sulfure
d'antimoine et celles du sulfure d'argent, s'unissent
sans subir aucune décomposition, de manière qu'il
résulte de leur union une troisième molécule d'une
forme particulière. C'est ce qui aurait lieu dans le
cas dont il s'agit, parce que la forme de l'argent
rouge n'a rien de commun avec celle de l'argent
sulfuré, ni avec celle de l'antimoine sulfuré.

A en juger d'après le simple raisonnement, il n'est pas facile de concevoir comment il y aurait eu d'abord dans le liquide deux opérations diverses, dont chacune aurait produit une molécule intégrante d'une forme particulière, et comment ensuite une troisième opération aurait réuni les deux espèces de molécule pour en composer une troisième d'une forme et d'une nature différente. Il semble plutôt qu'un minéral ait dû être formé d'un seul jet, par la réunion de toutes les molécules élémentaires dont il est l'assemblage.

M. Leblanc, qui a fait un travail intéressant sur la Cristallotechnie, et plus récemment M. Beudant, qui a poussé plus loin les recherches sur le même sujet, ont uni du fer sulfaté tantôt avec du cuivre sulfaté, tantôt avec du zinc sulfaté. Mais le composé ne prenait pas une forme particulière ; il offrait celle du fer sulfaté, qui avait en quelque sorte maîtrisé la cristallisation. Ici, il en est tout autrement ; les formes des composans ont disparu, pour faire place à une troisième qui n'a rien de commun avec elles. Ce qu'il y a de séduisant dans le résultat de M. Proust, c'est que la quantité de soufre est précisément celle qui, en se partageant entre l'argent et l'antimoine, constitue les deux sulfures dont l'argent rouge est censé être l'assemblage.

Mais ne serait-il pas possible qu'il y eût ici une combinaison triple d'antimoine, d'argent et de soufre, pour ne pas dire une combinaison complète des élémens des trois substances, dans laquelle les affinités des deux métaux eussent produit le même effet que s'ils eussent agi séparément. Supposons que quand l'antimoine est seul en présence du soufre, son affinité soit m, et que s soit la quantité de soufre capable de saturer m. Supposons que quand l'argent agit seul sur le soufre, son affinité soit n, et que s' soit la quantité de soufre capable de saturer n. Faisons agir l'argent et l'antimoine à la fois sur le soufre ; il est possible que la somme des affinités étant $m + n$, la quantité de soufre requise pour la saturation soit $s + s'$; et alors la combinaison triple produira l'équivalent d'un sulfure d'argent uni à un sulfure d'antimoine ; et dans l'opération de l'analyse, le soufre se partagera entre les deux métaux, pour produire deux sulfures, ce qui fera croire qu'ils coexistaient tout formés dans la substance analysée.

Les questions de ce genre mériteraient bien, ce me semble, de fixer l'attention des chimistes. Elles ne sont pas hors de saison, à une époque où le progrès des connaissances nous met à portée d'approfondir ce qu'on ne faisait auparavant qu'effleurer.

Relations géologiques.

Si l'on compare entre eux les gissemens des diverses substances métalliques qui appartiennent à une même espèce, on observera qu'indépendamment des différences qu'elles présentent relativement à la nature des roches que traversent leurs filons, et à celles des matières qui leur servent de gangue, il en est une autre qui consiste en ce que les unes occupent seules, ou presque seules, les filons où elles ont pris naissance, tandis que les autres s'y trouvent associées à des substances métalliques de diverses natures. L'argent rouge est une des espèces qui semblent avoir contracté le plus d'alliance avec d'autres qui appartiennent à des genres différens, telles que le cobalt, l'arsenic, le cuivre gris, le fer spathique. Il est quelquefois entremêlé de fer sulfuré, susceptible de se décomposer et de tomber en efflorescence ; et c'est une société bien dangereuse pour les beaux groupes de cristaux d'argent rouge, qui s'altèrent et dépérissent dans les collections dont ils faisaient l'ornement.

L'argent rouge, ainsi que je l'ai dit, est aussi quelquefois accompagné d'arsenic natif. C'est ce qui a lieu à Guadalcanal, où les deux substances se mêlent de manière que la couleur du composé participe du rouge de l'argent. D'ailleurs, l'argent rouge est associé à l'argent antimonial arsenifère, que l'on reconnaît à sa couleur métallique, et à l'arsenic natif, qui est décelé par sa couleur noire et lugubre. J'en ai un morceau taillé et poli, de manière que l'arsenic pur forme des taches dont la couleur noire tranche sur le gris métallique de l'argent, qui sert comme de fond au tableau. C'est une sorte de brèche métallique.

L'arsenic natif, sous la forme de mammelons, enveloppe aussi quelquefois l'argent antimonié sulfuré.

A l'égard des roches que traversent les filons où se trouve l'argent antimonié sulfuré, ce sont principalement le gneiss, le feldspath porphyrique et le psammite ou grauwacke (*); et les matières qui lui servent de gangue sont le quarz, la chaux carbonatée, la chaux fluatée, la baryte sulfatée, etc. Parmi les mines qui en fournissent, on distingue celles d'Andreasberg, au Hartz, de Freyberg en Saxe, de Joachimsthal en Bohême, de Schemnitz en Hongrie, et de Guadalcanal en Espagne.

APPENDICE.

Argent antimonié sulfuré *noir*, vulgairement *argent noir*. Sprödglaserz, W. Röschgewachs des mineurs hongrois. Mine d'argent vitreuse, fragile, de quelques minéralogistes. Les savans étrangers ont aussi leur argent noir, qu'ils appellent *silberschwarze*; mais c'est tout autre chose, comme je vais le faire voir dans un instant.

L'argent antimonié sulfuré noir, ou l'argent noir de ma méthode, présente tous les caractères de l'argent antimonié sulfuré ordinaire, excepté que sa poussière est noire. Voici quelques-unes de ses variétés de forme.

(*) Jameson, p. 267.

1. *Prismatique*. Cette forme existe aussi, comme on l'a vu, dans l'argent rouge.

2. La même variété, dont les arêtes au contour de la base sont remplacées par des facettes. En l'examinant attentivement, j'ai remarqué que parmi les six facettes dont je viens de parler, trois prises alternativement ne sont pas dans le même cas que les trois intermédiaires ; elles ont un éclat plus vif, et leur inclinaison est différente. Il paraît y avoir des joints naturels parallèlement à ces mêmes facettes. Si on les combine avec celles qui sont censées leur correspondre dans la partie inférieure, les unes et les autres, étant prolongées jusqu'à se rencontrer, produiront visiblement la surface d'un rhomboïde obtus ; et pour que ce rhomboïde soit semblable à la forme primitive de l'argent rouge, il faudra que les incidences des facettes d'où dérive ce rhomboïde sur la base du prisme, soient de $138^{\mathrm{d}}\ 11'$. Or c'est ce qui paraît avoir lieu, autant qu'on peut en juger d'après des mesures qui ne sont qu'approximatives, à cause de la petitesse des facettes, qui d'ailleurs ne sont pas parfaitement de niveau ; mais il en résulte du moins une présomption en faveur de la réunion des cristaux dont il s'agit ici avec ceux qui appartiennent à l'argent rouge.

J'ai d'autres cristaux de la même substance, qui tous présentent la forme du prisme hexaèdre régulier. Cette forme est modifiée dans plusieurs d'entre eux par des facettes additionnelles, dont la détermination pourra servir à vérifier le rapprochement déjà indiqué par ceux dont je viens de parler.

Je crois devoir rapporter à la même substance des cristaux dont je suis redevable à M. de Humboldt, qui les a trouvés au Mexique, dans la mine de Zacatécas. Ils ont pour support des cristaux de la variété dodécaèdre de chaux carbonatée, accompagnés de chaux carbonatée ferro-manganésifère perlée.

3. *Lamelliforme.*

4. *Granuliforme.*

5. *Cellulaire* ou *caverneux.* Quelquefois il semble être carrié. Se trouve à Schemnitz.

On trouve l'argent noir dans la plupart des mines d'Allemagne que j'ai citées comme renfermant de l'argent sulfuré et de l'argent rouge.

Les minéralogistes étrangers considèrent cette substance, à laquelle ils ont donné, ainsi que je l'ai dit, le nom de *spröd-glaserz* (argent sulfuré cassant), comme un argent sulfuré dans un nouvel état, où, de ductile qu'il était, il serait devenu aigre et cassant; et, d'après cette différence, ils en font une espèce à part.

Mais dans cette hypothèse, il faudrait que l'altération qu'aurait subie l'argent sulfuré en passant à l'état d'argent aigre et cassant, eût entièrement changé le type géométrique de l'espèce; car il suffit d'être un peu cristallographe pour voir du premier coup d'œil que des formes qui portent l'empreinte du prisme hexaèdre régulier, sont incompatibles avec la forme du cube ou de l'octaèdre régulier que présente l'argent sulfuré.

J'admets aussi, dans le cas présent, un passage à l'argent noir, mais en partant de l'argent antimonié sulfuré, dont l'espèce est modifiée et non pas changée. Cette opinion est d'abord fondée sur l'analogie des formes. De plus, le passage dont je viens de parler me semble être indiqué d'une manière évidente, par un groupe de cristaux de ma collection, tous de la même forme, mais dont les uns donnent une poussière rouge, et les autres une poussière noire. L'affinité ne paraît pas avoir distingué les molécules des deux substances, puisqu'elle leur a fait subir les mêmes lois d'arrangement ; elle n'a tenu, pour ainsi dire, aucun compte de la cause, quelle qu'elle soit, qui fait varier la couleur de la poussière, et elle semble avertir le minéralogiste de n'y avoir lui-même aucun égard, et d'en faire abstraction relativement à la méthode.

Si l'argent noir, qui est aigre et cassant, tirait réellement son origine de l'argent sulfuré, qui est ductile, il y aurait une raison, au moins apparente, pour admettre ici un changement d'espèce, parce que la ductilité d'un corps paraît dépendre de la nature intime de ce corps. Mais on a fait arriver cette espèce prétendue nouvelle par une fausse route, et voilà où est la faute. Au contraire, l'argent noir est aigre et cassant comme l'argent rouge, dont je le

regarde comme étant originaire. La différence ne
tient donc plus qu'à une variation dans la couleur
de la poussière, qui peut être produite par une cause
purement accidentelle; et quand le caractère tiré
de la forme semble percer à travers cette variation,
c'est à lui qu'il faut s'en rapporter plutôt qu'à la
couleur, et l'on peut appliquer ici ce qu'un poète
a dit dans un autre sens, *nimiùm ne crede colori.*

Les minéralogistes étrangers ont encore fait une
espèce particulière de ce qu'ils appellent *silbersch-*
warze, argent noir. Cette prétendue espèce provient
tantôt de l'altération de l'argent sulfuré, tantôt de
l'argent muriaté, quelquefois de celle de l'argent
natif, dont les molécules se trouvent atténuées au
point d'absorber la lumière. L'argent dans cet état
forme des masses noirâtres, ayant un aspect terreux,
et qui, étant soumises à l'action du feu, finissent par
offrir l'argent sous l'aspect blanc métallique qui lui
est propre. Je possède un échantillon sur lequel on
voit le passage de l'argent sulfuré à l'argent noir.
Les cristaux situés dans la partie supérieure ont
leur surface recouverte d'un enduit noirâtre, qui
paraît être l'effet d'une altération qu'a subie la
matière de ces cristaux. Lorsque c'est l'argent muriaté qui a passé au même état, on en aperçoit
quelquefois, à la surface de la masse, des indices qui
décèlent l'origine de cette masse. On trouve aussi à
Allemont des masses noirâtres dont on retire de
l'argent; et il n'en faut pas davantage pour les faire

ranger dans la même espèce. Ce sont bien en effet des mines d'argent pour le mineur; mais le minéralogiste, qui considère la nature en elle-même, doit rapporter chacune de ces substances à l'espèce dont elle tire son origine, et dire, suivant les cas, *argent sulfuré altéré*, *argent muriaté altéré*, et ainsi des autres. Il n'y avait donc pas lieu à introduire dans la méthode cet être indéfinissable, cette espèce faite de toutes pièces, qu'on a nommée *silberschwarze;* quand l'argent sulfuré, l'argent muriaté et l'argent natif ont réclamé chacun la part qui leur appartient, il ne reste plus rien, et l'espèce a disparu.

Annotations.

Les cristaux d'argent antimonié sulfuré n'ont souvent qu'un ou deux millimètres d'épaisseur; mais il y en a dont les dimensions sont beaucoup plus considérables. Le diamètre des plus gros que j'aie vus, était d'environ 22 millimètres, ou 10 lignes. Il est rare aussi de trouver ces cristaux sous une forme déterminable, et dont toutes les faces soient exactement de niveau. Romé de l'Isle, qui ne manque guère de donner les angles des cristallisations dont il parle, s'était borné ici à de simples phrases descriptives. Je n'ai rien vu de plus parfait en ce genre qu'un groupe de la mine d'Andreasberg, dont je suis redevable à l'honnêteté de M. Hoffman Bang.

Il n'y a point de mine qui varie plus que celle-ci

par l'aspect que présente sa surface. Tantôt elle est d'un rouge vif, qui imite celui du rubis; tantôt elle a tout-à-fait l'éclat métallique, et l'on serait alors tenté de prendre ses cristaux, au premier coup d'œil, pour des cristaux de fer oligiste. Mais il est aussi facile de sortir d'erreur que d'y tomber; il suffit de gratter légèrement la surface avec une pointe de couteau, ou de broyer un petit fragment de la mine, pour voir reparaître la couleur rouge, qui n'était que masquée; et c'est ici l'une des observations les plus remarquables, parmi celles où la simple trituration d'une substance produit subitement une nouvelle couleur qui contraste avec la première.

Cette mine était l'arseniate d'argent des chimistes, avant que Klaproth eût fixé nos connaissances sur sa véritable nature. Les résultats de ce célèbre chimiste se trouvent confirmés par ceux qu'a obtenus depuis M. Vauquelin, qui, suivant l'usage des savans accoutumés à faire des découvertes qui leur sont propres, ajoute presque toujours de nouveaux faits à celles mêmes qu'il ne se proposait que de vérifier. Il a prouvé que l'argent et l'antimoine étaient l'un et l'autre à l'état d'oxide dans l'argent rouge, et que chacun y était combiné avec une certaine quantité de soufre (*).

Diverses causes paraissent avoir contribué à faire regarder l'arsenic comme un des principes essentiels

___

(*) Journal des Mines, n° 17, p. 1 et suiv.

de cette mine. L'une provient de ce qu'ils se trouvent quelquefois associés accidentellement. Henckel cite de l'argent rouge enveloppé d'arsenic comme d'une coquille (*). J'ai un morceau qui présente cette réunion, et dont un fragment, essayé par M. Vauquelin, a d'abord manifesté sensiblement la présence de l'arsenic, et a donné ensuite un bouton blanc métallique; et l'on était d'autant plus porté à croire l'arsenic inséparable de l'argent rouge, que cette opinion paraissait offrir l'explication de la couleur que présente cette mine, par une combinaison de soufre et d'arsenic semblable à celle qui produit le réalgar; enfin, ce qui avait achevé de tromper les chimistes, c'était la vapeur que répand l'antimoine en se volatilisant, lorsqu'on chauffe l'argent rouge, et l'odeur analogue à celle de l'arsenic qui se dégage en même temps, quoiqu'on ne puisse guère s'y méprendre lorsque l'organe n'est pas séduit, pour ainsi dire, par le préjugé, la vapeur de l'arsenic ayant une âcreté et une qualité suffoquante qui la font aisément reconnaître.

Wallerius indique différens procédés à l'aide desquels on parvient à imiter l'argent rouge naturel, et il est remarquable que l'antimoine fut un des principes qui entraient dans cette composition artificielle.

L'argent antimonié sulfuré, soumis à l'action d'un feu bien ménagé, se réduit en filets métal-

---

(*) Pyritol., trad. franç., p. 258.

liques. Henckel dit qu'il était parvenu, par ce moyen, et sans aucune addition, à faire végéter la mine d'argent rouge (*), de sorte qu'un demi-gros (environ 19 décigrammes) de ce minéral remplissait un vaisseau de 2 pouces (54 millimètres) de diamètre, sous la forme d'un petit buisson métallique. Cette observation lui paraissait propre à expliquer la formation des dendrites d'argent que l'on trouve dans certaines cavités, explication qui a été adoptée par différens naturalistes. Nous avons vu, en parlant de l'argent sulfuré ou argent vitreux, que cette substance était susceptible de produire un phénomène semblable.

La cristallisation de l'argent antimonié sulfuré a une analogie marquée avec celle de la chaux carbonatée, relativement à plusieurs des formes qu'elle fait naître, ainsi qu'on a pu le voir dans les détails qui concernent les variétés. Mais elle présente aussi des formes particulières, dont une des plus dignes d'attention est celle de la variété distique, composée de deux pyramides droites hexaèdres, dont l'une intercepte l'autre; sur quoi il est à remarquer que parmi tous les nombres de rangées soustraites, pour chaque loi de décroissement, soit simple, soit intermédiaire, sur l'angle E (fig. 9), il y en a toujours un qui est susceptible de produire un dodécaèdre

____

(*) Traité de l'Appropriation, traduct. franç., p. 343, n° 304.

formé de deux pyramides droites, c'est-à-dire à triangles isocèles, tandis que les autres conduisent à des triangles scalènes. Si l'on suppose le décroissement simple, le nombre sera 3, et le cristal aura pour signe $^3E^3$, comme dans la pyramide supérieure : il ne reste donc plus qu'un décroissement intermédiaire pour la pyramide inférieure ; et si dans le signe du cristal on prend B^1 et D^2, l'exposant de E sera 2, ce qui est le cas du fer oligiste trapézien. Mais si l'on prend B^1 et D^3, l'exposant de E devient $\frac{3}{5}$, et c'est le cas de l'argent rouge distique (*). Cette variété, qui emprunte de sa symétrie une forme très prononcée, prouve donc à la fois et l'existence des décroissemens, et celle de certaines lois mixtes qui, n'ayant pas la simplicité des lois ordinaires, avaient besoin, pour être admises, de se trouver placées dans des circonstances qui leur servissent, en quelque sorte, de garantie.

(*) En général, si l'on désigne par x l'exposant de D, par y celui de B, et par n celui de E, on a cette formule très simple, $n = \dfrac{x + 2y}{xy}$. Voyez Traité de Cristallographie, t. I, p. 454.

CINQUIÈME ESPÈCE.

ARGENT CARBONATÉ.

(*Luftsaueres silber.*, Widenmann, p. 689.)

Ce minéral n'ayant offert jusqu'ici aucun indice de cristallisation, j'ai recours pour le caractériser à deux de ses propriétés, dont l'une consiste en ce qu'il est facile à réduire par l'action du chalumeau, et l'autre en ce qu'il fait effervescence avec l'acide nitrique. La première opération fait connaître la présence de l'argent; la deuxième celle de l'acide carbonique. C'est une analyse en petit.

Caract. physiq. Pesant. spécifique; elle n'a point encore été déterminée à l'aide de la balance hydrostatique; mais, suivant Selb, elle est très considérable.

Dureté. Facile à entamer avec le couteau; ayant un peu de ductilité.

Couleur. Le gris cendré tirant au gris de fer.

Éclat. Celui de la surface est faible; mais il devient vif aux endroits nouvellement raclés.

Électricité. Résineuse par le frottement, lorsque le morceau est isolé.

Cassure. Inégale à grain fin.

Caract. chimiq. Il se réduit presque subitement en argent malléable, à l'aide du chalumeau; mis dans l'acide nitrique, il y fait effervescence pendant un instant.

Analyse par M. Selb:

Argent. 72,5
Acide carbonique. 12
Carbonate d'antimoine mêlé d'un peu
   de cuivre oxidé 15,5
                                      100,0.

VARIÉTÉS.

Argent carbonaté *amorphe*.

Annotations.

L'argent carbonaté n'a été encore trouvé qu'une seule fois par M. Selb, directeur des mines du pays de Fürstemberg, dans le grand-duché de Bade. Il a fait cette découverte en 1788, dans la mine de Wenceslas, près d'Altwolfach. L'argent carbonaté y a pour gangue la baryte sulfatée, et est accompagné de différentes substances métalliques, telles que l'argent natif, l'argent sulfuré, le plomb sulfuré et le cuivre gris.

Cette substance est si rare jusqu'ici, qu'il n'en existe des échantillons que dans trois ou quatre collections. Aussi tous les auteurs qui en ont parlé, ne l'ayant point observée par eux-mêmes, se sont bornés à copier la description qu'en a donnée Widenmann, et que celui-ci avait empruntée de l'auteur de la découverte. Je dois à M. Lucas fils l'avantage d'avoir pu vérifier cette description sur un échantillon d'argent carbonaté que ce savant minéralogiste avait reçu en présent de M. Selb lui-même, et dont il a bien voulu enrichir ma collection. M. Selb ne s'est pas borné à donner une analyse exacte de cette substance; il en a tracé fidèlement tous les caractères, tels que je les ai indiqués d'après la note qu'il a envoyée à M. Lucas, et que ce savant a consignée dans le IIe tome de son ouvrage, qu'il a publié sous le titre de *Tableau méthodique des espèces minérales.*

L'argent carbonaté contient aussi de l'antimoine, que l'on peut regarder comme accessoire; en quoi ce mixte est distingué de l'argent antimonial, où les deux métaux sont unis par une combinaison intime; il en diffère encore davantage en ce que l'argent et l'antimoine y sont l'un et l'autre à l'état de carbonate. M. Selb le regarde comme essentiellement distingué de toutes les mines d'argent décrites jusqu'à ce jour; et malgré le silence de la cristallisation, j'ai cru devoir me conformer à une opinion qui a pour elle une autorité d'un si grand poids.

SIXIÈME ESPÈCE.

ARGENT MURIATÉ.

MURIATE OU HYDROCHLORATE D'ARGENT DES CHIMISTES.

(*Hornerz*, W. Vulgairement *argent corné.*)

Caractères spécifiques.

Caract. géométr. Forme cubique : il paraît que telle est la forme primitive.

Caract. auxil. Réductible par le frottement du zinc humide.

Caract. phys. Pesant. spécif., 4,7488.

Consistance. La mollesse de la cire.

Couleur. Le gris jaunâtre ou verdâtre semblable à celui de la corne. Lorsque le minéral reste exposé à la lumière, sa couleur grise prend une teinte de violet et finit par brunir. La surface des morceaux les plus purs a un certain brillant tirant sur celui de la perle.

Transparence. Translucide dans l'état de pureté.

Caract. chim. Fusible à la flamme d'une bougie, en répandant des vapeurs d'acide muriatique. Le frottement du fer ou du zinc humecté par la vapeur de l'haleine, fait reparaître, à la surface, l'argent sous forme métallique.

Analyse par Klaproth (Beyt., t. I, p. 134) :

Argent..................	67,75
Acide muriatique......	21,00
Oxidule de fer.........	6,00
Alumine...............	1,75
Acide sulfurique......	0,25
Perte.................	3,25
	100,00.

Caractères distinctifs. Entre l'argent muriaté et le mercure muriaté. Celui-ci n'a point comme l'autre la mollesse de la cire. Au chalumeau, il se volatilise en entier, au lieu que l'argent muriaté y donne un globule métallique.

VARIÉTÉS.

1. Argent muriaté *cubique*. Romé de l'Isle, t. III, p. 465. Le cube s'alonge assez souvent en parallélépipède.

2. Argent muriaté *lamellaire*. De Sibérie.

3. *Mamelonné*.

4. *Massif*. Au Pérou.

Relations géologiques.

On a observé que l'argent muriaté ne se trouvait jamais que dans la partie supérieure des filons qui le renfermaient, en sorte que sa position à l'égard des autres minéraux dont il était accompagné, annonçait qu'il avait été formé le dernier (Jameson, p. 267). C'est au Pérou et au Mexique qu'on le trouve en plus grande abondance. On en a trouvé aussi en Sibérie, en Saxe, au comté de Cornouailles en Angleterre et dans plusieurs pays.

La substance qui lui sert immédiatement de gangue est souvent le quarz (comme en Sibérie), et quelquefois la baryte sulfatée ou la chaux carbonatée. Celui du Pérou forme un enduit sur la surface de l'argent natif. On trouve aussi dans le même pays l'argent muriaté uni à l'argent sulfuré et au cuivre muriaté ; la gangue est une chaux carbonatée.

Annotations.

Il paraît, par des descriptions d'anciens auteurs (*), que la transparence de l'argent muriaté, lorsqu'il est réduit en lames minces, avait fait donner d'abord à cette substance le nom de *mine d'argent vitreuse*, qui a été appliqué depuis à l'argent sulfuré.

L'argent muriaté est une des substances métalliques les plus recherchées, et en même temps une des plus susceptibles d'échapper à l'attention, à cause de son peu d'apparence. Plus d'une fois dans les anciennes ventes d'histoire naturelle, tandis qu'on se disputait les beaux morceaux de mine d'or et d'argent natif du Pérou, l'argent muriaté restait de côté parmi les échantillons que l'on avait mis au rebut, jusqu'à ce qu'un observateur exercé vint le démêler dans la foule et s'en emparât, pour le mettre à sa véritable place.

Lorsqu'on soupçonne dans un morceau la présence de l'argent muriaté, on le reconnaît à ce qu'une pointe d'acier ou même l'ongle s'y enfonce sans donner de poussière. Mais il y a, pour le distinguer, un autre caractère beaucoup plus décisif, et dont la découverte tient à un fait qui mérite d'être exposé.

____

(*) *Matthesius, in Sarepta*, 1685. *Fabricius, de rebus metallicis*, 1566.

Plusieurs chimistes, et en particulier M. Sage, avaient annoncé depuis long-temps que le fer décomposait l'argent muriaté. Plus récemment, M. Champeaux, ingénieur des mines, a eu l'occasion d'assister à l'ouverture d'une boîte qu'un voyageur avait rapportée du Pérou, et dans laquelle se trouvait renfermé, depuis plusieurs années, un beau morceau d'argent muriaté, avec des flèches empoisonnées qui étaient de celles dont les sauvages du même pays se servent dans les combats. (Ils les empoisonnent en les plongeant, par la pointe, dans le suc laiteux du mancenillier.) Le fer de l'une des flèches avait été oxidé et rompu, et l'argent muriaté se trouvait en partie recouvert d'argent natif. M. Champeaux expliqua le fait à l'instant, et l'attribua à l'action du fer, qui avait décomposé le muriate d'argent, en enlevant à celui-ci son oxigène et son acide muriatique. La boîte avait sans doute été exposée à l'humidité, qui avait favorisé l'action du fer.

L'observation dont je viens de parler a suggéré à M. Gillet-Laumont l'idée de reproduire le même fait, par une expérience directe; et il a été conduit, comme par degré, à décomposer instantanément l'argent muriaté. Il fait tomber, à plusieurs reprises, la vapeur de l'haleine sur un morceau de fer, ou mieux encore sur un morceau de zinc, qu'il passe ensuite avec frottement sur l'argent muriaté; on voit paraître aussitôt, à l'endroit frotté, une petite feuille d'argent métallique. M. Gillet a répété cette expérience en présence de la première classe de l'Institut, qui l'a jugée doublement intéressante, soit en elle-même, soit par l'avantage qu'elle a d'offrir un caractère si prononcé pour distinguer un minéral dont les dehors parlent si peu à l'œil.

SECOND ORDRE.

Oxidables et réductibles immédiatement.

GENRE UNIQUE.

MERCURE.

(*Quecksilber*, W.)

PREMIÈRE ESPÈCE.

MERCURE NATIF.

(*Gediegen-Quecksilber*, W. *et* K. Vulgairement *vif-argent*.)

Caractère distinctif. Liquide à une température au-dessus du 32° degré de froid, sur le thermomètre de Réaumur, et du 40° sur le thermomètre centigrade.

Caractères physiq. Pesanteur spécifique, 13,581. Moindre que celle du platine et de l'or; supérieure à celle du plomb, de l'argent, du cuivre, du fer et de l'étain.

Couleur. Le blanc éclatant, qui est entre le blanc d'argent et le blanc d'étain.

Fusibilité. Il est évidemment le plus fusible des métaux, puisqu'il reste constamment dans l'état de liquidité, si ce n'est à une température très basse.

Caract. chim. Il est volatile par l'action du chalumeau.

Variété unique.

Liquide. Disséminé sous la forme de globules à la surface de sa gangue, ou dans l'intérieur.

Relations géologiques.

Parmi les diverses substances qui servent de gangue au mercure natif, la plus commune paraît se rapporter à l'espèce de roche que je nomme *schiste bituminifère*, brandschiefer de Werner. Il y accompagne souvent le mercure sulfuré ou cinabre, et quelquefois le fer sulfuré, le plomb sulfuré, l'antimoine sulfuré, et diverses autres mines.

Il y a des endroits où il coule à travers les fentes des rochers, et s'arrête dans des cavités où l'on va le puiser. Les terrains où ce métal abonde portent, en général, le caractère d'une formation récente, qui semble être attestée par les matières bitumineuses dont il est environné, ou dans lesquelles il est engagé. Les géologues qui ont essayé de ranger les métaux par ordre d'âge ou d'ancienneté, placent celui-ci parmi les plus jeunes.

Les mines d'Europe les plus riches en mercure sont celles d'Idria dans le Frioul, de Mosche-

Landsberg dans le duché des Deux-Ponts, et d'Almaden en Espagne. Il y en a aussi dans différentes contrées du Mexique.

Annotations.

Le mercure, qui paraît jouer un rôle si singulier dans la nature, par sa liquidité habituelle, n'est réellement qu'un métal capable d'entrer en fusion par une température incomparablement plus basse que celle qu'exigent les métaux ordinaires pour se fondre. Si nous imaginons, avec Lavoisier, que le globe terrestre se trouve tout-à-coup transporté à une distance beaucoup plus grande du soleil, le mercure deviendra solide comme les autres métaux; on pourra le marteler, le travailler et lui faire prendre différentes formes, comme cela a lieu par rapport aux autres métaux; et si nous nous transportons, par l'imagination, à une certaine proximité du soleil, le plomb, l'étain et d'autres métaux deviendront habituellement liquides, comme l'est aujourd'hui le mercure. Ainsi tout est relatif dans les différens états dont les corps de la nature sont susceptibles, suivant que le calorique abonde ou devient plus rare dans leur intérieur. Nous disons du fer qui a passé par le haut fourneau, que c'est du *fer fondu;* le mercure, dans son état ordinaire, est aussi du mercure fondu. Nous disons de l'eau qui se solidifie, qu'elle se *congèle;* et si elle repasse ensuite à l'état de liquidité, nous disons qu'elle *dégèle:* mais dans la réalité, la fusion du fer est aussi le *dégel* du fer; son retour à l'état de solidité est la *congélation* du fer. Le physicien s'accoutume ainsi à mettre sur une même ligne, à voir sous un même point de vue des effets qui paraissent avoir différentes faces aux yeux des hommes ordinaires.

Le mercure que l'on verse sur un plan se sous-divise en une infinité de gouttelettes arrondies, que l'on voit rouler de toutes parts. C'est de cette grande mobilité que l'on a tiré le nom de *mercure*, par allusion au Mercure de la fable, que l'on représentait avec des ailes aux talons, et que sa fonction de messager des dieux forçait d'être sans cesse en mouvement. La Géologie, en désignant le mercure comme un des métaux les plus jeunes, a ajouté un nouveau trait à l'analogie déjà indiquée par cette espèce de vivacité que ce métal emprunte de sa nature.

Le phénomène de la congélation du mercure, observé pour la première fois en Sibérie, par Delisle et Gmelin, dans les thermomètres dont ils faisaient usage, était resté inconnu, ou avait été révoqué en doute, lorsqu'au mois de décembre 1759, M. Braun, membre de l'Académie de Saint-Pétersbourg, ayant profité d'un froid rigoureux qui régnait alors dans cette ville, et qui était de 29^d ½ au-dessous de zéro, dans le thermomètre dit *de Réaumur*, parvint à faire descendre le mercure, dans son thermomètre, à près de 45^d, en employant un mélange de glace pilée et d'acide nitrique. Il vit qu'une partie du mercure s'était congelée; le même effet eut lieu encore plus sensiblement dans une seconde expérience, où le froid fut poussé jusqu'à $70^d \frac{2}{3}$. Il en fit une troisième avec Æpinus, membre de la même Académie; et ayant brisé la boule du thermomètre au moment où le mercure paraissait immobile, il retira ce métal sous la forme d'une masse solide, brillante, qui s'étendit par la percussion, en rendant un son sourd semblable à celui du plomb, dont elle se rapprochait encore par sa dureté.

On ne pouvait plus alors douter de la congélation du mercure; mais on avait jugé le degré de froid nécessaire pour la produire, beaucoup plus bas qu'il n'était en effet, parce qu'on avait confondu deux effets très distincts, savoir la température qu'avait le métal au moment de sa congélation, et la contraction considérable qu'il éprouvait avant de se fixer.

Il en est, à cet égard, du mercure, tout autrement que de l'eau. Si l'on expose à la gelée un matras rempli de ce liquide jusque vers le milieu de sa hauteur, on verra l'eau descendre d'abord, à mesure qu'elle se refroidira. Arrivée ensuite à un certain terme, elle y restera stationnaire pendant quelques instans, puis elle commencera à monter, en sorte qu'au moment de la congélation elle se trouvera au-dessus de son premier niveau. Ainsi le volume de l'eau congelée est plus grand que celui de la même eau à l'état de liquide; d'où il suit que la pesanteur spécifique de l'eau diminue par la congélation, et c'est pour cela que les glaçons flottent sur l'eau, qui les charrie. Le mercure, au contraire, se contracte d'une quantité considérable en se congelant, et c'est ce qui avait trompé, comme je l'ai dit, les premiers observateurs, qui avaient pris le terme où le mercure s'était arrêté au moment de sa congélation, pour l'indice de la température propre à la faire naître.

Ces détails ne sont pas inutiles, même sous le rapport de la Minéralogie, parce que nous serons bientôt dans le cas d'en faire l'application à la formation d'une des espèces de mercure, qui résulte de l'union de ce métal avec l'argent.

Black et Cavendish ont reconnu depuis, par des expériences décisives, que le mercure n'avait besoin, pour se congeler, que d'être refroidi jusqu'au $31^{\circ}\frac{d}{2}$ de Réaumur.

L'expérience de la congélation du mercure a été répétée plusieurs fois à Paris depuis un certain nombre d'années. Les personnes qui ont eu le courage de prendre dans la main le mercure figé, ont éprouvé une sensation douloureuse qu'ils n'ont pu mieux comparer qu'à celle que produit une brûlure. Rien ne justifiait mieux le langage des poëtes, qui, pour peindre un froid très vif, l'ont appelé un *froid brûlant : penetrabile frigus adurit.*

La propriété qu'a le mercure de s'amalgamer avec l'or et l'argent, est comme la base du procédé que l'on emploie pour extraire de leurs mines ces précieux métaux. Les mêmes amalgames sont employés pour dorer et pour argenter les métaux ; l'opération terminée, on expose les vases à l'action du feu, qui dégage le mercure en le déterminant à se volatiliser. On donne ensuite le poli aux vases, à l'aide du frottement.

L'amalgame du mercure avec l'étain fournit le moyen de fixer sur l'une des faces d'une glace une couche de matière très propre à réfléchir la lumière, et qui convertit cette glace en miroir.

Le mercure est, comme l'on sait, l'âme des deux instrumens de Météorologie les plus utiles, le baromètre et le thermomètre.

L'idée ingénieuse conçue par Toricelli de mettre le poids d'une colonne de mercure en équilibre avec la pression de l'atmosphère, a donné naissance au baromètre. L'expérience faite sur le Puy-de-Dôme, par Périer, à l'invitation de Pascal, a été comme l'ébauche de la méthode de mesurer les hauteurs à l'aide du baromètre, méthode qui a fait de ce dernier un des instrumens géologiques les plus importans.

Cette méthode est fort employée par les minéralogistes voyageurs, qui, pour l'appliquer, font usage d'une formule inventée par M. de Laplace, et qui est d'autant plus belle que tout le plan de l'opération s'y trouve en quelque sorte tracé par la théorie elle-même.

M. Ramond, membre de l'Institut, a fait un grand nombre d'observations, dans la vue de déterminer les circonstances les plus favorables pour obtenir des résultats très approchés, et pour débarrasser l'opération de l'influence des différentes causes susceptibles de la rendre équivoque. Il a publié ses recherches dans un ouvrage séparé, qu'on ne peut lire sans admirer la sagacité de son savant auteur, et sans être étonné de sa persévérance.

Le mercure est employé aujourd'hui presque généralement pour la construction même du thermomètre. On le préfère, avec raison, à l'alcool, soit à cause de son homogénéité, soit parce que ses dilatations depuis zéro jusqu'à l'eau bouillante sont sensiblement égales aux accroissemens de chaleur, tandis que l'alcool, toutes choses égales d'ailleurs, indique des degrés inégaux par des variations égales de température; et de là vient qu'il n'y a que les thermomètres à mercure qui soient vraiment comparables.

Le mercure s'amalgame avec presque tous les métaux, et cette propriété multiplie les services qu'il rend aux Arts et à la société. Nous avons déjà dit que l'étamage des glaces se faisait à l'aide du mercure amalgamé avec l'étain. Les physiciens se servent du même amalgame, ou de celui de mercure et de bismuth, pour enduire les frottoirs des machines électriques.

Le mercure en substance, et à l'état métallique, n'a, comme médicament, que des vertus très bornées. Dans cet état, il est cependant nuisible aux insectes. On a mis en usage l'eau même dans laquelle il a bouilli; de cette propriété on en a conclu une antivermineuse; et quoique la conclusion ne fût pas exacte, puisque les vers qui vivent dans le corps humain ne sont pas de la nature des insectes, il est au moins prouvé que les préparations du mercure contribuent à tuer ces animaux et à en débarrasser les voies intestinales.

C'est surtout aux différentes manières de préparer le mercure que sont dus les grands avantages que l'on retire de ce métal. Dans toutes, il est plus ou moins à l'état d'oxide simple ou combiné, et plus ou moins oxigéné, depuis la pommade mercurielle jusqu'au muriate suroxigéné de mercure ou sublimé corrosif; et les médecins pensent assez généralement aujourd'hui, quoique cette opinion puisse souffrir quelque difficulté, que c'est à la facilité avec laquelle ces oxides se réduisent et abandonnent leur oxigène que l'on doit l'efficacité des remèdes dont il s'agit.

Leur effet est, suivant la nature des préparations et la manière de les administrer,

1°. De purger assez facilement et à petite dose; et dans cette indication, c'est du mercure doux ou muriate de mercure simple que l'on se sert de préférence;

2°. De tuer les vers intestinaux, et c'est de la même préparation que l'on use pour cet effet;

3°. De produire dans le système lymphatique des

changemens, à l'aide desquels on a vu les engorge-
mens des glandes se résoudre, et des maladies cuta-
nées opiniâtres se guérir ;

4°. A une certaine dose, qui varie selon la sus-
ceptibilité des personnes, d'occasionner dans les
glandes salivaires une grande sécrétion de salive,
qui, pour lors, sort infecte, désagréable, échauffant
la bouche et ulcérant souvent les joues et les gen-
cives ; mais cet effet se dissipe assez promptement ;

5°. De détruire les affections vénériennes, lorsqu'elles cessent d'être superficielles, et qu'elles at-
taquent le système lymphatique et les différens
organes ; et dans cette vue, on a mis en usage
presque tous les genres de préparations mercurielles, soit introduites par la peau, soit données à
l'intérieur ;

6°. Enfin, de détruire extérieurement les chairs ba-
veuses des ulcères, les excroissances ulcéreuses, etc. ;
et pour cela on emploie les différentes préparations
mercurielles et les oxides les plus actifs, soit en
poudre, soit en dissolution, ou suspendues dans un
véhicule qui les tient divisées (*).

(*) Article communiqué par M. Hallé.

SECONDE ESPÉCE.

MERCURE ARGENTAL.

(*Natürliches amalgam*, W. *Amalgame natif d'argent*, de l'Isle, t. III, p. 162.)

Caractères spécifiques.

Caract. géométr. Cristallisation susceptible d'être ramenée au dodécaèdre rhomboïdal.

Caract. auxil. Communiquant au cuivre une couleur argentée, à l'aide du frottement.

Caract. phys. Pesant. spécif., 14,119.

Couleur. Le blanc d'argent.

Dureté. Fragile.

Cassure. Conchoïde.

Caract. chimiq. Il se décompose par l'action du feu ; le mercure se volatilise, et l'argent reste sous sa forme métallique.

M. Cordier a profité de ce résultat d'expérience pour analyser le mercure argental, en exposant un poids déterminé de ce minéral, dans un creuset, à une chaleur capable de volatiliser tout le mercure ; le poids du résidu a donné la quantité d'argent, et la différence entre ce poids et le poids primitif a donné la quantité de mercure.

Analyse par Klaproth (Beyt., t. I, p. 183) :

Argent............... 36
Mercure............... 64
                        ———
                        100.

Analyse par Cordier (Journal des Mines, n° 67,
p. 6) :

Argent............... 27,5
Mercure............... 72,5
                        ———
                        100,0.

Caract. d'élimination. Ses indications dans l'argent natif. Il est ductile, et le mercure argental est
cassant. L'argent natif ne blanchit point le cuivre
par le frottement comme le mercure argental.

VARIÉTÉS.

FORMES DÉTERMINABLES,

Quantités composantes des signes représentatifs.

$$P A' E' {}^{a}E \cdot BB.$$

Combinaison une à une.

1. Mercure argental *primitif.* (fig. 25, pl. 88.)
Le dodécaèdre rhomboïdal paraît être la vraie
forme primitive, ainsi que l'a pensé M. Cordier. En
faisant mouvoir à la lumière un des cristaux de ma
collection, j'ai aperçu des indices de joints naturels,
situés parallèlement à ses différentes faces.

Deux à deux.

2. *Unitaire.* PA. Le signe relatif à l'octaèdre régulier (fig. 27) serait BBP (fig. 26).

3. *Biforme.* P'E'. Le signe relatif à l'octaèdre
serait BBA'A' (fig. 28).

Trois à trois.

4. *Triforme.* PB'E'. Le signe relatif à l'octaèdre
serait BBA³A³A'A' (fig. 29).

Se trouve à Landsberg, dans le duché des Deux-
Ponts.

Six à six.

5. *Sextiforme.* PBBA'E' 'E' (fig. 30). Le signe
relatif à l'octaèdre serait

$$BBA^{3}A^{3}(A^{4}A^{4}B^{3}B^{1})PA^{1}A^{1}(A^{3}A^{3}B^{2}B^{3}.B^{3}B^{3}).$$

Cette forme, en la supposant complète, est composée de 122 faces.

Formes indéterminables.

Mercure argental *lamelliforme.* En lames ou
feuilles très minces appliquées sur la surface de la
gangue.

Granuliforme.

Annotations.

Le mercure argental n'a été trouvé jusqu'ici qu'à Mosche - Landsberg , dans le duché des Deux-Ponts , et à Rosenau en Hongrie. Dans un morceau de ma collection, qui vient de Mosche - Landsberg, la gangue des cristaux est un grès ; dans un autre du même endroit, le mercure argental est en lames très minces appliquées sur une argile lithomarge. Cette dernière gangue est la seule qui ait été citée par les auteurs des Traités de Minéralogie.

Les chimistes ont donné le nom d'*alliages* aux réunions des différentes substances métalliques les unes avec les autres , à l'exception de celles dans lesquelles il entre du mercure, et qu'ils ont désignées par le nom particulier d'*amalgame*. Mais l'espèce de mixte connue en Chimie sous le nom d'*amalgame d'argent* et de *mercure*, est une substance molle, pâteuse , qui paraît être composée d'une infinité de petits cristaux de mercure argental liés entre eux par l'interméde d'une certaine quantité de mercure liquide, que l'on peut diminuer à volonté , en renfermant le mélange dans une peau de chamois , et en le comprimant pour forcer une partie du mercure à passer à travers. Ici, comme dans une multitude d'autres circonstances, la Chimie n'a pu encore imiter la nature, qui nous offre l'amalgame d'argent et de mercure sous la forme de cristaux solides et d'un volume sensible.

J'ai dit plus haut que le mercure, en passant à l'état de solidité, se contractait d'une quantité considérable; or c'est dans ce dernier état que se trouve le mercure qui fait partie des cristaux de la substance dont il s'agit, et de là vient que, d'après les observations de M. Cordier, la pesanteur spécifique de la combinaison, qui ne serait que d'environ 12,5, en supposant le mercure liquide, est de 14,1, c'est-à-dire plus forte que celle du mercure liquide à l'état de pureté, qui est à peu près de 13,6. La différence est d'autant plus remarquable, que la pesanteur spécifique de l'argent natif n'est que d'environ 10,5, c'est-à-dire très inférieure à celle du mercure. Les choses se passent comme si l'argent seul se contractait d'abord jusqu'au terme où sa pesanteur spécifique serait devenue égale à celle du mercure à l'état liquide, et comme si ensuite les deux métaux en s'unissant subissaient une pénétration qui augmentât encore la pesanteur spécifique. Gellert est le premier qui ait remarqué ce phénomène à l'égard de l'amalgame artificiel. (Macquer, Dict., au mot *Amalgame.*)

On ne peut douter que dans l'union du mercure avec l'argent, il n'y ait un point de saturation passé lequel les deux métaux se refusent à l'action de l'affinité, en sorte que la partie du mercure qui est en excès, reste à l'état de liquidité; et de là vient que quelquefois les cristaux ou les grains d'amalgame semblent nager dans le mercure qui les entoure.

Cependant, si l'on consulte les analyses faites par MM. Klaproth et Cordier, du mercure argental produit par la nature, on trouve une grande différence dans les quantités relatives des deux principes. Suivant M. Klaproth, il y aurait 36 parties d'argent sur 64 de mercure ; et selon M. Cordier, la quantité d'argent serait à celle du mercure comme 27,5 à 72,5.

En attendant que les résultats de la Chimie s'accordent sur le rapport des deux métaux composans, nous nous en tiendrons à l'accord que les mesures géométriques nous montrent dans les formes des cristaux de mercure argental, et l'uniformité des angles suppléera à l'équilibre des poids.

L'amalgame artificiel de mercure et d'argent cristallise, suivant Romé de l'Isle, en dendrites composées de très petits octaèdres implantés les uns dans les autres (*). C'est en précipitant, au moyen du mercure, l'argent dissous dans l'acide nitrique, que l'on obtient cette espèce de végétation métallique connue sous le nom d'*arbre de Diane*, et dont les charlatans abusaient autrefois pour faire croire qu'ils avaient le secret de communiquer aux métaux la faculté de végéter à la manière des plantes.

Bergmann observe que le mercure natif n'est guère susceptible de s'allier avec d'autres métaux étrangers que l'or, l'argent et le bismuth, qui se rencontrent

______

(*) Tome I, p. 420.

eux-mêmes assez communément à l'état natif, et
sont de plus très solubles dans ce métal liquide (*).
Mais jusqu'ici il n'y a que l'amalgame naturel de
mercure et d'argent dont l'existence soit avérée.

TROISIÈME ESPÈCE.

MERCURE SULFURÉ.

(*Zinnober*, W. Vulgairement *cinabre* (**).)

Caractères spécifiques.

Caract. géométr. Forme primitive : rhomboïde
aigu (fig. 31, pl. 89), dans lequel la plus petite
incidence des faces est de 71^d $48'$, et la plus grande
de 108^d $12'$ (***). Angles de la coupe principale :
122^d $12'$ et 57^d $48'$. Les joints parallèles aux faces de
ce rhomboïde sont sensibles dans les fractures, lorsqu'on les observe le soir à la lumière d'une bougie.
Les cristaux se divisent très nettement par des
coupes parallèles à l'axe, et qui donnent les pans
d'un prisme hexaèdre régulier. Mais ces derniers

____

(*) Opusc., t. II, p. 421.

(**) Tiré du mot grec κιννάβαρι, qui signifiait la même
chose, et que certains auteurs font dériver de κακάρα, *mau-
vaise odeur*, à cause de celle qui se dégageait, disent-ils,
quand on extrayait ce minéral.

(***) Le rapport entre les demi-diagonales g et p de chaque
rhombe est celui de $\sqrt{3}$ à $\sqrt{8}$.

joints sont du nombre de ceux que je nomme *surnuméraires*, et qui ne se montrent que par l'effet
de quelque circonstance accidentelle.

Caract. phys. Pesant. spécif. 6,9 . . . . 10,21.

Dureté. Facile à gratter avec le couteau, lorsqu'il est pur.

Couleur de la poussière. Plus ou moins rouge.

Électricité. Il acquiert la résineuse, à l'aide du
frottement, lorsqu'il est isolé.

Caract. chim. Volatil avec fumée, par l'action
du chalumeau. Passé avec frottement sur le cuivre,
il y laisse un enduit d'un blanc métallique. Pour
faire cette expérience, il faut broyer un fragment
de cinabre sur une carte, et passer le cuivre avec
frottement sur la poussière. Le cuivre natif réussit
très bien.

Si l'on place un fragment de cinabre sur un charbon ardent, et que l'on expose au-dessus une pièce
de cuivre, le mercure, en se volatilisant, s'attache
à la surface de cette pièce et lui communique une
couleur d'un blanc métallique.

La couleur du mercure sulfuré, dans l'état de
pureté, est le rouge de carmin; les mélanges la font
passer au brun. Il diffère de l'argent rouge en ce que
la couleur de sa poussière est d'un rouge plus vif, et
en ce qu'il se volatilise, au lieu de se réduire par
l'action du chalumeau.

Analyse du mercure sulfuré du Japon, par Klaproth (Beyt., t. IV, p. 17):

<pre>
Mercure................ 84,5
Soufre................. 14,75
Perte..................   0,75

                        100,00.
</pre>

Analyse de la variété bituminifère d'Idria , par le même (*ibid.*, p. 24) :

<pre>
Mercure............. 81,8
Soufre.............. 13,75
Carbone.............   2,3
Silice..............   0,65
Alumine   0,55
Fer oxidé...........   0,2
Cuivre..............   0,02
Eau et perte........   0,73

                     100,00.
</pre>

Caractères distinctifs. 1°. Entre le mercure sulfuré et l'argent antimonié sulfuré, dit *argent rouge*. Le premier, passé avec frottement sur un papier, y laisse des traces rouges, ce que ne fait pas l'autre. Il se volatilise entièrement au chalumeau , tandis que l'argent rouge y donne un bouton métallique. 2°. Entre le même et l'arsenic sulfuré, dit *réalgar*. La poussière de celui-ci, obtenue par la trituration, est jaune; celle de l'autre est rouge. L'arsenic sulfuré tenu entre les doigts et frotté, s'électrise résineusement; le mercure sulfuré a besoin d'être isolé pour devenir électrique. Traité au chalumeau, il ne donne point d'odeur d'ail comme l'arsenic sulfuré. 3°. Entre le même et le cobalt arseniaté, dit *fleurs de cobalt*. La couleur de celui-ci est le rouge de lilas, et celle de l'autre le rouge vif. Au chalumeau, il répand une odeur d'ail, ce que ne fait pas le mercure sulfuré. 4°. Entre le même et le plomb chromaté, dit *plomb rouge*. La poussière de celui-ci est d'une couleur aurore ; celle du mercure sulfuré est rouge. Le plomb chromaté se divise parallèlement aux pans d'un prisme quadrangulaire, et le mercure sulfuré parallèlement à ceux d'un prisme hexaèdre. Le premier se réduit au chalumeau, l'autre s'y volatilise.

VARIÉTÉS.

FORMES DÉTERMINABLES.

Quantités composantes des signes représentatifs,

$$P A A A A A e.$$

Combinaisons deux à deux.

1. Mercure sulfuré *prismatique.* A (fig. 32)

Quatre à quatre.

2. *Octoduodécimal.* PAAA (fig. 33).

3. *Progressif.* $\overset{2}{e}$PAA (fig. 34).
$$l\,P\,\tfrac{3}{k}\,\tfrac{1}{o}$$

4. *Mixti-unibinaire.* $\overset{2}{e}$PAA (fig. 35).
$$l\,P\,\tfrac{5}{2}\,\tfrac{1}{o}$$

5. *Bibisalterne.* $\overset{2}{e}$AAA (fig. 36).
$$l\,r\,\tfrac{3}{2}\,\tfrac{5}{2}\,\tfrac{1}{o}$$

La loi $\overset{2}{A}$ a cette propriété, que le rhomboïde qui en résulte est semblable à celui qui aurait pour signe $\overset{1}{B}$, et qui serait l'analogue du rhomboïde équiaxe de la chaux carbonatée.

Formes indéterminables.

Mercure sulfuré *curviligne*. Cette variété n'est autre chose que la précédente, dont les faces ont subi des arrondissemens, et qui se présente ordinairement de manière qu'on ne voit qu'une partie du cristal, qui est saillante au-dessus de la gangue. Comme la cristallisation n'offre presque jamais que par extrait la forme de la variété bibisalterne, il est arrivé qu'en voulant la compléter, par la pensée, on a attribué au mercure sulfuré des formes qui lui sont étrangères. Ainsi les cristaux qui présentent une pointe saillante au-dessus de la gangue, ont pu donner l'idée de l'octaèdre régulier.

C'est probablement en observant des cristaux bi-

bisalternes qui ne laissaient passer que leur sommet, que Romé de l'Isle a pensé que la forme du mercure sulfuré était une pyramide triangulaire tronquée au sommet.

Assez souvent les facettes *r* se prolongent de manière à rendre presque nulle la facette terminale P. On a cru voir un cube dans les cristaux qui se présentent sous cet aspect.

Laminaire.

Mamelonné.

Granulaire.

Compacte.

Pulvérulent. Vulgairement *vermillon natif.*

Couleurs.

Rouge foncé : dunkelrother zinnober, W. Gemeiner zinnober, K.

Rouge vif : hochrother zinnober, W. Zerreiblicher zinnober, K.

Métalloïde.

APPENDICE.

1. Mercure sulfuré *bituminifère.* Quecksilberlebererz, W. Lebererz, K. D'un brun rougeâtre, plus ou moins sombre ; donnant une odeur bitumineuse par l'action du feu.

a. *Feuilleté.* Schieferiges quecksilber-lebererz, W.

b. *Spéculaire.*

c. *Testacé.* Plusieurs minéralogistes regardent

cette variété comme devant son origine à des co-
quillages pénétrés de mercure sulfuré.

d. *Compacte*. Dichtes quecksilber-lebererz, W.

2. Mercure sulfuré *ferrifère*. D'un gris de fer
éclatant, devenant attirable lorsqu'on le chauffe à
la flamme d'une bougie.

Relations géologiques.

Le mercure sulfuré est la plus abondante des
mines de ce métal. D'après les descriptions faites par
différens auteurs, des terrains qui le contiennent, il
paraît qu'en général la masse de ces terrains est
composée d'une espèce de grès analogue à celui que
nous appelons *grès quarzeux* (c'est celui que l'on
emploie dans ce pays sous le nom de *grès des pa-
veurs*), et que la pierre à laquelle adhère le mercure, ou qui le renferme, est souvent un schiste secondaire, qui, dans divers endroits, est pénétré de
bitume; on y trouve même quelquefois du bois fos-
sile et des traces de houille.

Le mercure que l'on exploite à Idria dans le
Frioul, offre un exemple de ce gissement. Le mercure occupe un schiste qui en est tout pénétré, et
où il forme lui-même des masses tellement chargées
de bitume, que l'on en a fait une variété particulière,
sous le nom de *mercure sulfuré bituminifère*.

On voit par là que le schiste, considéré indépendamment du mercure, appartient à la formation du

schiste bituminifère, ou schiste inflammable (brandschiefer). On trouve à Idria des morceaux qui ne sont
presque composés que de bitume pénétré d'une petite quantité de mercure, avec très peu de matière
argileuse. Il en est qui s'allument par le simple
contact de la flamme et brûlent presque en entier.

Quelquefois le bitume, à l'état de pureté, est
enveloppé de mercure sulfuré. Dans plusieurs endroits, le mercure est engagé immédiatement dans
le grès quarzeux; tel est celui du duché des Deux-
Ponts, et la variété mamelonnée d'Almaden, qu'accompagne la baryte sulfatée.

Le mercure sulfuré est accompagné dans ses mines
de diverses autres substances métalliques, telles
que le plomb sulfuré, le zinc sulfuré, le fer sulfuré, le fer oxidé, le cuivre pyriteux, etc. Il
est quelquefois associé au mercure argental, au
mercure natif et au mercure muriaté. Il adhère aussi
à diverses subtances pierreuses. Celui de la montagne
de Potzberg, près de Reichenbach dans la Saxe, est
engagé dans l'intérieur de la baryte sulfatée. Je possède un morceau dont je suis redevable à M. Heuland,
où le mercure sulfuré est adhérent à la surface et
engagé dans l'intérieur d'un quarz-agate calcédoine.
Ce morceau vient du Mexique.

Annotations.

Les anciens, qui connaissaient le cinabre, l'employaient dans la Peinture, et parce que sa couleur

d'un rouge vif le rend propre à offrir l'emblème de
la chaleur du combat, les triomphateurs, à Rome,
s'en frottaient le corps. Le dictateur Camille, après
la prise de Veïes, s'étant fait décerner les honneurs
du triomphe, ne manqua pas, suivant le rapport
de Pline, d'y paraître tout enluminé de *minium*;
c'est ainsi que les anciens nommaient le cinabre; et
la couleur vermeille du vainqueur était encore relevée par le contraste que formaient avec elle les
quatre chevaux blancs qui traînaient le char.

Parmi nous on emploie le cinabre naturel pour
en extraire, au moyen de la chaleur, le mercure
qu'il contient. La même opération se pratiquait chez
les anciens, et en général on voit qu'ils ont connu
une grande partie des procédés de métallurgie qui
s'exécutent par la voie sèche; mais ils ont ignoré
la plupart de ceux qui ont lieu par la voie humide.
La découverte en est due aux progrès qu'a faits la
Chimie dans les temps modernes. Il y a loin de l'action
du feu, que tout le monde sait allumer, à celle des
acides et des alkalis, qu'il a fallu pour ainsi dire créer.

Les ouvriers d'Idria taillent des morceaux de
cinabre, pour en faire des objets d'ornement qu'ils
vendent aux personnes qui vont visiter la mine.

Quant au cinabre que l'on fait artificiellement,
et qui est, pour l'ordinaire, en masses striées, il
fournit le vermillon dont les peintres font usage, et
il est aussi le principe colorant de la cire à cacheter,

où il est associé à la gomme laque et à la colophane, ou autres matières résineuses.

Le plus beau vermillon qui soit connu est celui de la Chine. On a fait beaucoup de tentatives pour en obtenir dont la couleur eût le même éclat; mais je ne sais si l'on y est parvenu.

Quoique le mercure sulfuré ait été très connu des anciens, et que les observations des modernes en aient constaté l'existence dans une multitude de pays différens, en Europe, en Asie et en Amérique, c'est jusqu'ici une des substances métalliques qui se soit le moins prêtée à la détermination de ses formes cristallines. La cause principale du retard que nos connaissances ont éprouvé à cet égard, provient de la nature des terrains dans lesquels est situé le mercure sulfuré, et dont le plus grand nombre sont de ceux qu'on appelle *secondaires*, et qui renferment des schistes, des grès et autres roches d'une formation analogue. Le mercure sulfuré est engagé dans ces roches sous la forme de masses granuleuses ou compactes, de couches très minces interposées entre les feuillets des schistes, et sous divers autres états qui annoncent que sa formation a manqué des circonstances favorables à un arrangement régulier de ses molécules. Si quelquefois on y reconnaît des indices de cristallisation, ce sont de simples ébauches qui laissent tout à deviner, ou des assemblages de très petits cristaux groupés confusément, et dont la partie

saillante offre un trop petit nombre de facettes pour
qu'en essayant de compléter, par la pensée, les solides qu'elles terminent, on soit sûr de ne pas attribuer au mercure sulfuré des formes qui lui sont
étrangères.

Aussi, les descriptions qui ont été données par
les différens auteurs, des cristaux de mercure sulfuré,
ne sont-elles d'accord ni entre elles ni avec la véritable structure de ce minéral. On lui a attribué la
forme du cube (*), celle de l'octaèdre, soit complet, soit tronqué à son sommet ou sur une de ses
arêtes (**), celle du tétraèdre simple (***), celle
d'un solide composé de deux pyramides triangulaires tronquées à leur sommet, et tantôt réunies
par leurs bases, tantôt séparées par un prisme
intermédiaire (****), celle du prisme rhomboïdal (*****), etc. Ceux qui possèdent les principes
de la théorie verront aisément que la forme du solide
à deux pyramides triangulaires unies base à base est
exclue par les lois de la structure ; que le tétraèdre

(*) Waller. Syst. minér., édit. de 1778, p. 151. Cronstedt ;
§ 218, *b*. 4, *a*. De Born, Litoph. I , p. 128.

(**) De Born , Catal. , t. II.

(***) *Idem.* Litoph. I , p. 128.

(****) De l'Isle, Cristal., t. III, p. 154 et suiv.

(*****) Emmerling. Voyez le Traité de Minér., suivant
les principes de Werner, Brochant, t. II, p. 107.

et le prisme rhomboïdal sont incompatibles dans un même système de cristallisation, etc.

Cependant M. Estner, qui cite plusieurs des formes précédentes comme appartenantes au mercure sulfuré, y ajoute le rhomboïde un peu aplati, tronqué à ses sommets, et le prisme hexaèdre régulier, soit complet, soit terminé par des sommets trièdres dont les faces naissent sur trois des arêtes situées au contour de la base. On verra bientôt que ces formes rentrent parmi celles qui existent réellement dans l'espèce de minéral dont il s'agit ici.

A l'époque où j'ai composé mon *Traité de Minéralogie*, je ne connaissais que deux formes déterminables de mercure sulfuré, dont l'une était celle du prisme hexaèdre régulier que présentaient des cristaux apportés du Japon, et l'autre celle d'une variété que j'avais nommée *bibisalterne*, et dont on trouvera ici la description. J'avais remarqué que les prismes du Japon se divisaient très nettement dans des sens parallèles à leurs six pans, sans qu'il fût possible d'apercevoir aucun indice de divisions parallèles aux bases. A l'égard de l'autre variété, le morceau sur lequel je l'avais observée n'en renfermait qu'un petit cristal nettement prononcé, et qui était engagé dans une cavité, de manière que je n'avais pu en mesurer les angles que d'une manière approchée. D'autres cristaux qui se trouvaient sur le même morceau indiquèrent également des joints parallèles aux pans d'un prisme hexaèdre régulier ; ce qui m'engagea à considérer ce prisme comme offrant la forme primitive du mercure sulfuré, en avertissant cependant que les bases n'étaient que présumées. Je donnai à ce prisme les dimensions convenables pour que les lois de décroissement dont je faisais dépendre les faces des cristaux que je viens de citer, s'accordassent avec les angles qu'elles formaient entre elles ; mais il avait fallu supposer qu'elles naissaient sur trois arêtes du contour de la base, prises alternativement, et qui de même alternaient d'une base à l'autre. Or, quoique cette disposition offrît un aspect symétrique, elle dérogeait réellement au véritable principe de la loi de symétrie, que je me borne ici à énoncer, parce que je l'ai développé, en l'appuyant par de nombreux exemples, dans un article que j'ai publié sur la loi dont il s'agit, et qui fait partie du 1ᵉʳ volume du *Traité de Cristallographie* (*).

Avant d'aller plus loin, je ne dois pas omettre la circonstance qui m'a mis à portée de fixer mon opinion sur la structure des cristaux de mercure sulfuré. Les diverses recherches que j'ai entreprises depuis un certain nombre d'années, relativement à des objets rares ou jusqu'alors inconnus, ont été amenées par les observations que j'ai faites sur des envois que j'ai reçus de plusieurs savans étrangers, avec lesquels j'ai des relations aussi honorables pour moi qu'elles me sont avantageuses. J'ai déjà saisi l'occa-

---

(*) Page 196 et suiv.

sion de citer parmi eux M. le chevalier de Parga, et je lui dois ici un nouvel hommage de reconnaissance pour la bonté qu'il a eue de retirer de sa collection, et de destiner pour la mienne, des cristaux de mercure sulfuré d'Almaden, dont les formes, aussi variées que nettement prononcées, offrent la preuve du goût très éclairé qui a dirigé son choix. C'est l'étude de ces cristaux qui m'a conduit aux nouveaux résultats que je viens d'exposer.

La forme primitive du mercure sulfuré, telle que l'indique l'observation, est celle d'un rhomboïde aigu (fig. 31). Si ce rhomboïde offrait, comme celui du quarz, des joints naturels parallèles à des plans qui, en partant des sommets A, a, passeraient par les milieux des arêtes latérales D, D', on pourrait assimiler la structure du mercure sulfuré à celle du même quarz, en combinant les joints dont il s'agit avec les faces P, P, et avec les pans du prisme hexaèdre régulier, que l'on obtient, et même très nettement, par la division mécanique (*). Mais l'existence des joints dont je viens de parler n'étant indiquée par aucune observation, l'hypothèse à l'aide de laquelle on pourrait ramener la structure du mercure sulfuré à l'unité de molécule, en se bornant à la considération des autres joints, s'écarterait trop de l'analogie et en même temps de la simplicité pour paraître admissible ; et j'ai jugé plus

---

(*) Voyez ci-dessus, p. 313.

naturel de ranger les joints parallèles aux pans du prisme parmi ceux que j'appelle *surnuméraires*, et dont plusieurs autres substances, et en particulier la chaux carbonatée, offrent des exemples (*).

Ces sortes de joints ont fixé particulièrement mon attention depuis quelques années, et j'ai donné, dans le Traité de Cristallographie, un article développé dans lequel j'ai prouvé que, quelque nombreux qu'ils puissent être, ils sont susceptibles d'être expliqués d'une manière plausible, sans qu'on soit obligé de supposer qu'ils traversent les molécules intégrantes. Je me bornerai ici à dire que cette explication est fondée sur une vérité reconnue de tous les physiciens, savoir que les molécules des corps, bien loin de se toucher, laissent entre elles des intervalles incomparablement plus grands que leurs diamètres. Il en résulte que celles d'un cristal, rangées, pour ainsi dire, en quinconce, offrent des routes libres à des plans qui auraient une multitude de directions différentes, et qui tous répondraient à des faces secondaires produites par des lois de décroissement plus ou moins composées.

Si ceux de ces plans dont la chaux carbonatée, que je continue de prendre pour exemple, offre des indices dans les différentes variétés qui lui appartiennent, traversaient le rhomboïde primitif, il se trouverait morcelé, et, pour ainsi dire, haché en

____

(*) Voyez tome I, p. 299.

un si grand nombre de fragmens irréguliers, de diverses figures, qu'une pareille complication serait l'extrême opposé à l'unité de molécule intégrante.

Rien ne s'oppose à ce que, dans certains cas, comme dans celui du mercure sulfuré, les joints surnuméraires ne soient éclatans et faciles à obtenir, par l'effet de quelque circonstance particulière. Leur netteté m'a paru quelquefois provenir de l'interposition d'une matière étrangère, dont les couches très minces suivaient les directions de ces joints, et présentaient un tissu propre à une réflexion régulière des rayons lumineux.

Mais le point essentiel est que les joints surnuméraires n'ont aucune influence sur le but principal vers lequel tend la théorie, en sorte que, quand même un minéral se refuserait à la division mécanique, la seule étude d'un certain nombre de ses formes extérieures, combinée avec les résultats du calcul, suffirait pour faire connaître le système de cristallisation auquel il se rapporte, et même pour indiquer avec une extrême vraisemblance la forme de sa molécule intégrante. C'est ce que je me propose de prouver dans cet article, par un exemple tiré des cristaux mêmes de la substance métallique qui en est le sujet. Ce résultat est fondé sur une propriété inhérente à chaque système de cristallisation, qui est de pouvoir s'adapter à différentes bases en conservant son unité; c'est-à-dire que si parmi toutes les variétés simples d'une même espèce de minéral on en choisit une à

volonté, qui soit susceptible de faire la fonction de
forme primitive, comme celle du parallélépipède,
de l'octaèdre, etc. ; et si ayant adopté cette forme
comme noyau hypothétique, on la suppose composée de petits solides semblables à ceux qu'on obtiendrait en la divisant parallèlement à ses différentes
faces, on pourra en faire dériver toutes les autres
formes par des lois régulières de décroissement, soit
sur les angles, soit sur les bords.

Ainsi, dans l'espèce du mercure sulfuré, on trouve
cinq rhomboïdes, dont on obtiendrait l'un en prolon-
geant les faces P (fig. 33), et les quatre autres en pro-
longeant successivement les faces u, z, k (fig. 33 et 34),
et r (fig. 36). Or si l'on adopte le rhomboïde P
comme forme primitive, on aura pour la série des
lois de décroissement relatives aux autres rhomboïdes,
AAAA, ainsi que nous l'avons déjà vu.

$$\overset{2\ \ 3\ \ 4\ \ \frac{5}{2}}{\underset{u\ k\ r\ z}{}}$$

Si l'on adopte le rhomboïde u, et que l'on substitue P à u et u à P (*), on aura

$$\overset{375:1}{\underset{P\,u\,k\,r\,z}{P\,eee\,a.}}$$

En adoptant le rhomboïde k, et en substituant
P à k et k à P, on aura

$$\overset{4\,1\,4}{\underset{\underset{P\,u\,k\,r\,z}{5\ \ \ \ 15}}{PA\ddot{e}\,\acute{e}\,A.}}$$

(*) Je continuerai de me servir de la figure 31 pour représenter chacun des divers rhomboïdes dont il s'agit.

Pour le rhomboïde r, en substituant P à r, et r à P, on trouvera

$$\overset{\hphantom{P}\,\,4\,\,13\hphantom{kk}7}{\underset{P\ u\ k\ \ \ r\ \ \ z}{\text{PAAE}''\text{EA.}}}$$

Enfin, si l'on adopte le rhomboïde z, et que l'on substitue P à z et z à P, la série deviendra

$$\overset{\hphantom{PA}17\,8\,\frac{7}{5}}{\underset{\underset{P\ u\ k\ z}{10}}{\text{PA}\,e\,ee.}}$$

Je n'ai pas compris le prisme hexaèdre régulier parmi les noyaux hypothétiques des cristaux de mercure sulfuré, parce que la loi de symétrie lui donne seule l'exclusion.

Maintenant, si l'on compare entre elles les séries précédentes, on s'apercevra que la première est évidemment celle qui offre l'ensemble le plus simple des lois de décroissement, et qu'il n'y a même aucune des autres qui ne renferme des signes relatifs à des lois qui, par leur complication, s'écartent beaucoup des limites ordinaires, tels que $\overset{11}{e}, \overset{14}{e}, \overset{16}{A}, \overset{13}{A}, \overset{17}{e}.$

Or, ce caractère de simplicité, dont les résultats qu'offre la première portent partout l'empreinte, suffirait seul pour indiquer que le rhomboïde dont ils dérivent est le véritable type de l'espèce. Aussi est-ce celui auquel conduit l'observation des joints naturels mis à découvert par la division mécanique. On voit par là qu'en se bornant à l'étude des formes extérieures, on aurait pu déterminer d'avance la forme primitive du mercure sulfuré, et que lorsque ensuite on aurait pénétré dans le mécanisme de la structure, l'observation n'aurait fait autre chose que rendre sensible à l'œil ce que la théorie avait déjà montré à l'intelligence.

QUATRIÈME ESPÈCE.

MERCURE MURIATÉ.

MURIATE OU HYDROCHLORATE DE MERCURE DES CHIMISTES.

(*Quecksilber hornerz*, **W.**)

Caractères spécifiques.

Caract. géométr. On connaît des cristaux de cette substance dont la forme est du même genre que celle du zircon dioctaèdre légèrement modifiée ; mais ils sont trop petits pour se prêter à une détermination précise.

Caract. auxil. Couleur d'un gris de perle dans l'état de pureté ; volatile par l'action du chalumeau.

Caract. phys. Consistance. Fragile et facile à gratter avec le couteau.

Sa fragilité le distingue de l'argent muriaté, qui a la mollesse de la cire. Un second caractère distinctif entre les deux substances, consiste en ce que le mercure muriaté, exposé à la chaleur, se volatilise, au lieu que l'argent muriaté se réduit, soit lorsqu'on le chauffe, soit lorsqu'on le frotte avec le zinc.

Analyse par Klaproth (Beyt., t. IV, p. 12):

$$
\begin{array}{lr}
\text{Argent} \dots\dots\dots\dots & 76 \\
\text{Acide muriatique} \dots\dots & 16,4 \\
\text{Acide sulfurique} \dots\dots & 7,6 \\
\hline
& 100,0.
\end{array}
$$

VARIÉTÉS.

Trioctonal. Forme analogue à celle du zircon dioctaèdre, dans laquelle les arêtes terminales seraient remplacées chacune par une facette.

Concrétionné. En concrétions qui tapissent les cavités de la gangue.

Annotations.

On trouve le mercure muriaté principalement dans les mines de mercure sulfuré de Mosche-Landsberg, duché des Deux-Ponts ; il y occupe les cavités d'une pierre très chargée de fer, et dont le fond est un grès quarzeux analogue à celui dont j'ai déjà parlé (p. 319).

M. Angulo, savant minéralogiste espagnol, en a découvert à Almaden ; il accompagne le mercure sulfuré.

Il paraît que l'on n'a jusqu'ici aucune analyse exacte du mercure muriaté, et que l'on ne peut décider, dans l'état actuel de nos connaissances, s'il doit être assimilé au muriate mercuriel doux des chimistes, qui résulte de l'union du mercure avec

l'acide muriatique ordinaire, ou au muriate mercuriel corrosif, vulgairement *sublimé corrosif*, pour
la formation duquel on emploie le chlore. Ce sont
deux espèces très distinctes, au moins par leurs actions sur l'économie animale, l'une étant simplement un purgatif, et l'autre un des plus violens
poisons que l'on connaisse.

Le mercure muriaté est jusqu'ici extrêmement
rare. C'est un de ces minéraux qui se cachent dans
les recoins de la nature, et qu'on aperçoit à peine,
lors même qu'on les a sous les yeux. Il arrive assez
souvent qu'en brisant la gangue ferrugineuse du
mercure muriaté de Mosche-Landsberg, on se trouve
plus riche qu'on ne l'aurait cru. La percussion met
à découvert de petites géodes toutes tapissées de
cristaux et de mamelons. Il est bon de s'exercer
les yeux pour distinguer cette gangue, dans le cas
où elle n'offre à la surface aucun indice de mercure
muriaté.

TROISIÈME ORDRE.

Oxidables, mais non réductibles, immédiatement.

SENSIBLEMENT DUCTILES.

PREMIER GENRE.

PLOMB.

(*Bley*, W. *et* K.)

PREMIÈRE ESPÈCE.

PLOMB NATIF VOLCANIQUE (*).

Caract. essent. Gris livide; pesant. spécif., au moins de 10.

Caract. phys. Pesant. spécif. dans l'état de pureté, 11,3523; inférieure à celle du platine, de l'or et du mercure.

Ductilité; inférieure à celle de tous les autres métaux de cette section, excepté le nickel et le zinc.

Dureté. Id.

Éclat. Id.

(*) J'ajoute cette épithète parce que jusqu'ici le plomb natif n'a été trouvé que dans les terrains qui portent l'empreinte de l'action du feu. Les caractères que j'indique ont été déterminés sur des morceaux de plomb obtenus par la réduction des mines dans lesquelles ce métal est combiné avec d'autres principes.

Ténacité. Id.

Couleur; le blanc sombre et livide.

Odeur; désagréable, surtout lorsqu'on l'a frotté.

Caract. chim. Fusible à un léger degré de chaleur.

Soluble par tous les acides.

Sa dissolution est précipitée en noir par le sulfure ammoniacal.

VARIÉTÉS.

Plomb natif volcanique *massif*. En masses contournées.

Annotations.

L'existence du plomb natif a été admise par différens minéralogistes, sans que les indices sur lesquels ils se fondaient parussent en offrir une preuve concluante. Il s'est établi un si grand nombre de fonderies de ce métal, dont les plus anciennes, après leur destruction, ont pu laisser dans la terre des restes cachés de la fonte du minerai, qu'il faut y regarder de près pour éviter de confondre ici ce qui a été trouvé dans la nature avec ce qui est naturel.

Des deux morceaux de plomb natif cités par Wallerius (*), qui ne semble en parler que sur le rapport d'autrui, l'un faisant partie de la collection de

______

(*) Syst. minér., t. II, p. 301.

Richter, a été examiné par Monnet, qui l'a jugé beaucoup plus léger et beaucoup moins malléable que le plomb pur.

Il y avait, en apparence, plus de fond à faire sur le récit de Gensanne, qui disait avoir trouvé, à plusieurs endroits du Vivarais, des dépôts considérables de minerai de plomb terreux, dans lequel était renfermé du plomb natif, en globules, depuis la grosseur d'un pois jusqu'à celle d'une balle de fusil, et au-delà (*). Mais le directeur des mines de Villefort, fils du même minéralogiste, quoique intéressé, par cette qualité, à voir comme lui, a cédé à un intérêt plus puissant, celui de la vérité; et après avoir visité les lieux avec une scrupuleuse attention, il a avoué que les morceaux de plomb cités comme natifs n'étaient, à ses yeux, que des restes de minérais fondus par les hommes, ainsi qu'il lui avait été facile d'en juger par les scories, la litharge et les autres indices du travail de l'art, qui les accompagnaient (**).

Une observation récente, plus digne de confiance, est celle de M. Rathké, savant danois, qui a trouvé dans les laves de l'île de Madère une assez grande quantité de plomb natif, dont il a bien voulu me remettre quelques échantillons, en passant par Paris, à son retour. Ils sont en petites masses contournées,

---

(*) Hist. nat. du Languedoc, t. III, p. 208.

(**) Journal des Mines, n° 52, p. 317 et suiv.

engagées dans une lave tendre; ils ont la densité, la ductilité et tous les autres caractères du plomb, et je ne crois pas qu'on puisse nier maintenant l'existence de ce métal à l'état natif, au moins parmi les produits volcaniques. Il paraît que ce métal a été dégagé, par l'action du feu, de quelque mine où il était uni à d'autres principes; c'était peut-être originairement du plomb sulfuré, mais on n'en est pas moins fondé à lui donner une place parmi les espèces minéralogiques, comme nous rapportons à celle du soufre les cristaux de cette substance qui ont été produits par la sublimation, et que l'on trouve à la bouche de plusieurs volcans.

La fonte du plomb cristallise, comme celles de l'or et de l'argent, en petits octaèdres implantés les uns dans les autres, dont l'assortiment représente à peu près une pyramide quadrangulaire.

Quoique ce métal le cède, en gravité spécifique, au platine, à l'or et au mercure, comme il est néanmoins très pesant, et qu'il n'est personne qui n'en ait eu entre les mains des masses plus ou moins considérables, son poids a été pris pour une espèce de terme commun auquel on a comparé celui des matières qu'on appelle *lourdes;* et beaucoup de gens n'entendraient pas dire, sans surprise, que l'or, à volume égal, pèse environ deux cinquièmes de plus que le plomb.

Ce même métal est à la fois le moins ductile, le moins dur, le moins élastique et le moins éclatant, parmi les métaux le plus en usage. Aussi n'est-il employé à aucun ouvrage délicat, et sa nature, très altérable, est une nouvelle raison pour lui faire donner l'exclusion à cet égard. On en fabrique des tuyaux de conduite pour les eaux, des chaudières, des boîtes et autres ouvrages qui exigent seulement que le métal soit fondu ou laminé. On en fait aussi des balles à fusil, qui se coulent dans des moules, et des globules, appelés communément *menu plomb*, ce qui se pratique en versant le métal fondu dans un vase percé de trous, sous lequel est placé un autre vase plein d'eau. Le plomb passe à travers le premier, sous la forme de gouttes qui s'arrondissent en tombant dans l'eau.

Le plomb oxidé entre dans la composition des émaux, et dans celle du verre, auquel il donne un onctueux et une mollesse qui le rend susceptible d'être facilement taillé et poli (*) C'est à l'oxide rouge de plomb, appelé *minium*, que le flint-glass doit les qualités qui le rendent si précieux pour la construction des objectifs de lunettes *achromatiques*, c'est-à-dire de celles qui dépouillent les images de ces fausses couleurs dont elles paraissent bordées lorsqu'on les regarde à travers une lunette ordinaire. Ces couleurs sont produites par la décomposition que subit la lumière en traversant les lentilles, qui peuvent être considérées comme des assemblages d'une

---

(*) Chaptal, Élém. de Chimie, t. II, p. 278.

infinité de prismes. L'objectif des lunettes achromatiques est un assortiment de deux matières, dont l'une est le flint-glass, et l'autre un verre commun, appelé *crown-glass*. La dispersion (*) du flint-glass l'emporte de beaucoup sur celle du crown-glass, tandis que sa force réfractive est seulement un peu plus grande ; et il en résulte que l'on peut donner de telles courbures aux différentes pièces de l'objectif, que la dispersion, qui est la cause de l'inconvénient dont on a parlé, étant détruite, par la recomposition de la lumière, la réfraction dans laquelle consiste le pouvoir amplifiant soit encore considérable.

L'oxide jaune de plomb, appelé *massicot*, est usité dans la Peinture, ainsi que le minium. Le même art se sert de l'oxide blanc, nommé *céruse*, pour faire une couleur d'un très beau blanc, mais dont l'effet est redoutable pour ceux qui broient les couleurs, en les exposant à cette colique violente connue sous le nom de *colique des peintres* ou *des plombiers*.

La céruse est aussi usitée en Médecine, comme ayant une vertu dessiccative.

La litharge, qui est encore un oxide de plomb sous la forme de petites écailles vitreuses, est employée à décomposer la soude muriatée. Le plomb muriaté qui en résulte donne, par la fusion, un très

______

(*) Voyez l'explication de ce mot à l'article *Diamant*.

22..

beau jaune, qui est d'un grand usage dans la composition des vernis (*).

De tous les moyens connus pour masquer et absorber l'aigreur que contractent certains vins, dont la fermentation a été mal dirigée, le plus efficace et en même temps le plus perfide est le mélange du plomb à l'état de litharge ; parce qu'en formant avec le vin acide une liqueur sucrée assez agréable, il le convertit en un poison dont ni l'œil ni le goût ne se défient. Fourcroy, qui a fait un grand travail pour trouver un réactif capable de déceler le vice d'un vin lithargiré, a observé qu'en y versant une dissolution de gaz hydrogène sulfuré dans l'eau distillée, on obtenait un précipité noir, dont l'abondance était proportionnée à la quantité d'oxide de plomb contenu dans le vin (**) A l'égard des dangers dont une infinité de personnes se croient menacées par le plomb uni à l'étain dans l'étamage des vases de cuivre dont on se sert pour faire cuire les alimens, M. Proust a fait des expériences qui paraissent prouver que ces dangers sont à peu près imaginaires. Il résulte des recherches de ce célèbre chimiste que, quand le plomb est allié avec l'étain, même à parties égales et au-delà, c'est toujours l'étain qui s'oxide le premier, en sorte que son affinité pour l'oxigène, toujours supérieure à celle du plomb, rend nul l'effet de cette

---

(*) Chaptal, Élém. de Chimie, t. II, p. 278.

(**) Mém. de l'Acad. des Sc., 1787, p. 280 et suiv.

dernière. Ainsi, des deux métaux qui composent l'étamage, l'un, qui est l'étain, est innocent par lui-même, et empêche l'autre de nuire.

SECONDE ESPÈCE.

PLOMB SULFURÉ.

SULFURE DE PLOMB DES CHIMISTES, vulgairement GALÈNE.

(*Bleyglanz*, **W.**)

Caractères spécifiques.

Caractère géométriq. Forme primitive : le cube (fig. 37, pl. 90). Les cristaux se divisent aisément par la percussion, en petits solides de cette forme.

Caract. auxil. Gris métallique du plomb, mais plus éclatant.

Caract. phys. Pesant. spécif., 7,5873.

Consistance. Non malléable; réductible en une multitude de parcelles, lorsqu'on le racle avec le couteau. Les morceaux plus brillans sont en même temps plus durs.

Couleur. Le gris métallique du plomb pur.

Caract. chim. Souvent réductible à la flamme d'une bougie. Facile à fondre et à réduire sur un charbon, à l'aide du chalumeau.

Analyse par Westrumb (Reuss, t. II, p. 182):

> Plomb................. 83
> Soufre................ 16,41
> Argent............... un atome
> Perte................. 0,59
> ___________
> 100,00.

Suivant de Born, la quantité d'argent varie entre $\frac{1}{20}$ et $\frac{1}{10}$ de la masse.

Analyse du plomb sulfuré antimonifère de Clausthal, par Klaproth (Beyt., t. IV, p. 86) :

> Plomb................ 42,5
> Antimoine............ 19,75
> Cuivre............... 11,75
> Fer.................. 5
> Soufre............... 18
> Perte................ 3
> ___________
> 100,00.

De celui d'Andreasberg au Hartz, par le même (*ibid.*, p. 87) :

> Plomb................ 34,5
> Antimoine........... 16
> Argent.............. 2,25
> Cuivre.............. 16,25
> Fer................. 13,75
> Soufre.............. 13,5
> Silice.............. 2,5
> Perte............... 1,25
> ___________
> 100,00.

Analyse du plomb sulfuré de Nanslo, au comté de Cornouailles en Angleterre, par le même (*ibid.*, p. 90) :

Plomb................	39
Antimoine............	28,5
Cuivre...............	13,5
Soufre...............	16
Fer	1
Perte................	2
	100,0.

Du plomb sulfuré antimonifère et argentifère d'Himmelsfürst près de Freyberg, par le même (Beyt., t. IV, p. 172) :

Argent...............	20,4
Plomb................	48,06
Antimoine............	7,88
Fer..................	2,25
Soufre...............	12,25
Alumine..............	7
Silice...............	0,25
Perte................	1,91
	100,00.

D'une autre variété d'une couleur foncée (*ibid.*, p. 175) :

Argent............... 9,25
Plomb............... 41
Antimoine............ 21,5
Fer................. 1,75
Soufre.............. 22
Alumine............. 1
Silice.............. 0,75
Perte.............. 2,75
　　　　　　　　　　——
　　　　　　　　　　100,00.

Caractères distinctifs. 1°. Entre le plomb sulfuré et le zinc sulfuré ayant le brillant métallique. La trace d'une pointe de couteau est terne sur celui-ci et conserve son éclat métallique sur le premier. Le zinc sulfuré, humecté par la vapeur de l'haleine, perd son brillant, qui ne revient que peu à peu par le desséchement ; le plomb sulfuré recouvre à l'instant le sien. 2°. Entre le plomb sulfuré et le fer carburé. La pesanteur spécifique du plomb sulfuré est au moins triple de celle du fer carburé. Il n'a point, comme ce dernier, une surface grasse et onctueuse au toucher. Passé avec frottement sur le papier, il n'y laisse aucune trace, ou n'en laisse qu'une légère de couleur noirâtre, à raison de la décomposition qu'il a subie à la surface, tandis que le fer carburé y forme aisément des traits d'un gris métallique, qui tiennent à sa nature. 3°. Entre le même et le molybdène sulfuré. Le premier a une pesanteur spécifique plus grande au moins d'un tiers. Il n'a point, comme le molybdène, un tissu feuilleté tirant sur celui du talc lamellaire. Même différence par rapport au tact et à la tachure, que pour le fer carburé.

VARIÉTÉS.

FORMES DÉTERMINABLES.

Quantités composantes des signes représentatifs.

$$\overset{1}{P}\overset{2}{A}\overset{3}{A}\overset{6}{A}\overset{1}{A}(\overset{\cdot}{A}B^{1}B^{2}.B^{2}B^{1})\overset{1}{B}.$$
$$P \quad e \quad n \quad s \quad r \qquad l \qquad o$$

Combinaison une à une.

1. Plomb sulfuré *primitif.* P (fig. 37, pl. 90).
2. *Octaèdre.* $\overset{1}{A}$ (fig. 38).

L'octaèdre régulier.
a. Cunéiforme.
b. Segminiforme.

Deux à deux.

3. *Cubo-octaèdre.* $PMT\overset{1}{A}$ (fig. 39).
$$P\,M\,T\,e$$

a. Les faces *c* étant écartées, comme sur la figure, sont des triangles, et les faces P, M, T des octogones.

b. Les faces *c* étant contiguës sont encore des triangles, et les faces P, M, T des carrés.

c. Les faces *c* s'entrecoupant sont des hexagones, et les faces P, M, T des carrés.

d. (fig. 40). Le cristal s'alonge dans le sens vertical, de manière que les faces *c* sont des pentagones, les faces M, T des hexagones, et les faces P des carrés.

4. *Unisénaire.* $\overset{A}{\underset{e}{A}}\overset{6}{\underset{r}{A}}$ (fig. 41).

5. *Biforme.* $\overset{A}{\underset{e}{A}}\overset{B}{\underset{o}{B}}$ (fig. 42).

Combinaison de l'octaèdre régulier et du dodécaèdre rhomboïdal.

Trois à trois.

6. *Uniternaire.* $\overset{A}{\underset{e}{A}}\overset{3}{\underset{a}{A}}\underset{r}{P}$ (fig. 43).

7. *Octotrigésimal.* $\overset{A}{\underset{c}{A}}(\overset{A}{A}B^1B^a.\underset{l}{B^aB^1})\underset{p}{P}$ (fig. 44).

8. *Triforme.* $\underset{P}{P}\overset{A}{\underset{e}{A}}\overset{B}{\underset{o}{B}}$ (fig. 45).

Combinaison du cube par les faces P, M, T, de l'octaèdre régulier, par les faces *c, c*; et du dodécaèdre rhomboïdal, par les faces *o, o*.

Quatre à quatre.

9. *Pentacontaèdre.* $\overset{A}{\underset{e}{A}}\overset{B}{\underset{o}{B}}(\overset{A}{A}B^1B^a.\underset{l}{B^aB^1})\underset{p}{P}$ (fig. 46).

10. *Quadriforme.* $\underset{P}{P}\overset{A}{\underset{e}{A}}\overset{A}{\underset{n}{A}}\underset{o}{B}$.

Se trouve à Pesey.

Formes indéterminables.

Plomb sulfuré *laminaire.*

Lamellaire. En petites lames ou écailles brillantes qui se croisent dans tous les sens. Se trouve en Norwége, où elle est accompagnée de blende verte.

Granulaire. On l'a nommé *galène à grain d'acier.*

Compacte. Le grain en est terne et si serré qu'on ne l'aperçoit qu'à la loupe. C'est le bleyschweif des Allemands. *Emmerling, t.* II., *p.* 377.

Strié. Lorsque les stries étaient larges et divergentes, on le nommait *galène palmée.*

Spéculaire. Il a pris naturellement le poli qui a converti sa surface en miroir. Au Derbyshire, où il est associé à la baryte sulfatée.

De Born a cité du plomb sulfuré en concrétions, les unes mamelonnées, les autres cylindriques, et dont les cristaux groupés confusément affectent, dit-il, la forme de prismes terminés par des pyramides tétraèdres (*). Il y a apparence que ces prismes n'étaient autre chose que ce qu'on a appelé *mine de plomb*, ou *galène régénérée*, et qui provient d'une espèce de réduction naturelle du plomb phosphaté, dont nous parlerons à l'article de cette substance.

Accidens de lumière.

Plomb sulfuré *irisé.* Il est ordinairement friable,

____

(*) Catal., t. II, p. 358.

ce qui annonce un commencement de décomposition.

APPENDICE.

1. Plomb sulfuré *antimonifère*. Spiessglanbley. K.

a. *Lacunaire*. Composé d'une multitude de petits cubes, souvent alongés en forme de prismes rectangulaires, et groupés plusieurs ensemble, de manière que les différens groupes laissent entre eux des interstices plus ou moins sensibles. Les cubes sont souvent modifiés par des facettes, en sorte qu'on les prendrait pour des prismes terminés par des pyramides.

b. *Funiforme*. Les cubes placés bout à bout les uns des autres forment des espèces de cordons, qui ont ordinairement une courbure.

2. Plomb sulfuré *antimonifère* et *argentifère*, vulgairement *argent blanc*. Weissgültigerz, W. et K. D'un gris de plomb tantôt presque mat, tantôt un peu luisant, qui passe quelquefois au noirâtre. Cassure à grain fin. On y distingue quelquefois des fibres d'antimoine sulfuré, et plusieurs morceaux sont accompagnés de plomb sulfuré *lamellaire*.

Les fragmens des deux variétés exposés à la flamme d'une bougie décrépitent fortement, et ce n'est qu'en les en approchant très lentement, et avec beaucoup de précaution, que l'on parvient à les conserver dans la pince, et à les plonger dans la flamme, sans qu'ils s'échappent. Ils se fondent alors, et l'extrêmité de la pince se colore en blanc, ce qui est dû à l'oxide d'antimoine. Ces effets distinguent la substance dont il s'agit ici du plomb sulfuré, qui ne décrépite pas, ou que très peu, et qui ne colore pas la pince.

Le plomb sulfuré antimonifère cristallisé, que j'ai décrit d'abord, se trouve dans le comté de Cornouailles en Angleterre, et il y en a une variété amorphe à Andreasberg et à Clausthal, dans le Hartz. Celui qui est argentifère existe près de Freyberg, à Himmelsfürst. C'est particulièrement à ce dernier que l'on a donné le nom d'*argent blanc*, *weissgültigerz*, qui a été aussi appliqué au cuivre gris et à d'autres mines, que l'on exploitait pour l'argent qu'elles contenaient ; et cette nomenclature dictée par des spéculations d'intérêt a jeté une grande confusion dans la méthode, qui doit toujours parler le langage de la science.

Dans le temps où je ne connaissais encore que cette mine argentifère, je la considérais déjà comme une simple variété de plomb sulfuré, qui contenait accidentellement de l'antimoine. On y distingue quelquefois séparément ces deux minéraux, et il est visible que la masse résulte de leur mélange. Mon opinion me paraît être confirmée par l'observation des variétés qui viennent du Cornouailles. L'analogie de ces variétés avec le plomb sulfuré est indiquée clairement par les morceaux de ma collection, où l'on voit de gros cristaux cubo-octaèdres de ce der-

nier minéral passer insensiblement à l'état de petits
cristaux groupés confusément, et laissant entre eux
des interstices qui font paraître la masse comme
carriée.

Relations géologiques.

Le plomb sulfuré est, sous un double rapport,
une des substances métalliques les plus remarquables,
soit par la multitude des lieux où il abonde, soit en
ce que la grandeur des masses qu'il forme, dans certains endroits, l'a fait placer parmi les espèces qui
constituent seules des roches proprement dites.

Suivant M. Jameson, cette substance métallique
suit une sorte de gradation, en commençant par
former des couches peu considérables dans les terrains primitifs, puis d'autres couches plus volumi-
neuses dans les terrains de transition, et en finissant
par des masses d'une très grande étendue dans les
terrains secondaires appelés *stratiformes*. Il cite pour
exemples les mines de Tarnowitz, entre l'Oder et la
Vistule, celles de la Haute-Silésie, celles de la Carinthie, et celles de Zimapan, dans la Nouvelle-
Espagne.

Il y a peu de pays qui ne contiennent un nombre
plus ou moins considérable de mines de plomb en
filons. La France, en particulier, est riche dans ce
genre de productions. L'Angleterre possède des mines
abondantes du même métal, surtout au Derbyshire,
dans un lieu que l'on nomme *Peak*. C'est là que se

trouve le plomb sulfuré *spéculaire*, et l'on assure que quand on met à découvert, par un moyen quelconque, la pierre qui lui sert de gangue, elle fait une forte explosion, qui détache des parties considérables du filon ; de là est venu à cette variété le nom de *plomb foudroyant*, qu'on lui donne dans le pays.

Le plomb sulfuré est associé dans ses mines à diverses autres substances métalliques, surtout au zinc sulfuré, qui en est presque inséparable ; de ce nombre sont aussi le zinc oxidé, le fer sulfuré, le cuivre pyriteux, le cuivre gris, etc. Les pierres qui servent de gangue au plomb sulfuré ne sont pas moins diversifiées : ce sont le quarz, la baryte sulfatée, la chaux fluatée, la chaux carbonatée, etc.

Le plomb sulfuré contient toujours, ou presque toujours, de l'argent, dont la quantité va quelquefois jusqu'à 10 ou même jusqu'à 15 parties sur cent. C'est alors une mine d'argent pour le mineur ; mais, pour le minéralogiste, c'est du plomb sulfuré argentifère.

Le plomb sulfuré est la seule des mines de ce métal qui soit l'objet d'une exploitation proprement dite. On le dépouille de son soufre par les procédés métallurgiques, et ensuite il est versé dans le commerce. Mais les potiers de terre emploient immédiatement le plomb sulfuré sous le nom d'*alquifoux* ; ils le réduisent en poudre, et revêtent les vases d'une couche de cette poudre, qui, par l'action d'un feu violent, forme un enduit vitreux à la surface de ces vases.

TROISIÈME ESPÈCE.

PLOMB OXIDÉ ROUGE.

Caractères distinctifs.

Couleur d'un rouge foncé; facilement réductible par l'action du chalumeau.

On ne peut, dans l'état actuel de nos connaissances, distinguer autrement, qu'à l'aide d'un caractère de ce genre, cette substance, qui ne s'est encore offerte qu'en masse amorphe, sans aucun indice de structure; mais ce caractère suffit pour la faire reconnaître.

Variété unique.

Plomb oxidé rouge *massif.*

Annotations.

J'ai introduit depuis quelques années dans ma méthode cette espèce dont je n'avais jusqu'alors aucune connaissance. A la vérité plusieurs auteurs, et en particulier Wallerius et Romé de l'Isle, avaient parlé d'un minium natif, comme ils avaient cité du massicot natif et de la céruse native. Mais ils regardaient ces substances comme n'étant autre chose qu'un plomb carbonaté pulvérulent, mêlé à des matières ocreuses diversement colorées. Il est possi-

ble encore que l'on ait pris pour du *minium natif*
celui qui aurait été formé par une suite des travaux
relatifs à quelque ancienne exploitation des mines
de plomb sulfuré. Mais on ne peut douter que la nature ne produise un véritable oxide rouge de plomb,
ou un véritable minium natif, depuis le travail que
M. Smithson, célèbre chimiste anglais, a publié sur
ce sujet. Celui qu'il a décrit avait été trouvé à Lan-
genbeck, pays de Hesse-Cassel. Dans un échantillon
que je crois venir de Schlangenberg, en Sibérie, le
plomb oxidé est accompagné de plomb sulfuré, ce
qui fournit un caractère empyrique, qui peut encore aider à le reconnaître.

QUATRIÈME ESPÈCE.

PLOMB ARSENIATÉ (Berz.), ci-devant PLOMB ARSENIÉ.

ARSENIATE DE PLOMB DES CHIMISTES.

(*Flokkenerz*, K.)

Caractères distinctifs.

Les indices de formes cristallines qu'a offerts jusqu'ici ce minéral étant insuffisans pour le caractériser, on peut le distinguer par sa couleur jaunâtre,
jointe à la propriété d'être facile à réduire par le chalumeau, en répandant une odeur d'ail.

Caract. physiques. Pes. spécif., 5,0466.

Dureté. Facile à pulvériser.

Caract. chim. Réductible par le chalumeau, avec dégagement de vapeurs arsenicales et de quelques bulles.

Caract. distinct. 1°. Entre le plomb arseniaté et le plomb carbonaté. Celui-ci fait effervescence avec l'acide nitrique, et non l'autre; il se réduit sans odeur d'ail. 2°. Entre le même et le plomb molybdaté. La réduction de celui-ci n'est point accompagnée d'odeur d'ail, comme celle de l'autre. 3°. Entre le même et le plomb phosphaté. Celui-ci donne, par le chalumeau, un bouton polyédrique irréductible; l'autre s'y fond en se réduisant.

VARIÉTÉS.

Formes.

1. Plomb arseniaté *aciculaire.*

2. *Filamenteux.* En filamens soyeux, ordinairement contournés, un peu flexibles, et si tendres qu'une simple pression les réduit en une masse pulvérulente et terreuse.

3. *Compacte.* En masses qui ont un aspect vitreux et gras.

4. *Concrétionné-mamelonné.* Des montagnes noires du Brisgaw.

Couleurs.

1. *Jaune.*

2. *Verdâtre.*

Annotations.

Le plomb arseniaté a été découvert par M. Champeaux, ingénieur des mines, aux environs de Saint-Prix, département de Saône-et-Loire. Il y accompagne un filon de plomb sulfuré, qui a pour gangue la chaux fluatée et le quarz.

On sait que plusieurs métaux passent de l'état d'oxide à celui d'acide, en se combinant avec une nouvelle quantité d'oxigène. Le chrôme nous offre un exemple de ce passage, indiqué par le changement de sa couleur, qui, de verte qu'elle était lorsqu'il se trouvait à l'état d'oxide, devient rouge par la conversion de l'oxide en acide. Le même passage a lieu, dans les opérations de la Chimie, par rapport à l'arsenic. On trouve aussi dans la nature l'oxide isolé de ce dernier métal, et, quant à son acide, il entre dans la composition de diverses substances, telles que la chaux arseniatée, le cuivre arseniaté et le fer arseniaté. La question est de savoir s'il fait la même fonction dans la substance qui nous occupe ici, ou si c'est l'arsenic oxidé qui y est uni avec le plomb. Les expériences de MM. Vauquelin et Lelièvre les ont conduits à adopter cette dernière opinion, que j'avais suivie dans mon tableau comparatif pour la classification de la substance dont il s'agit, en désignant celle-ci sous le nom de *plomb arsenié*, et non pas sous celui de *plomb arseniaté*. D'une autre part, MM. Proust et Angulo avaient annoncé qu'il existait dans l'Andalousie une combinaison de plomb et d'acide arsenique, et il n'est pas douteux que cette même combinaison ne se retrouve dans un minéral du comté de Cornouailles, en prisme hexaèdre régulier, qui, dans certains cristaux, est modifié par des facettes qui remplacent les arêtes au contour de la base, et dont l'inclinaison sur cette base est d'environ 98°. M. Delcros, ingénieur-géographe du département de la guerre, ayant bien voulu m'envoyer des échantillons d'une substance jaunâtre mamelonnée, qu'il avait découverte dans les montagnes noires du Brisgaw, et qu'il m'annonça, d'après les épreuves auxquelles il l'avait soumise, comme une combinaison de plomb et d'arsenic, j'en remis une partie à M. Vauquelin, qui vérifia le résultat de M. Delcros. Mais s'étant encore contenté d'un simple essai, il conjectura seulement que l'arsenic se trouvait dans cette mine à l'état d'acide. Ce qui paraît favorable à cette conjecture, c'est que d'autres échantillons, qui faisaient partie de l'envoi de M. Delcros, offrirent des indices d'acide phosphorique uni au plomb et en même temps à l'arsenic, et que ces échantillons ont de l'analogie avec le plomb phosphaté arsenifère de Rosiers, dans lequel l'arsenic fait la fonction d'acide. Quoi qu'il en soit, je n'ai pas cru devoir admettre ici, pour l'instant, deux espèces distinctes. Il est à désirer que des analyses exactes de la substance dont j'ai parlé au commencement de

cet article, et de celle qui a été découverte par
M. Delcros, fassent connaître avec une entière cer-
titude, lequel a lieu, dans chacune de ces substances, de deux points d'équilibre, dont toute la
différence dépend d'une quantité plus ou moins
grande d'oxigène unie à l'arsenic. En attendant, je
me conforme à l'opinion de M. Berzelius, qui m'a
assuré que ce qu'on avait nommé *plomb arsenié* était
réellement du plomb arseniaté.

CINQUIÈME ESPÈCE.

PLOMB CHROMATÉ.

(*Roth - Bleyerz*, W. Vulgairement *plomb rouge*.)

Caractères spécifiques.

Caract. géométr. Forme primitive : prisme rhomboïdal oblique (fig. 47, pl. 91), dans lequel l'incidence de M sur M est de 93^d, et celle de P sur M de
99^d 35′. La base est inclinée sur l'arête H de 103^d
16′ (*). J'ai trouvé que ce prisme partageait avec les
autres prismes obliques qui font la fonction de forme
primitive, la propriété dont j'ai déjà parlé à l'occasion de l'amphibole, du pyroxène, etc., et qui consiste en ce qu'une ligne menée de l'extrémité supé-

---

(*) Le rapport entre les demi-diagonales de la coupe transversale, et l'arête longitudinale H, est celui des nombres
$\sqrt{10}$, $\sqrt{9}$ et $\sqrt{2}$.

rieure de l'arête longitudinale H à l'extrémité inférieure de l'arête opposée était perpendiculaire sur l'une et l'autre arête.

Ce prisme se sous-divise parallèlement à des plans qui passeraient par les diagonales des bases.

Molécule intégrante : prisme oblique triangulaire.

Caract. phys. Pesant. spécif., 6,0269.

Dureté. Facile à gratter avec le couteau.

Couleur de la masse. Le rouge aurore.

Cassure. Transversale, raboteuse.

Poussière. Celle qu'on obtient par la trituration est d'une belle couleur orangée.

Transparence. Translucide.

Caract. chim. Réductible au chalumeau. Colorant en vert l'acide muriatique, au bout de quelques heures.

Résultat de l'analyse par Vauquelin (*).

$$
\begin{array}{lr}
\text{Oxide de plomb.} \dots & 63,96 \\
\text{Acide chrômique.} \dots & 36,40 \\
\hline
& 100,36.
\end{array}
$$

Résultat de la synthèse par le même.

$$
\begin{array}{lr}
\text{Oxide de plomb.} \dots & 65,12 \\
\text{Acide chrômique.} \dots & 34,88 \\
\hline
& 100,00.
\end{array}
$$

Caractères distinctifs. 1°. Entre le plomb chro-

(*) Voyez le Journal des Mines, n° 34, p. 737 et suiv.

maté et l'arsenic sulfuré, dit *réalgar*. Celui-ci, traité au chalumeau, se volatilise en répandant une odeur d'ail ; l'autre s'y réduit sans odeur semblable. Le plomb chromaté tenu entre les doigts, ne s'électrise point par le frottement ; l'arsenic sulfuré, dans le même cas, acquiert l'électricité résineuse. 2°. Entre le même et l'argent antimonié sulfuré (argent rouge). La couleur de celui-ci est le rouge vif ou le gris métallique ; celle du plomb chromaté est le rouge nuancé d'orangé. La poussière de l'argent rouge est d'une couleur rouge tirant un peu sur l'aurore ; celle du plomb chromaté est d'un beau jaune orangé. Chacune des deux substances donne au chalumeau un bouton de son propre métal. 3°. Entre le même et le mercure sulfuré ou cinabre. La poussière de celui-ci est rouge ; celle du plomb chromaté est orangée. Le cinabre se volatilise en entier par le chalumeau ; le plomb chromaté s'y réduit.

VARIÉTÉS.

FORMES DÉTERMINABLES.

Quantités composantes des signes représentatifs.

$$\overset{1\ 1\ 1}{M^1 H^1 G^{44} G B B D.}$$
$$M\ f\quad r\quad u n t$$

Combinaisons trois à trois.

1. Plomb chromaté *Quadrioctonal.*

$$\overset{1}{G^{44} G M D} \text{ (fig. 48, pl. 91).}$$
$$M\ t$$

Quatre à quatre.

2. *Dïoctaèdre.* $G^{u}GM\overset{\frac{1}{2}}{D}\overset{\frac{1}{2}}{B}$ (fig. 49).
 $r \quad M \, t \, u$

3. *Sexoctonal.* $M^{1}H^{1}\overset{\frac{1}{2}}{D}\overset{\frac{1}{2}}{B}$ (fig. 5o).
 $M \, f \quad t \, u$

Formes indéterminables.

Bacillaire.
Lamelliforme.

Annotations.

La Sibérie est jusqu'ici la seule contrée de l'Europe où l'on ait trouvé le plomb chromaté.

La mine de Bérézof, qui fournit cette dernière substance, est située à trois lieues d'Ecatherinbourg, sur la lisière orientale des monts Ourals. Cette mine contient en même temps du fer sulfuré décomposé aurifère, et c'est comme mine d'or qu'elle est exploitée. Le plomb chromaté y adhère assez souvent au quarz ; mais la masse environnante paraît être un grès quarzeux, dont le ciment est une argile ferrifère, et dans lequel sont disséminées une multitude de parcelles de talc.

Pallas dit avoir aussi trouvé du plomb chromaté à quinze lieues au nord de Bérézof, dans des collines composées de couches de grès, qui alternent avec des couches d'argile ; et il regarde la formation des cris-

taux de plomb chromaté comme postérieure à celle
de ces couches.

Lehmann est le premier qui ait parlé du plomb
rouge, dans une Dissertation chimique imprimée à
Pétersbourg en 1766, sur l'analyse de cette substance,
dont on lui avait envoyé de Sibérie une petite quantité. Pallas l'observa depuis sur les lieux mêmes, et
en publia une description à laquelle il joignit celle
de ses gissemens (*). Le voyage de Patrin en Sibérie
nous a procuré plus récemment des connaissances
plus développées sur la même substance, et l'on peut
lire dans les Essais de Minéralogie de Macquart, les
détails qu'il avait recueillis relativement à cet objet,
pendant son séjour en Russie.

Les premières tentatives qui ont été faites pour
déterminer les formes et la composition du plomb
chromaté ont entraîné les cristallographes et les chimistes dans des écarts dont l'histoire de la Minéralogie offre peu d'exemples. Les cristaux déterminables
du plomb chromaté sont extrêmement rares, et le
plus souvent la cristallisation, en les produisant, a
fait des réticences auxquelles il est très difficile de
suppléer. Rien n'est plus beau en apparence, si l'on
s'en tient au poli des faces et à un certain air d'élé-
gance qui séduit au premier aspect; mais dès qu'on
vient à les considérer attentivement, ce sont des

____

(*) Histoire des Découvertes faites par divers savans
voyageurs.

énigmes. Ils semblent être plus propres à satisfaire l'amateur que le minéralogiste. Aussi rien n'est-il plus fautif que les descriptions qui en ont été données par divers auteurs.

D'une autre part, Lehmann et d'autres chimistes avaient regardé le plomb rouge comme une combinaison de plomb, d'arsenic et de soufre, trompés peut-être par la couleur rouge-aurore de ce minéral, qu'ils attribuaient à du réalgar.

M. Vauquelin entreprit depuis l'analyse de cette substance conjointement avec M. Macquart, et d'abord la Chimie ne fut pas plus heureuse que l'avait été la Cristallographie. Il s'était cependant présenté aux deux savans, dans le cours de leurs opérations, un phénomène qui avait fixé leur attention et leur avait fait soupçonner dans le plomb rouge l'existence d'une substance métallique particulière. Mais ce soupçon ne parut pas se confirmer; le résultat auquel ces deux chimistes s'arrêtèrent fut que le plomb rouge était composé de plomb suroxigéné, avec une petite quantité d'alumine et de fer. Ce ne fut que plusieurs années après que M. Vauquelin, rendu à lui-même, reprit son travail sur le plomb rouge, et y reconnut l'acide du nouveau métal qui porte le nom de *chrôme*. Je reviendrai dans la suite avec de plus grands détails sur cette belle découverte.

Il est extrêmement rare de trouver des cristaux de plomb rouge dont la forme soit nettement prononcée, et surtout dans lesquels les incidences des faces latérales se prêtent à des mesures exactes. Je les avais d'abord supposées de 90^d dans la forme primitive, et j'avais averti (Tableau comp., page 249) que je ne pouvais répondre que le rapport déduit de mes mesures ne fût pas susceptible de correction. Des cristaux que j'ai acquis depuis cette époque m'ont offert des pans d'une grande netteté, et en mesurant leurs inclinaisons, j'ai reconnu qu'il y en avait deux, l'une de 93 et l'autre de 87, en sorte que la forme primitive est un prisme oblique rhomboïdal.

Le plomb rouge se vend très cher, même en Sibérie. M. Patrin cite un groupe de cristaux de ce minéral qu'un officier des mines avait échangé poids pour poids contre des impériales, espèce de monnaie qui valait 40 francs. Le morceau pesait 17 impériales, d'où il résulte que la somme pour laquelle il fut donné revenait à 680 francs de notre monnaie. La même substance est, dit-on, fort recherchée par les peintres russes, qui en préparent une couleur orangée d'un ton particulier que ne donne pas le mélange des couleurs ordinaires, et qui, appliquée sur la toile, ajoute une grande valeur aux tableaux de dévotion dont les Russes décorent leurs appartemens.

SIXIÈME ESPÈCE.

PLOMB CHROMÉ.

(*Vauquelinite*, Berz.)

Le plomb chromaté est quelquefois accompagné d'une substance verte aciculaire, que l'on serait

tenté de prendre, au premier coup d'œil, pour du
plomb phosphaté; et il existe effectivement en Sibérie des cristaux de cette dernière substance. On
lui a donné le nom de *vauquelinite*, en l'honneur
du savant chimiste à qui l'on doit la découverte du
chrôme. D'après les expériences que M. Vauquelin a
faites sur celle dont il s'agit ici, ce serait une combinaison d'oxide de plomb et d'oxide de chrôme,
et par conséquent une nouvelle espèce, à laquelle il
faudrait donner le nom de *plomb chromé*. Mais
M. Berzélius la regarde comme un chromate double
de plomb et de cuivre, d'après le résultat de l'analyse suivante (Annales des Mines, 1820, p. 245) :

$$\begin{array}{ll}
\text{Oxide de plomb.} \ldots \ldots & 60,87 \\
\text{Oxide de cuivre.} \ldots \ldots & 10,80 \\
\text{Acide chrômique.} \ldots \ldots & 28,33 \\
\hline
& 100,00.
\end{array}$$

Je me borne à citer cette substance, dont je n'ai
pu encore étudier assez les caractères pour être en
état d'en donner une description exacte. Je dirai seulement qu'elle est distinguée du plomb phosphaté
vert aciculaire, en ce que sa poussière est d'un vert-
jaunâtre, comme on peut en juger ici par la couleur
des endroits fracturés, au lieu que celle du plomb
phosphaté est grisâtre.

SEPTIÈME ESPÈCE.

PLOMB CARBONATÉ.

CARBONATE DE PLOMB DES CHIMISTES.

(*Weiss-Bleyerz*, W. *et* K. Vulgairement *plomb blanc.*)

Caractères spécifiques.

Caract. géomét. Forme primitive : octaèdre rectangulaire (fig. 51, pl. 91), qui se sous-divise parallèlement à la base commune des deux pyramides, dont l'une a son sommet en I, et l'autre dans le point opposé. L'incidence de M sur M est de $62^d\,56'$, et celle de P sur P, de $70^d\,30'$ (*). Les coupes deviennent surtout sensibles par le chatoiement à une vive lumière.

Molécule intégrante : tétraèdre hémi-symétrique.

Cassure, ondulée, éclatante, ayant assez souvent un aspect gras.

Caract. phys. Pesant. spécif., 6,07... 6,558.

Dureté. Tendre et fragile.

Réfraction. Double à un haut degré. Lorsqu'on regarde une bougie allumée à travers un prisme de plomb carbonaté, on voit deux images de la flamme

---

(*) Dans la forme primitive (fig. 51), si du centre on mène une première ligne qui aboutisse à l'angle I, une seconde qui soit perpendiculaire sur B, et une troisième qui le soit sur F, ces trois lignes seront entre elles dans le rapport des nombres $\sqrt{8}$, $\sqrt{2}$ et $\sqrt{3}$.

dilatées par la force de la dispersion, et situées à une distance considérable l'une de l'autre.

Éclat. Quelques cristaux ont l'éclat adamantin.

Caract. chim. Soluble avec effervescence dans l'acide nitrique. Quelques morceaux exigent, pour se dissoudre, un acide étendu d'eau.

Facile à réduire par le chalumeau. Noircissant par la vapeur de l'hydro-sulfure ammoniacal.

Analyse du plomb carbonaté de Leadhills, en Écosse, par Klaproth (Beyt. t. III, p. 168).

$$
\begin{array}{lr}
\text{Plomb} \dots\dots\dots\dots\dots\dots & 77 \\
\text{Oxigène} \dots\dots\dots\dots\dots & 5 \\
\text{Acide carbonique} \dots\dots & 16 \\
\text{Eau et perte} \dots\dots\dots\dots & 2 \\
\hline
& 100.
\end{array}
$$

Analyse par Westrumb :

$$
\begin{array}{lr}
\text{Oxide de plomb} \dots\dots\dots & 81{,}2 \\
\text{Acide carbonique} \dots\dots & 16{,}0 \\
\text{Chaux} \dots\dots\dots\dots\dots & 0{,}9 \\
\text{Oxide de fer} \dots\dots\dots\dots & 0{,}3 \\
\text{Perte} \dots\dots\dots\dots\dots\dots & 1{,}6 \\
\hline
& 100{,}0.
\end{array}
$$

Caractères distinctifs. 1°. Entre le plomb carbonaté et le schéelin calcaire. Celui-ci ne se dissout pas comme l'autre dans l'acide nitrique, mais sa poussière y jaunit lorsqu'on fait chauffer cet acide. Il ne noircit pas non plus comme le plomb carbonaté, par la vapeur du sulfure ammoniacal. 2°. Entre le

même, surtout en cristaux transparens, et la chaux
carbonatée. Celle-ci a une pesanteur spécifique moindre de plus de moitié que celle du plomb carbonaté; elle se divise en rhomboïde et non pas en octaèdre; même caractère par le sulfure ammoniacal.
3°. Entre le même et la baryte sulfatée, qui a des
rapports avec lui, par ses cristaux en octaèdres cunéiformes, par ceux qu'on appelle *trapéziens*, et
par ceux en aiguilles fasciculées. La baryte sulfatée a
une pesanteur moindre, dans le rapport de 7 à 10.
Elle se divise en prismes droits et non pas en octaèdres rectangulaires. Elle n'est point attaquée par l'a-
cide nitrique; même caractère par le sulfure ammoniacal. 4°. Entre le plomb carbonaté soyeux et la
grammatite. La pesanteur de celle-ci n'est pas, à
beaucoup près, la moitié de celle du plomb carbonaté; même caractère par l'acide nitrique et par le
sulfure ammoniacal.

VARIÉTÉS.

FORMES DÉTERMINABLES.

Quantités composantes des signes représentatifs (*).

MPA (fig. 52), A (*id.*), A (*id.*), (AD³C¹) (*id.*),

$$\overset{\scriptstyle{1}}{d} \qquad \overset{\scriptstyle{1}}{t} \qquad \overset{\scriptstyle{\frac{1}{2}}}{n} \qquad \overset{\scriptstyle{\frac{3}{2}}}{y}$$

$$\overset{55\scriptstyle{2}}{} \overset{\frac{57}{2}}{}$$
$$\text{T } ^{\text{s}}\text{I·II·I·IIBB'E'.}$$
$$l \quad e \quad no \quad r \quad xk \quad \overset{1}{s} \quad \overset{3}{g}$$

____

(*) Les quantités qui sont sans indications de figure se

Combinaisons deux à deux.

1. Plomb carbonaté *octaèdre*. $\overset{1}{M}\underset{x}{I}$ (fig. 53).

En octaèdre rectangulaire, ordinairement cunéiforme. Incidence de x sur x, $127^d\ 20'$; de M sur la face de retour, $117^d\ 4'$. J'ai un cristal de cette forme, qui vient des mines de la Bretagne, et m'a été donné par Pelletier. Il est un peu arrondi à l'endroit des trapèzes x, x. J'ai présumé, d'après une mesure qui n'a pu être qu'approximative, qu'elle était égale à celle des faces marquées des mêmes lettres, sur quelques-unes des variétés suivantes.

2. *Dodécaèdre*. $\overset{3}{A}\underset{i\ u}{I}$ (fig. 54).

Trois à trois.

3. *Quadrihexagonal*. $\underset{M\ l\ u}{M'T'\overset{3}{I}}$ (fig. 55).

Quatre à quatre.

4. *Trihexaèdre*. $\underset{i\ l\ u}{MA'T'\overset{3}{I}}$ (fig. 56).

Cette forme se rapproche beaucoup de celle du

---

rapportent à la 51ᵉ, qui est celle de l'octaèdre primitif. Ceux qui sont relatifs au parallélépipède substitué figure 52, seront accompagnés de l'indication de cette même figure.

quarz, par l'inclinaison des faces de ses pyramides
sur les pans adjacens, laquelle est seulement de
deux degrés environ plus forte. Mais les différences
entre les cristaux de ces deux espèces sont d'ailleurs
si tranchées, qu'il est impossible de prendre le
change.

5. *Sexoctonal.* $M^2I^2B(AD^3C^2)$ (fig. 57)

$$M \; l \; s \; \overset{3}{\underset{2}{}} \; y$$

Des mines de la Croix en Lorraine.

Cinq à cinq.

6. *Disjoint.* $MP^2I^2A(AD^3C^2)$ (fig. 58).

$$MP \; l \; i \; \overset{3}{\underset{2}{}} \; y$$

7. *Ambi-annulaire.* $M^2I^2\overset{3}{I}AB$ (fig. 59).

$$M \; l \; u \; \overset{3}{\underset{2}{}} k$$

8. *Sexduodécimal.* $M^2I^2\overset{23}{I}B(AD^3C^2)$ (fig. 60).

$$M \; l \; u \; s \; \overset{3}{\underset{2}{}} \; x$$

Six à six.

9. *Trioctonal.* $M^2I^2\cdot{}^2I\cdot{}^2E^2PA$ (fig. 61).

$$M \; e \; l \; g \; P \; \overset{3}{\underset{2}{}} i$$

Sept à sept.

10. *Trigésimal.* $M^2I^2A\overset{3}{I}PB(AD^3C^2)$ (fig. 62).

$$M \; l \; \overset{4}{\underset{3}{}} u P s \; \overset{3}{\underset{2}{}} \; y$$

11. *Octovigésimal.* $M^2I^2A\overset{57}{\underset{333}{}}IIB$ (fig. 63).

$$M \; l \; \overset{3}{\underset{2}{}} u x u k$$

Des mines de Gazimour en Daourie.

Huit à huit.

12. *Sexvigésimal.* $M^a I^{ce} P^e E^2 P BB (A D^a C^2)$ (fig. 64)

$$M \quad e \quad l \quad g \quad P_{x^1} \quad k^{\frac{3}{2}}{}_{y}$$

Des mines du Hartz.

13. *Hemitrope.*

Cette variété singulière, qui se trouve dans les mines de la Bretagne, présente à peu près l'aspect d'une pyramide quadrangulaire surbaissée, qui aurait été évidée en forme de sillon à l'endroit de sa base. Voici comment il me paraît que l'on peut la concevoir. Supposons que l'octaèdre de la fig. 53 ait été coupé vers le milieu x de ses larges faces par un plan parallèle au triangle M, et que l'une des moitiés restant fixe, l'autre se retourne en restant appliquée à la première par la face contiguë au plan coupant. Dans ce cas, les deux moitiés formeront d'une part un angle saillant, et de l'autre un angle rentrant, composés chacun de quatre faces, qui seront des portions des faces x, x, et de leurs opposées. Cet assemblage est modifié par des facettes qui remplacent les arêtes o, o, en s'inclinant vers M. De plus, les faces qui concouraient à former l'angle rentrant sont oblitérées dans les cristaux que j'ai vus, de manière que cet angle se réduit à une espèce d'enfoncement semblable à un sillon. L'inclinaison mutuelle des deux portions de l'arête e, à l'endroit de l'angle saillant, est d'environ 117, comme cela doit être dans l'hypothèse que nous faisons ici.

14. Plomb carbonaté *triple*. Cette variété, qui se trouve aussi dans les mines de la Bretagne, paraît résulter d'un assortiment de trois prismes hexaèdres comprimés, semblables à celui de la variété 57. On voit figure 65 la coupe transversale de cet assemblage. Les prismes ont à chaque sommet une facette oblique, en sorte qu'ils présentent l'aspect de trois lames en trapèzes réunis par leurs grandes bases. Pour que ces prismes s'arrangent autour du point c, sans laisser de vide, il faut supposer que l'aplatissement de l'un ait lieu dans un sens différent de celui des deux autres ; en sorte que parmi les trois angles qui concourent en ce même point c, l'un soit de $117^d\,4'$, et les deux autres de $121^d\,28'$ auquel cas la même différence existera entre les angles a, b, n. Mais c'est ce que je n'ai pu vérifier.

Les cristaux de plomb carbonaté sont sujets à se grouper de beaucoup d'autres manières, et ceux même qui paraissent les plus réguliers au premier coup d'œil, ont ordinairement certaines faces comme formées de deux plans, qui font entre eux un angle rentrant ou un angle saillant à peine sensible. Quelques cristaux prismatiques, dont la fig. 66 représente la coupe faite par un plan perpendiculaire à l'axe, renferment un segment $m\,n\,k\,l\,t$, qu'on dirait avoir été détaché d'un autre cristal, et dans lequel l'angle $m\,t\,l$ est un peu moins ouvert que celui qui résulterait du prolongement des lignes hm, al, comme si c'était un angle de 117^d qui se fût mis à la place d'un angle de 121^d ½. Ces espèces d'emboîtemens ont quelquefois lieu de plusieurs côtés à la fois, et leur effet se manifeste aussi sur les sommets, par des interruptions de niveau, et par des angles saillans ou rentrans.

Formes indéterminables.

Plomb carbonaté *bacillaire*.

Aciculaire. En aiguilles blanchâtres, tantôt libres, tantôt réunies par faisceaux. Celles des mines du Hartz ont leur surface d'un beau blanc soyeux.

Concrétionné. En dépôts mamelonnés.

Terreux. Bleyerde, W.

Accidens de lumière.

Couleurs.

1. Plomb carbonaté *incolore*.
2. Plomb carbonaté *blanchâtre*.
3. Plomb carbonaté *jaunâtre*.
4. Plomb carbonaté *nacré*.

Les cristaux de Bretagne sont quelquefois d'un gris sombre métallique à leur surface, ce qui provient de la réduction spontanée d'une partie des molécules.

Transparence.

1. Plomb carbonaté *demi-transparent*.
2. Plomb carbonaté *translucide*.

Relations géologiques.

Le plomb carbonaté, beaucoup moins abondant que le plomb sulfuré, lui est souvent associé dans ses mines, comme à Huelgoët. Il accompagne aussi d'autres mines de plomb, ainsi que des mines de cuivre carbonaté vert et bleu, comme à Nertschinsk, en Sibérie. Souvent ses cristaux sont accompagnés de quarz, ou reposent immédiatement sur lui. Les mines de Gasimour en Daourie, du Hartz en Saxe, de Leadhills en Écosse, de Poulaouen et de Saint-Sauveur en France, sont celles qui ont fourni les plus beaux cristaux que l'on connaisse du même minéral. Certaines variétés de plomb carbonaté ont, avec quelques-unes de celles qui appartiennent à la baryte sulfatée, une ressemblance d'aspect capable d'en imposer au premier coup d'œil; tel est le plomb de Johann Georgenstadt comparé à la baryte sulfatée sous-double, telles sont encore les variétés bacillaires des deux substances : celle qui appartient au plomb vient des mines de Saxe. Les caractères distinctifs se tirent de la différence de structure et de l'effervescence du plomb carbonaté dans l'acide nitrique. De plus, j'ai cité un excellent caractère distinctif de ce dernier minéral, que partagent également d'autres espèces, mais qui n'a pas lieu pour la baryte sulfatée. Il consiste en ce que le plomb exposé à la vapeur d'un sulfure alkalin, tel que l'hydro-sulfure ammoniacal, devient noir, et même prend un aspect d'un gris métallique à sa surface.

Voici ce qui se passe dans cette opération. L'hydrogène, qui est un des principes composans de l'ammoniaque et de l'eau contenues dans l'hydro-sulfure, se dégage pour s'unir à l'oxigène du plomb, avec lequel il forme de l'eau. D'une autre part, le soufre se sépare de l'ammoniaque pour s'unir au plomb revivifié, avec lequel il produit du plomb sulfuré, qui se montre à la surface avec le brillant métallique qui lui est propre.

APPENDICE.

1. Plomb carbonaté *noir*. Schwarz-Bleyerz. W. Dunkler Bleyspath, K. Sa couleur est l'effet d'une altération analogue à celle que produit le contact d'un sulfure alkalin.

2. Plomb carbonaté *cuprifère*. D'une belle couleur bleue produite par un mélange de cuivre carbonaté bleu. Se trouve en Espagne.

3. Plomb carbonaté *muriatifère*. Vulgairement *muriate de plomb*. Murio-carbonate de plomb (Thomson, Syst. de Chimie, t. VII, p. 461).

Ce minéral, qui a été découvert dans le Derbyshire, était connu dès l'année 1801, et se trouve décrit dans presque tous les traités de Minéralogie qui ont paru depuis cette époque. Comme il est extrêmement rare, et que je n'avais point été à portée de le voir, je m'étais abstenu d'en parler dans mes cours, parce qu'une description en ce genre peut bien aider ceux qui l'entendent à se faire une juste idée de ce qu'ils ont sous les yeux; mais elle ne peut être que vague et insignifiante lorsqu'elle se rapporte à un objet qu'on ne voit pas. Une autre raison de mon silence est que quand on est réduit à copier les autres sur ce qu'on n'a pas observé soi-même, on s'expose quelquefois à être l'écho de l'erreur. Je n'aurais osé le dire, si le minéral dont il s'agit n'en offrait un nouvel exemple.

J'ai ici deux choses à faire; l'une sera d'examiner quelle opinion on devait naturellement concevoir de ce minéral, d'après les descriptions qui en ont été données; l'autre sera d'exposer l'idée que je m'en suis formée d'après les observations que j'ai faites sur les cristaux qui sont dans ma collection.

La plupart des descriptions du plomb muriaté disent que la cassure longitudinale de ce minéral a lieu dans deux sens perpendiculaires entre eux, mais que sa cassure transversale est conchoïde. M. Thomson, qui décrit ce minéral d'après M. de Bournon, dit que sa forme primitive est le cube, et que ce cube est souvent tronqué dans ses bords ou dans ses angles. D'autres disent seulement qu'il est cristallisé en cube. M. Brochant se borne à dire que sa forme paraît être cubique, et il ajoute qu'il a vu un cristal de plomb muriaté qui avait la forme d'un prisme hexaèdre très aplati, ce qui ne s'accorde guère avec l'idée d'une forme cubique.

Si le plomb muriaté n'avait été décrit que par des chimistes, on pourrait croire que ces savans, plus occupés des principes composans que des formes, auraient pu prendre aisément un parallélépipède rectangle pour un cube, et cela d'autant plus que le clivage lamelleux dans un sens et remplacé dans l'autre par une cassure conchoïde, indique plutôt un parallélépipède qu'un cube, qui doit être divisible par des coupes également nettes dans tous les sens. Les cristaux de plomb muriaté n'auraient été des cubes que chimiquement parlant.

Mais M. Thomson, qui est ici l'interprète d'un habile cristallographe, dit positivement que la forme primitive est un cube; et lorsqu'il ajoute que ce cube est tronqué sur tous les bords, cela signifie, géométriquement ou plutôt cristallographiquement parlant, que chaque bord est remplacé par une facette inclinée de 135^d sur les faces adjacentes.

Si donc l'on s'en tient à cette détermination, qui paraît être celle à laquelle on doit attacher le plus de confiance, et si l'on fait attention que le cube est incompatible avec la forme du plomb carbonaté, et que l'analyse du plomb muriaté faite par M. Klaproth a donné 85,5 d'oxide de plomb, 8,5 d'acide muriatique et 6 d'acide carbonique, on en conclura que le minéral dont il s'agit doit être considéré comme une triple combinaison qui mérite d'occuper un rang à part dans la méthode sous le nom de *plomb murio-carbonaté* que lui a donné M. Thomson.

Maintenant interrogeons les cristaux, et voyons quelle sera leur réponse. Nous avons ici deux formes qui ne diffèrent d'ailleurs qu'en ce que l'une a deux facettes de plus que l'autre. La plus simple est un prisme à six pans, terminés par des sommets à quatre faces, deux triangles isocèles et deux rhombes. L'autre diffère de la précédente par l'addition de deux facettes longitudinales qui rendent le prisme octogone, et changent en pentagones les rhombes des sommets. Les cristaux sont d'un jaune clair, qui, à certains endroits, passe au blanc nacré.

Si l'on suppose que dans la deuxième variété les sommets soient remplacés chacun par une face, on aura un parallélépipède rectangle tronqué sur tous ses bords ; mais ce parallélépipède ne pourra dériver d'un cube, parce que les inclinaisons sur les pans des facettes longitudinales et de celles qui naîtraient sur les bords horizontaux, sont très différentes, l'une étant d'environ 110^d et l'autre étant d'environ 145^d, ce qui fait 35^d de différence. La loi de symétrie serait ici prodigieusement en défaut. Il paraît que les cristaux qui ont été décrits comme des cubes tronqués étaient semblables au parallélépipède dont je viens de parler. M. Heuland m'a mandé qu'il en avait conservé pour sa collection qui doivent avoir la même forme, d'après ce qu'il m'en a dit ; mais il se sert de l'expression de *parallélépipède*, qui est la véritable, et il est remarquable que ce minéralogiste, qui ne prétend qu'aux connaissances d'un simple amateur, ait mieux vu la forme dont il s'agit que les hommes de l'art qui en ont donné des descriptions.

L'aspect de ces cristaux semblait m'inviter à en faire une comparaison avec ceux du plomb carbonaté ; j'ai donc supposé qu'ils avaient la même forme primitive, et j'ai trouvé que la première variété rentrait dans la forme de la sexoctonale (fig. 57), et que la seconde n'en différait que par deux facettes longitudinales qui dérivent de la loi 'F'.

Comme la manière dont ces cristaux sont serrés l'un contre l'autre ne m'a pas permis d'en mesurer les angles avec une entière précision, et comme d'ailleurs quelques-unes des faces sont un peu bombées, je ne puis répondre que les angles de ces cristaux soient exactement les mêmes que ceux auxquels m'a conduit le calcul ; mais au moins je puis dire qu'ils approchent beaucoup de l'égalité avec ces derniers. Ainsi, le rapprochement de ces cristaux avec ceux de plomb carbonaté peut être présumé avec une grande vraisemblance ; mais jusqu'ici il n'est pas démontré.

Linnæus a placé de temps en temps des points de doute à la suite des noms de certaines plantes, sur la classification desquelles il hésitait encore, et il arrivait assez souvent que des observations ultérieures faisaient disparaître ces points de doute. La suite nous apprendra si la Cristallographie est faite pour avoir ici le même bonheur que la Botanique.

J'ajoute que l'analyse même ne s'y opposerait pas.

Si l'on partage les 85,5 d'oxide de plomb qu'a donné le composé dont il s'agit, en deux quantités, l'une de 55 et l'autre de 30,5, on trouve que les quantités d'acide qui, d'après les analyses du plomb carbonaté et du plomb muriaté purs, seraient capables de saturer ces deux quantités de plomb, seraient l'une d'environ 8,5 pour l'acide muriatique, et l'autre de 6 pour l'acide carbonique, c'est-à-dire les mêmes que celles qui sont contenues dans la substance du Derbyshire. Il en résulterait que cette substance ne serait autre chose qu'un plomb carbonaté mélangé de plomb muriaté, en sorte que le premier imprimerait sa forme au mixte. J'aurai occasion de citer des exemples analogues relativement à d'autres substances.

Annotations.

Les plus beaux cristaux de plomb carbonaté que j'aie observés avaient été recueillis dans les mines de Gazimour en Daourie. Ils présentaient les formes des variétés ambiannulaire et octovigésimale. Quelques-uns avaient 13 à 14 millimètres de hauteur, sur une épaisseur proportionnée. La mine de Zellerfeld, au Hartz, fournit des cristaux limpides, qui sont beaucoup plus petits, et dont la forme a quelque rapport avec celle de certains cristaux de baryte sulfatée. La variété sexvigésimale est une de celles qui se trouvent dans cette mine. On en retire aussi de ces beaux groupes de plomb carbonaté en aiguilles soyeuses, qui tiennent un des premiers rangs parmi les minéraux que l'on recherche comme ornemens des collections. On trouve les variétés sexoctonale et sexduodécimale à la Croix, dans la Lorraine. Romé de Lisle cite la variété dodécaèdre comme provenant des mines de Przibram en Bohême, et de celles de Saint-Sauveur dans le Languedoc. La trihexaèdre, qui est la même avec l'addition d'un prisme, se rencontre quelquefois parmi les cristaux d'Huelgoët, dans la Bretagne. Mais la plupart de ces cristaux paraissent avoir, vers l'octaèdre cunéiforme, une tendance très difficile à démêler à travers les groupemens auxquels ils sont sujets, et les déviations qu'ont subies les faces par l'effet d'une cristallisation confuse. M. Monnet cite une masse de cristaux en longs prismes divergens, qui avait été retirée du même endroit, et qui pesait à peu près 10 kilogrammes (*).

J'ai éprouvé de grandes difficultés dans la recherche de la forme primitive du plomb carbonaté, soit pour en déterminer l'espèce, soit pour en mesurer les angles. La division mécanique de certains cristaux de Sibérie, ou plutôt de leurs fragmens, et celle des cristaux de la Croix, me paraissaient conduire à un dodécaèdre bi-pyramidal, lequel se sous-divisait, comme celui du quarz, parallèlement aux pans d'un prisme hexaèdre, compris entre les deux pyramides. L'inclinaison de chacune des faces de l'une ou l'autre py-

---

(*) Nouveau Système de Minéralogie, p. 379, note 1.

ramide sur le plan adjacent, était de 120 et quelques degrés. Je n'avais pu l'estimer qu'à peu près, parce que les coupes, quoique très sensibles par le chatoiement à la lumière d'une bougie, étaient comme interrompues par des portions vitreuses qui altéraient leur niveau.

D'une autre part, les cristaux de la mine d'Huelgoët donnaient pour forme primitive, l'octaèdre rectangulaire, que l'on voit fig. 51, et ce résultat ne paraissait différer du premier que par la suppression de quatre coupes vers chaque sommet. C'est ce que l'on concevra, si l'on suppose que la fig. 67 représente les deux pyramides obtenues par la division du plomb de Sibérie avec le prisme intermédiaire, et que l'on fasse abstraction des faces i, i; alors il restera dix faces, parmi lesquelles P, M, etc., seront celles de l'octaèdre, et l sera la coupe faite parallèlement au rectangle FAAF (fig. 51).

D'après ces observations, fallait-il admettre ici deux espèces distinctes, ou devait-on plutôt présumer que toute la différence venait de ce que, dans le plomb d'Huelgoët, les joints parallèles aux faces i, i, se refusaient à la division mécanique, par une suite de quelque circonstance particulière? Tandis que je balançais entre ces deux opinions, il me vint dans l'idée que les joints dont je viens de parler pourraient bien n'être, au contraire, que l'effet de ces espèces d'emboîtemens de plusieurs cristaux l'un dans l'autre, que j'ai déjà cités. A la vérité, il faudrait supposer que dans les morceaux qui m'avaient donné la double pyramide hexaèdre, telle était originairement la disposition respective des cristaux groupés, que les six pans du prisme se trouvaient dans le cas de celui qui est marqué *l* sur les fig. 59, 57, 56. Mais on conçoit que cela n'est pas impossible, lorsque l'on fait attention à l'extrême propension que montre la cristallisation, dans le cas présent, pour produire des groupes qui offrent l'aspect d'un cristal unique. Au reste, il serait à désirer que l'on pût multiplier les recherches, pour s'assurer s'il n'y a pas des morceaux qui, au lieu de six coupes obliques vers chaque sommet, n'en offrent que quatre ou cinq, ainsi que je crois l'avoir remarqué; car ce défaut de constance dans le nombre des coupes trancherait la difficulté. Il serait bon d'employer à ces recherches des groupes qui eussent une certaine régularité; mais on n'a pas ici l'avantage de pouvoir parer, par l'abondance de la matière, à la délicatesse des observations.

Quoi qu'il en soit, j'ai cru devoir m'arrêter, en attendant, au dernier parti, comme étant le plus simple, et admettre pour forme primitive unique l'octaèdre rectangulaire, en faisant abstraction des groupemens lorsqu'ils n'altéraient l'unité du cristal que d'une manière imperceptible; sur quoi je dois remarquer que j'ai rencontré, quoique très rarement, des cristaux qui, examinés avec la plus scrupuleuse attention, m'ont paru absolument simples. Tels étaient l'octaèdre, qui m'a été donné par Pelletier,

et un cristal des mines de la Croix, ayant la forme
de la variété sexoctonale.

Il résulte aussi des observations que j'ai faites récemment que les prismes des cristaux représentés
fig. 56, 57 et 59, ne sont pas réguliers, mais ont
quatre angles d'environ $121^d \frac{1}{2}$, et deux de 117; et
par une suite nécessaire, les facettes t n'ont pas tout-
à-fait la même inclinaison que les facettes u. Mais je
n'ai pu vérifier immédiatement cette dernière induc-
tion, n'ayant point encore rencontré de cristal où
les facettes t fussent assez étendues pour permettre
d'en comparer exactement les incidences avec celles
des autres.

Les cristaux de plomb carbonaté présentent des
différences d'un autre genre, relativement à l'action
que l'acide nitrique exerce sur eux, et qui seraient
capables de faire illusion à un observateur peu attentif. Les uns, comme ceux de Gazimour, de la Croix
et d'Huelgoët, se dissolvent très facilement dans cet
acide à l'état de concentration. D'autres, tels que
ceux du Hartz en aiguilles soyeuses, et certains cristaux jaunâtres, exigent que l'acide soit étendu d'eau;
ce qui suppose dans ces cristaux une plus forte affinité de composition. Les molécules de l'eau, dans ce
cas, interposées entre celles de l'acide, en diminuent
l'attraction réciproque, et les disposent davantage à
s'unir avec les molécules du métal. Mais ce n'est encore ici qu'une diversité accidentelle, qui d'ailleurs
n'est point en rapport avec celle que présente la struc-

ture, puisque parmi les cristaux solubles dans l'acide concentré, les uns donnent par la division mécanique l'octaèdre rectangulaire, et les autres paraissent donner le dodécaèdre bi-pyramidal.

Le plomb carbonaté est l'une des substances minérales dont la double réfraction soit la plus forte. Un prisme dont l'angle réfringent est d'environ 39^d, fait voir les deux images d'une bougie écartées de plusieurs centimètres, même lorsque le prisme n'est placé qu'à une petite distance de la bougie. La dilatation très sensible que subissent ces images, en développant leurs belles couleurs d'iris, prouve que le plomb carbonaté a une force dispersive considérable; ce qui peut aider à concevoir comment le flint-glass possède cette même force à un si haut degré, en vertu de son union avec l'oxide de plomb, appelé *minium* (*).

Le plomb carbonaté est quelquefois disséminé dans l'intérieur de diverses matiéres terreuses, auxquelles on a donné improprement les noms de *minium natif*, de *massicot natif*, et de *céruse native*, suivant que le métal était associé à des terres ocreuses rougeâtres ou jaunâtres, ou à des terres calcaires et autres d'une couleur blanchâtre. On trouve aussi du plomb carbonaté engagé accidentellement dans des terres d'un gris cendré. Ces mélanges ont ordinaire-

______

(*) Voyez ci-dessus, p. 338.

ment une pesanteur plus ou moins considérable, qui peut aider à y reconnaître la présence du plomb.

Il paraît qu'on a appelé aussi *minium natif*, un véritable minium qui se trouve quelquefois dans le voisinage des anciennes fonderies de plomb, et que l'on a pris pour un produit de la nature.

HUITIÈME ESPÈCE.

PLOMB PHOSPHATÉ.

PHOSPHATE DE PLOMB DES CHIMISTES.

(*Braun-bleyerz et grün-bleyerz*, W. *Gemeines phosphorbley*, K.)

Caractères spécifiques.

Caractère géométr. Forme primitive : rhomboïde obtus (fig. 69, pl. 93), dans lequel l'incidence de P sur P est de 110^d 55^l, et celle de P sur P^l de 69^d 5^l. Ce rhomboïde est divisible, comme celui du quarz, suivant des plans qui passent par les sommets A, et par le milieu des bords inférieurs D D. Les coupes ne sont sensibles que par le chatoiement à une vive lumière (*).

Molécule intégrante : tétraèdre hémi-symétrique.

Caract. phys. Pesant. spécif., 6,909..... 6,9411.

(*) La diagonale horizontale est à l'oblique comme $\sqrt{12}$ est à $\sqrt{7}$, ce qui donne le rapport 3 est à 2 pour celui de l'axe à la demi-diagonale horizontale.

Dureté. Rayant le plomb carbonaté.

Poussière. Grise, quelle que soit la couleur de la masse.

Cassure, légèrement ondulée et peu éclatante.

Caract. chim. Non effervescent dans l'acide nitrique, soit concentré, soit affaibli par l'eau.

Donnant par le chalumeau un bouton polyédrique irréductible, dont les facettes, vues à la loupe, paraissent sillonnées par des stries polygones et concentriques, disposées avec beaucoup de régularité.

Analyse du plomb phosphaté vert du Brisgaw, par Klaproth (Beyt., t. III, p. 155) :

Oxide de plomb...... 77,10
Acide phosphorique... 19,00
Acide muriatique..... 1,54
Oxide de fer.......... 0,10
Perte................ 2,26
————
100,00.

Du plomb phosphaté brun d'Huelgoët, par le même (*ibid.*, p. 157) :

Oxide de plomb...... 78,58
Acide phosphorique... 19,73
Acide muriatique..... 1,65
Perte................ 0, 4
————
100,00.

Du plomb phosphaté arsenifère de Rosiers, par Fourcroy (Mém. de l'Acad. des Sc. 1789) :

Oxide de plomb....... 5o
Acide phosphorique... 14
Acide arsenique...... 29
Oxide de fer......... 4
Eau................. 3
                    ———
                    100.

Analyse du plomb phosphaté arsenifère de Rosiers, par Klaproth (Karsten, Tab. min., p. 69) :

Oxide de plomb...... 76
Acide phosphorique... 13
Acide arsenique...... 7
Acide muriatique..... 1,75
Eau................. 0,5
Perte............... 1,75
                    ———
                    100,00.

Du plomb phosphaté arsenifère sublenticulaire de Johanngeorgenstadt, par Laugier (Annales du Muséum, t. VI, p. 171) :

Oxide de plomb...... 76,8
Acide phosphorique... 9
Acide arsenique...... 4
Eau................. 7
Silice, alumine et fer.. 1,5
Perte............... 1,7
                    ———
                    100,0.

Du même, par Rose (Karsten, *ibid.*) :

25..

Oxide de plomb...... 77,5
Acide phosphorique... 7,5
Acide arsenique...... 12,5
Acide muriatique..... 1,5
Perte............... 1
————————
100,0.

Caractères distinctifs. 1°. Entre le plomb phosphaté et le plomb carbonaté. Celui-ci fait effervescence avec l'acide nitrique, soit concentré, soit étendu d'eau, ce qui n'a pas lieu pour l'autre. Le plomb carbonaté se réduit au chalumeau sans addition; le plomb phosphaté y donne un bouton polyédrique irréductible. 2°. Entre le même en forme de mamelons verts et le cuivre carbonaté vert. Celui-ci fait effervescence avec l'acide nitrique et non l'autre. Sa poussière conserve une teinte de vert plus ou moins décidée; celle du plomb phosphaté est grise.

VARIÉTÉS.

FORMES DÉTERMINABLES.

Quantités composantes des signes représentatifs.

$$P'A\acute{e}\acute{e}\acute{e}DE''E.$$
$$P\acute{o}nstg \quad r$$

Combinaisons deux à deux.

1. Plomb phosphaté *prismatique.* $\acute{e}A$ (fig. 70).

En prisme hexaèdre régulier, de l'Isle, t. III,
p. 393; var. 3.

Trois à trois.

2. *Péridodécaèdre.* $\overset{x\;\frac{1}{2}}{e}\mathrm{D}\mathrm{A}$ (fig. 71).
$n\,g^{\frac{1}{2}}o$

En cristaux violets, à Huelgoët.

3. *Trihexaèdre.* $\overset{x\;\frac{1}{2}}{e}\mathrm{P}e$ (fig. 72).
$n\mathrm{P}_2$

En prisme hexaèdre régulier terminé par deux
pyramides hexaèdres, de l'Isle, t. III, p. 391;
var. 1.

4. *Isogone.* $\overset{x\;5}{ee}\mathrm{E}^{\prime\prime}\mathrm{E}$ (fig. 73).
$nt\quad r$

5. *Basé.* $\overset{\frac{1}{2}}{\mathrm{P}}e\mathrm{A}$ (fig. 74).
$\frac{1}{2}o$

Quatre à quatre.

6. *Annulaire.* $\overset{x\;\frac{1}{2}}{e}\mathrm{P}e\mathrm{A}$ (fig. 75).
$n\,\mathrm{P}\,\frac{1}{2}o$

De l'Isle, t. III, p. 392; var. 2. Se trouve à
Bérézof.

Cinq à cinq.

7. *Doublant.* $\overset{\frac{1}{2}\;x\;1}{\mathrm{P}\mathrm{A}ee}\mathrm{D}$ (fig. 76).
$\grave{a}\;t\,u\,g$

Formes indéterminables.

Plomb phosphaté *aciculaire.* En aiguilles ordinairement courtes et divergentes.

Plomb phosphaté *mamelonné*.

a. Vert ou brun.

b. Caverneux.

Accidens de lumière.

Couleurs.

1. Plomb phosphaté *jaunâtre*.
2. Plomb phosphaté *rougeâtre*.
3. Plomb phosphaté *gris-brunâtre*.
4. Plomb phosphaté *gris-cendré*.
5. Plomb phosphaté *vert*.
6. Plomb phosphaté *violâtre*.

Transparence.

1. Plomb phosphaté *translucide*. Les cristaux verts.

2. Plomb phosphaté *opaque*.

Relations géologiques.

Le plomb phosphaté, plus rare dans la nature que le plomb carbonaté, qui lui-même est incomparablement moins abondant que le plomb sulfuré, les accompagne quelquefois l'un et l'autre dans leurs mines. C'est ce qui a lieu en particulier à Poulaouen et à Huelgoët, dans le département des Côtes-du-Nord, où le plomb phosphaté est en cristaux jaunâtres, rougeâtres ou d'un gris cendré, et en aiguilles d'un gris-brunâtre.

Les autres métaux associés au plomb phosphaté sont le fer à l'état de sulfure ou d'oxide, et le cuivre ordinairement à l'état de cuivre carbonaté vert. Dans le Brisgaw, le plomb phosphaté prismatique repose sur un fer oxidé brunâtre. Le plomb phosphaté de Rheinbreitenbach offre un exemple de la réunion du plomb phosphaté avec le cuivre carbonaté vert.

Parmi les substances pierreuses qui servent de gangue au plomb phosphaté, la plus commune est le quarz, tantôt à l'état de quarz hyalin, comme à Rheinbreitenbach, tantôt mêlé de fer oxidé, comme en Sibérie.

Une gangue beaucoup moins commune du plomb phosphaté est la baryte sulfatée. La mine de Czopau, en Saxe, en offre un exemple.

Le plomb phosphaté de Huelgoët a une gangue particulière, qu'a observée le premier M. Chierici. C'est un feldspath ordinairement compacte ; mais, dans quelques morceaux, le feldspath offre des indices de tissu laminaire.

On trouve du plomb en cristaux et en aiguilles d'une couleur verte à La Croix, en Lorraine, dans les mines du Hartz, etc.

APPENDICE.

Plomb phosphaté *arsenifère* (muschliches phosphorbley, K.). Exposé à l'action du chalumeau, il donne d'abord des vapeurs arsenicales, et ensuite un bouton polyédrique irréductible.

VARIÉTÉS.

Annulaire.

Isogone.

Trihexaèdre.

Indéterminable, curviligne. Les faces latérales et celles des sommets subissent des inflexions et des arrondissemens.

Sublenticulaire.

Mamelonné.

Couleurs.

Jaune, jaune-verdâtre, verdâtre, altéré, blanchâtre.

Cette substance a été d'abord trouvée à Rosiers, près de Pont-Gibaud, département du Puy-de-Dôme, sous la forme de mamelons d'un vert-jaunâtre. Elle y existe aussi sous celle de la variété curviligne. La gangue est un quarz.

Plus récemment, M. Mohr a apporté ici des morceaux de la variété sublenticulaire, et d'autres en mamelons jaunâtres, sous le nom de *plomb arseniaté* de Johanngeorgenstadt. Enfin, M. Karsten m'a envoyé de beaux cristaux qui proviennent du même endroit, et dont les uns présentent la variété annulaire, et les autres la variété trihexaèdre. La gangue de tous ces morceaux est un quarz ferrugineux.

Il n'est pas douteux que ces morceaux, tant ceux du département du Puy-de-Dôme que ceux de Saxe, n'appartiennent à une même espèce. Il s'agit seulement de savoir si ce sont de simples variétés du plomb phosphaté, ou s'ils constituent une espèce à part ; et tout dépend ici du rôle que joue l'acide arsenique. Nous eûmes, M. Karsten et moi, une discussion à ce sujet, dont je crois devoir rapporter les principaux points.

M. Karsten était d'abord parti d'une analyse, faite par M. Rose, du plomb arsenifère sublenticulaire de Saxe, dans laquelle ce chimiste n'avait trouvé que du plomb et de l'acide arsenique, et point d'acide phosphorique. C'était alors, aux yeux de M. Karsten, du plomb arseniaté, qu'il fallait par conséquent introduire dans la méthode comme nouvelle espèce ; et aujourd'hui encore, M. Thomson, dans son Système de Chimie, t. VII, p. 467, s'est conformé à cette idée de M. Karsten, et plusieurs minéralogistes étrangers donnent aussi à cette mine le nom de *plomb arseniaté*.

Quelque temps après, je remis à M. Laugier une portion de cette même substance pour être soumise à l'analyse, et ce savant chimiste en retira 9 parties sur 100 d'acide phosphorique, avec 4 parties d'acide arsenique. D'une autre part, ayant comparé la structure et les formes du plomb de Saxe avec celles du plomb phosphaté ordinaire, je reconnus qu'il y avait de part et d'autre identité de molécule intégrante, et, en conséquence, je mandai à M. Karsten que je regardais son plomb arseniaté comme n'étant qu'une variété de plomb phosphaté, qu'il fallait appeler *arsenifère*.

M. Karsten invita M. Rose à répéter l'analyse de cette substance, et ce célèbre chimiste y trouva l'acide phosphorique, qui lui avait échappé la première fois.

M. Karsten crut alors devoir regarder la substance dont il s'agit comme une combinaison triple de plomb, d'acide phosphorique et d'acide arsenique, dont il fallait faire une espèce particulière.

Mon avis fut, au contraire, que l'acide arsenique devait être regardé ici comme un principe accidentel, et je me fondais sur ce que la présence de l'arsenic n'avait point altéré la forme de la molécule du plomb phosphaté, et sur ce que la substance dont il s'agissait, traitée par le chalumeau, donnait le même bouton polyédrique irréductible que l'on obtenait en exposant à la chaleur le plomb phosphaté ordinaire. Dans cette opération, le plomb phosphaté s'était débarrassé de l'arsenic, qui était à son égard comme une surcharge, pour se montrer seul avec le caractère qui lui est propre.

M. Karsten ne m'a pas envoyé directement sa réponse; mais il l'a faite en plaçant la substance qui avait occasionné la discussion, comme simple sous-espèce, à la suite du plomb phosphaté ordinaire. J'ai trouvé cette réponse dans la nouvelle édition de sa Méthode minéralogique, dont il a bien voulu m'envoyer un exemplaire, quelque temps avant qu'une mort prématurée l'enlevât à la science qu'il cultivait d'une manière si distinguée.

2. Plomb sulfuré *épigène*. Plomb noir de quelques minéralogistes.

VARIÉTÉ.

Prismatique.

Cette substance singulière, qui se trouve à Huel-goët, doit son origine à des cristaux de plomb phosphaté prismatique, qui ont subi une décomposition, pendant laquelle le plomb a abandonné son oxigène, et en même temps le soufre s'est substitué à l'acide phosphorique, en sorte que la matière des cristaux a passé à l'état de plomb sulfuré, qui est disposé sous la forme de petites lames qui se croisent suivant diverses directions, comme dans la variété lamellaire. Il paraît que le travail qui a produit le changement d'état dont il s'agit s'est fait à l'intérieur, de manière que la couche extérieure des cristaux est restée comme un étui, dans lequel le plomb sulfuré est renfermé, et que la forme prismatique qu'avaient originairement les cristaux a été conservée. C'est une métamorphose d'un genre particulier, dont aucune autre substance que je sache ne fournit d'exemple.

Il y a beaucoup de fer sulfuré dans le terrain d'où l'on retire ces cristaux. Il paraît qu'en se décomposant il a fourni l'acide sulfurique qui s'est substitué à l'acide phosphorique, en même temps que le plomb perdait son oxigène.

Annotations.

Les cristaux d'Huelgoët ont assez communément huit centimètres environ d'épaisseur. Les verts sont en général plus petits. Quelle que soit la cause de cette couleur verte, que plusieurs chimistes attribuent au fer, et d'autres au cuivre, elle établit entre les cristaux qui la présentent, et ceux d'Huelgoët, une de ces différences extérieures qu'il est assez rare de rencontrer parmi les corps originaires d'une même espèce de substance métallique, tandis qu'elles sont très communes dans la classe des substances terreuses.

C'est en observant les vifs reflets des lames situées parallèlement aux facettes des sommets sur des cristaux des mines de La Croix, qui appartiennent à M. Gillet, que je suis parvenu à déterminer, avec une certaine précision, la forme primitive du plomb phosphaté. Les cristaux d'Huelgoët n'ayant jamais de semblables facettes, et leurs fractures à demi-vitreuses ne permettant d'estimer qu'à quelques degrés près les incidences de leurs joints naturels, j'ai employé le moyen suivant pour comparer leur structure à celle des cristaux annulaires. J'appliquais un prisme fracturé de la mine d'Huelgoët contre un prisme à facettes de la mine de La Croix, de manière que les pans de l'un et l'autre fussent respectivement parallèles; alors je faisais mouvoir l'assemblage des deux prismes à la lumière d'une bougie, et au moment où l'une des facettes du second donnait un vif reflet, j'en apercevais un semblable dans la fracture de l'autre prisme, d'où je concluais que les joints naturels avaient dans les deux prismes la même inclinaison.

L'existence du phosphore dans le règne minéral a été reconnue pour la première fois par Gahn, qui a retiré de la mine de plomb verte du Brisgaw, l'acide formé par l'union de ce combustible avec l'oxigène. Mais nous étions réduits à tirer d'un sol étranger les productions qui avaient donné lieu à cette intéresrante découverte, lorsque M. Gillet-Laumont soupçonna, d'après le bouton irréductible qu'il avait obtenu plusieurs fois en essayant par le chalumeau le plomb d'Huelgoët, et d'après la flamme qui voltige autour des fourneaux où l'on traite cette mine, qu'elle devait aussi donner du phosphore. L'expérience vérifia sa conjecture, et il en publia les résultats dans un mémoire lu à l'Académie des Sciences le 17 mai 1786.

NEUVIÈME ESPÈCE.

PLOMB MOLYBDATÉ.

(*Gelb-bleyerz*, W. *et* K.)

Caractères spécifiques.

Carat. géométr. Forme primitive : octaèdre symétrique (fig. 77, pl. 94), dans lequel l'incidence de P sur P' est de $76^d\,40'$ (*). Les joints naturels sont un peu difficiles à saisir, quoique très sensibles par le chatoiement à une vive lumière.

Moléc. intégr : tétraèdre symétrique.

Cassure. Transversale, légèrement ondulée et un peu éclatante.

Caract. physiques. Pesant. spécif., 5,486.

Dureté. Tendre et cassant.

Caractères chim. Décrépitant, lorsqu'on l'expose à la chaleur ; réductible par le chalumeau ; noircissant par la vapeur du sulfure ammoniacal ; non effervescent et insoluble à froid dans l'acide nitrique étendu d'eau. En faisant cette épreuve, il faut avoir soin de prendre un fragment bien dégagé de la gangue, qui est calcaire.

Analyse faite à l'École des mines, par Macquart (**) :

Plomb	58,74
Acide molybdique	28,00
Oxigène	4,76
Carbonate de chaux	4,50
Silice	4,00
	100,00

(*) L'arête D est à la hauteur de la pyramide qui a son sommet en A comme $2\sqrt{8}$ est à $\sqrt{5}$. Mais ce résultat ne peut être qu'approximatif, à cause de la petitesse des cristaux.

(**) Journal des Mines, n° 17, p. 23 et suiv.

Analyse du plomb molybdaté de Bleyberg, par Klaproth (Beyt., t. II, p. 275) :

$$\begin{aligned}
&\text{Oxide de plomb} \ldots \ldots \quad 64,42 \\
&\text{Acide du molybdène} \ldots \quad 34,25 \\
&\text{Perte} \ldots \ldots \ldots \ldots \ldots \quad 1,33 \\
&\hphantom{\text{Perte} \ldots \ldots} \overline{\hphantom{xx}100,00} \\
\end{aligned}$$

Caractères distinctifs. Entre le plomb molybdaté et le plomb carbonaté. Celui-ci se dissout avec effervescence dans l'acide nitrique étendu d'eau, ce qui n'a point lieu pour l'autre.

VARIÉTÉS.

FORMES DÉTERMINABLES.

Quantités composantes des signes représentatifs.

Octaèdre primitif (fig. 77).

Parallélépipèdes substitués (fig. 78).

Tétraèdres complémentaires sur P′ (fig. 77), et son opposée (fig. 79).

Tétraèdres complémentaires sur P (fig. 77), et son opposée.

$\mathbf{PAD'E'}$. Signe théorique, $^{a}E^{a}$ (fig. 78). Signe technique, $(B^{a}D^{1}C^{1}C'^{\frac{a}{5}})$ (fig. 77). Signe théorique, $(E^{\frac{2}{3}}B^{a}D^{a})$ (fig. 78). Signe technique, $(B^{a}D^{1}C^{1}C'^{\frac{3}{5}})$

(fig. 77). Signe théorique, $(\overset{1}{A}B'^aC'^a)$ (fig. 79). Signe technique, $(\underset{r}{D}{}^aB'C'^aC^{\frac{3}{2}})$ (fig. 77).

Combinaisons une à une.

1. Plomb molybdaté *primitif*. $\underset{p}{P}$ (fig. 79).

Deux à deux.

2. *Basé*. $P\overset{1}{D}$ (fig. 80).
$$\underset{p\ \overset{1}{g}}{}$$

3. *Biforme*. P^aE^a (fig. 81).
$$\underset{p\ \ s}{}$$

4. *Bisunitaire*. $\overset{1}{D}A$ (fig. 82).
$$\underset{g\ h}{}$$

Les cristaux de cette variété sont ordinairement des parallélépipèdes rectangles très courts, ou lamelliformes. Quelquefois cependant leur hauteur approche d'être égale à leur épaisseur.

Trois à trois.

5. *Sexoctonal*. $P\overset{1}{D}A$ (fig. 83).
$$\underset{p\ h\ \overset{1}{g}}{}$$

6. *Épointé*. PA^aE^a (fig. 84).
$$\underset{p\ \overset{1}{g}\ \ l}{}$$

7. *Décioctonal*. $PA(E^{\frac{3}{2}}B^aD')$ (fig. 85).
$$\underset{p\ \overset{1}{g}\ \ \ \ {}_n}{}$$

8. *Triunitaire*. $D'E'A$ (fig. 86).
$$\underset{h\ l\ \overset{1}{g}}{}$$

9. *Périoctogone.* $\overset{\scriptscriptstyle 1}{A}\overset{\scriptscriptstyle \frac{3}{2}}{D}(\overset{\scriptscriptstyle 1}{A}B'{}^2C')$ (fig. 87).
$\underset{g}{}\;\underset{h}{}\qquad\underset{r}{}$

Quatre à quatre.

10. *Triforme.* $P'E'(\overset{\scriptscriptstyle \frac{3}{2}}{E}{}^2B^2D')A$ (fig. 88) (*)
$\quad P\;\;\ell\qquad o\qquad \overset{\scriptscriptstyle \frac{1}{2}}{g}$

Formes indéterminables.

Plomb molybdaté *laminaire*.
Lamelliforme.

Couleurs.]

Miellé.
Jaune pâle.

Transparence.

Translucide.

Annotations.

Le plomb molybdaté se trouve à Bleyberg en Carinthie, où il a pour gangue une chaux carbonatée
compacte. Ses cristaux n'ont ordinairement que deux
ou trois millimètres de largeur, et la plupart sont peu
prononcés. On en a trouvé depuis en Saxe, en Au-
triche, en Hongrie, et le célèbre Humboldt en a rapporté du Mexique, qui repose sur la chaux carbonatée
compacte.

(*) Les facettes *o* sont si petites sur les cristaux que j'ai
observés, que leur identité avec celles qui sont marquées
de la même lettre (fig. 85), n'est que présumée.

M. Jacquin paraît être le premier qui ait parlé de cette substance (*). Romé de Lisle, qui en eut bientôt connaissance, la regarda comme une simple variété de la mine de plomb blanche, qui est notre plomb carbonaté. L'abbé Wulfen en donna, en 1785, une description détaillée, et Heyer, ayant essayé de l'analyser, crut que le plomb y avait pour minéralisateur l'acide tungstique, trompé probablement par la couleur jaune de l'oxide de molybdène qui s'était formé dans l'opération. Mais Klaproth reconnut depuis que l'acide qui entrait dans la composition de cette mine, était le molybdique, et l'analyse qu'en a faite plus récemment M. Macquart, sous les yeux de M. Vauquelin, nous a fait connaître le rapport des deux principes dont elle est formée.

DIXIÈME ESPÈCE.

PLOMB SULFATÉ.

SULFATE DE PLOMB DES CHIMISTES.

(*Natürlicher bleyvitriol*, W.)

Caractères spécifiques.

Caract. géométr.. Forme primitive : octaèdre rectangulaire (fig. 89, pl. 96), dans lequel l'incidence de P sur P''' est de 76ᵈ 12', celle de P'' sur P' de 101ᵈ

(*) *Miscellanea Austriaca*, t. II. *Viennæ*, 1781.

32′, et celle de P sur P″ de 119ᵈ 51′ (*). Cet octaèdre se sous-divise par des plans qui passent sur les arêtes contiguës aux sommets. Les joints naturels sont sensibles lorsqu'on éclaire fortement les fractures.

Molécule intégrante : tétraèdre hémi-symétrique.

Caract. physiques. Pesant. spécif. , 6,3.

Consistance. Tendre et facile à écraser par la pression de l'ongle.

Caract. chim. Insoluble dans l'acide nitrique; un fragment exposé à la flamme d'une bougie y devient rouge en un instant, et le plomb métallique paraît à la surface. Exposé à la vapeur de l'hydrosulfure ammoniacal, il prend à la surface une couleur d'un gris métallique.

Analyse du plomb sulfaté d'Anglesea, par Klaproth (Beyt., t. III, p. 164) :

Oxide de plomb......	71
Acide sulfurique......	24,8
Eau..................	2
Oxide de fer.........	1
Perte................	1,2
	100,0.

(*) Soit ss' (fig. 90) le même octaèdre que figure 89. Si l'on mène l'axe cs de la pyramide, ensuite cr et ct, l'une perpendiculaire sur kx, l'autre sur nx, on aura

$$cr : cs :: \sqrt{13} : \sqrt{8} \quad \text{et} \quad ct : cs :: \sqrt{5} : \sqrt{3};$$

et si l'on veut mettre les deux rapports sous la forme où ils auraient la ligne cs pour terme commun, on fera

$$cs = \sqrt{24}, \quad ct = \sqrt{16}, \quad cr = \sqrt{39}.$$

Analyse du plomb sulfaté de Wanlock-Head, près de Leadhills en Écosse, par le même (*ibid.*, p. 166) :

Plomb oxidé............	70,5
Acide sulfurique......	25,75
Eau..................	2,25
Perte...............	1,5
	————
	100,00.

Caractères distinctifs. 1°. Entre le plomb sulfaté et le plomb carbonaté. Celui-ci est soluble dans l'acide nitrique et non l'autre. 2°. Entre le même d'une couleur jaunâtre et le plomb molybdaté. Le premier ne décrépite pas au feu comme l'autre; il se réduit à la simple flamme d'une bougie, il faut l'action du chalumeau pour réduire le plomb molybdaté.

VARIÉTÉS.

FORMES DÉTERMINABLES.

Quantités composantes des signes représentatifs (*).

$\overset{1}{P}\overset{1}{D}A(^{\frac{1}{3}}E^{\frac{1}{3}}F^3B^2)$, ou E^4 (fig. 91) $(^{\frac{1}{3}}EB^3D^1)$ (fig. 91) $(^{\frac{1}{3}}E^{\frac{2}{3}}F^3B^2)$.

Combinaisons une à une.

1. Plomb sulfaté *primitif.* P (fig. 89).

(*) Les signes sans indication de figures se rapportent à la forme primitive représentée figure 89, et les autres au parallélépipède substitué figure 91.

a. Cunéiforme (fig. 92). Les cristaux présentent souvent cette modification.

Deux à deux.

2. *Semi-prismé.* $\overset{\scriptscriptstyle 4}{\mathrm{P}}\overset{\scriptscriptstyle \cdot}{\mathrm{D}}$ (fig. 93).
$\mathrm{P}\,\overset{\scriptscriptstyle \frac{1}{2}}{n}$

L'octaèdre primitif, ordinairement cunéiforme, émarginé en D (fig. 89).

Trois à trois.

3. *Sexoctonal.* $\overset{\scriptscriptstyle \cdot}{\mathrm{P}}\overset{\scriptscriptstyle \cdot}{\mathrm{D}}(\overset{\scriptscriptstyle \frac{3}{2}}{\mathrm{E}}\overset{\scriptscriptstyle \frac{3}{2}}{\mathrm{F}^{3}}\mathrm{B}^{2})$ (fig. 94).
$\mathrm{P}\,\overset{\scriptscriptstyle \frac{1}{n}}{}\qquad t$

4. *Trihexaèdre.* $\overset{\scriptscriptstyle \cdot}{\mathrm{P}}\overset{\scriptscriptstyle \cdot}{\mathrm{D}}(\overset{\scriptscriptstyle \frac{1}{2}}{\mathrm{E}}\overset{\scriptscriptstyle \frac{t}{2}}{\mathrm{F}^{1}}\mathrm{B}^{2})$ (fig. 95).
$\mathrm{P}\,\overset{\scriptscriptstyle \frac{1}{n}}{}\qquad s$

Quatre à quatre.

5. *Divergent.* $\overset{\scriptscriptstyle \cdot}{\mathrm{P}}\overset{\scriptscriptstyle \cdot}{\mathrm{D}}(\overset{\scriptscriptstyle \frac{3}{2}}{\mathrm{E}}\overset{\scriptscriptstyle \frac{3}{2}}{\mathrm{F}^{3}}\mathrm{B}^{2})(\overset{\scriptscriptstyle \frac{1}{2}}{\mathrm{E}}\overset{\scriptscriptstyle \frac{1}{2}}{\mathrm{F}^{1}}\mathrm{B}^{2})$ (fig. 96).
$\mathrm{P}\,\overset{\scriptscriptstyle \frac{1}{n}}{}\qquad t\qquad s$

6. *Décisexdécimal.* $\mathrm{P}\,\mathrm{A}\,\mathrm{E}^{4}(\overset{\scriptscriptstyle \frac{4}{3}}{}\mathrm{E}\,\mathrm{B}^{3}\mathrm{D}^{2})$ (fig. 97).
$\mathrm{P}\,\overset{\scriptscriptstyle \frac{1}{0}}{}\;s\qquad l$

Des mines du Hartz. Les décroissemens qui donnent les facettes *l*, *s*, ont entre eux un tel rapport, que les intersections γ, γ des premières avec *s* et P″, sont exactement parallèles.

Cinq à cinq.

7. *Trioctaèdre* (fig. 98).
Vingt-quatre facettes disposées sur trois rangées

de huit chacune, en suivant d'une part l'ordre des lettres *n*, *t*, *x*, etc.; de l'autre, celui des lettres P″, *s*, P, etc.

8. *Dissimilaire* (fig. 99).

Les facettes *z*, *z*, ajoutées à la rangée du milieu, en altèrent l'analogie avec les rangées adjacentes.

Formes indéterminables.

Plomb sulfaté *granuliforme*.

Concrétionné terreux. Du Derbyshire; de Sibérie.

Sous-variétés dépendantes des accidens de lumière.

Plomb sulfaté *incolore*.

Blanchâtre.

Jaunâtre.

Annotations.

Nous devons au docteur Withering la connaissance du plomb sulfaté; il l'avait découvert dans l'île d'Anglesea, qui est située presque vis-à-vis de Dublin, capitale de l'Irlande. Il y occupe les cavités d'un fer oxidé jaunâtre ou brun-noirâtre entremêlé de quarz, situé au-dessus d'une mine de cuivre pyriteux.

On a retrouvé depuis le plomb sulfaté à Leadhills en Écosse et dans le Derbyshire. M. Proust l'a observé dans l'Andalousie. Il en existe aussi dans le Hartz, à Wolfach dans le duché de Bade, à Nertschinsk en Sibérie, et dans les États-Unis. J'en ai dans ma collection qui viennent de Southampton dans le Massachuset. Leur gangue est un quarz hyalin, coloré à quelques endroits par du fer oxidé jaunâtre. La forme de ces petits cristaux ne se prête point à une comparaison exacte avec celle du plomb sulfaté d'Anglesea ; mais M. Bruce, qui est très bon chimiste, me marquait, en me les envoyant, qu'il les avait reconnus pour appartenir à cette espèce.

Les cristaux de plomb sulfaté sont en général très prononcés. On avait supposé sans fondement que leur forme la plus simple était celle de l'octaèdre régulier ; mais un simple coup d'œil jeté sur la variété semi-prismée, suffit pour reconnaître que la base commune des deux pyramides dont l'octaèdre est censé être l'assemblage est un rectangle et non un carré ; car dans ce dernier cas, les faces qui résultent du décroissement par une rangée sur ces deux bords, se répéteraient vers les autres bords par une suite de la loi de symétrie, et l'octaèdre primitif serait prismé et non pas semi-prismé. Je rappellerai à ce sujet que les formes des solides réguliers, tels que le cube et l'octaèdre à triangles équilatéraux, qui sont communes dans les métaux à l'état métallique, se rencontrent au contraire rarement dans ceux qui sont oxidés et unis à des principes particuliers.

Or, cette action des oxides et des autres principes hétérogènes pour imprimer un caractère particulier aux formes des métaux avec lesquels ces principes se combinent, est une circonstance d'autant plus avantagense, que c'est dans ce même état de combinaison que les métaux peuvent être aisément confondus avec des substances terreuses, au lieu qu'il est facile de les distinguer quand ils sont pourvus du brillant métallique.

Ainsi, sans sortir du genre qui nous occupe, l'espèce nommée *galène*, et qui présente tantôt le cube et tantôt l'octaèdre régulier, avec un aspect métallique, peut être facilement reconnue par un œil tant soit peu exercé. Il n'en est pas de même du plomb carbonaté, du molybdaté et du sulfaté. On a pris d'abord le second, savoir le plomb molybdaté, pour un plomb carbonaté jaunâtre, et le plomb sulfaté pourrait être encore plus aisément confondu, au premier coup d'œil, avec le plomb carbonaté. Mais ces trois substances offrent des caractères très prononcés qu'elles empruntent des octaèdres qui sont leurs formes primitives. Dans le plomb carbonaté, les pyramides de l'octaèdre sont aiguës; dans les deux autres substances, elles sont obtuses, mais de manière que leur base commune est un carré dans le plomb molybdaté, et un rectangle dans le plomb sulfaté. Ces caractères deviennent encore plus saillans par la mesure des angles, et ainsi la cristallisation suffirait seule pour prouver que les trois substances doivent former autant d'espèces distinctes.

La description que je viens de donner des cristaux de plomb sulfaté, a été amenée par des observations que j'ai faites depuis la publication de mon Tableau comparatif. L'examen des nouveaux cristaux qui m'ont été envoyés d'Angleterre pendant cet intervalle, m'a fait reconnaître une erreur considérable qui s'était glissée dans mon ancienne détermination (*). Mais les observations les plus décisives à cet égard sont venues de ceux que renfermait un envoi très intéressant qui m'a été adressé de Wolfach par M. Selb, premier conseiller des mines du grand duc de Bade et directeur des mines du prince de Furstemberg. Ces cristaux, qui sont diaphanes, réunissent à un volume considérable une forme nettement prononcée, dont toutes les faces sont exactement de niveau ; et la satisfaction d'en être redevable aux bontés d'un savant si justement célèbre a doublé le prix que leur donnent à mes yeux et leur perfection et l'heureuse influence qu'ont eue sur les résultats de mon travail les observations dont ils ont été le sujet.

(*) Cette erreur, qui est d'environ 8^d, provenait de ce qu'à l'époque de ma détermination, où les cristaux de plomb sulfaté étaient ici d'une extrême rareté, je m'étais servi, pour mesurer les angles primitifs, d'un petit fragment où les joints naturels, mis à découvert par la division mécanique, avaient un tissu inégal, capable de faire illusion sur leurs véritables inclinaisons respectives.

ONZIÈME ESPÈCE.

PLOMB HYDRO-ALUMINEUX.

(Plomb gomme.)

Caractères spécifiques.

Caract. physiques. Dureté. Ne rayant pas le verre; rayant la chaux fluatée.

Cassure. Conchoïde.

Aspect. Celui de la gomme arabique.

Electricité. Isolé et frotté, il acquiert une électricité résineuse très sensible.

Caract. chimiq. Un fragment se résout en une matière pâteuse, sans se dissoudre, dans l'acide sulfurique chauffé.

Exposé à la flamme d'une bougie, il décrépite. Si l'on approche avec précaution, pour éviter l'effet de la décrépitation, il blanchit; et si l'on emploie le chalumeau, il se couvre d'aspérités, et prend un aspect analogue à celui du chouffleur.

Analyse du plomb gomme de la mine d'Huelgoët en Bretagne, par M. Berzélius (Annales des Mines, 1820, p. 245):

Oxide de plomb	0,4614
Alumine	0,3700
Eau	0,1880
Acide sulfureux	0,0020
Chaux, oxide de manganèse et de fer	0,0180
Silice	0,0060
	0,9854

En terminant la description du genre dont le plomb forme la base, je ferai remarquer que c'est un des plus riches en combinaisons variées. On y trouve le plomb uni au soufre, à l'alumine, à l'eau, à l'oxide d'arsenic, à celui du chrome, et à six acides différens, dont trois, savoir l'acide molybdique, l'acide chromique et l'acide arsenique, appartiennent à d'autres métaux ; et les trois autres, savoir l'acide sulfurique, l'acide phosphorique et l'acide carbonique, appartiennent à des combustibles non métalliques. On pourrait peut-être ajouter l'acide muriatique ; mais il est douteux, comme je l'ai fait voir, qu'il intervienne comme principe essentiel dans la composition du plomb appelé *muriaté*.

Si le plomb est souvent le dernier dans l'ordre des propriétés relatives aux substances métalliques, telles que la dureté, l'élasticité, la ténacité, la ductilité et l'éclat, il semble se dédommager en occupant un rang distingué sur le tableau des combinaisons de ces substances avec divers minéralisateurs.

SECOND GENRE.

NICKEL.

(*Nickel*, W. *Nikkel*, K.)

PREMIÈRE ESPÈCE.

NICKEL NATIF.

(*Gediegen nickel*, W.)

Caractères du nickel pur.

Caractères distinctifs. Blanc métallique, malléable, et susceptible de magnétisme dans son état de pureté.

Caract. physiq. Pesant. spécif., environ 9.

Couleur. Le blanc, avec une nuance de gris.

Électricité. Isolé et frotté, il acquiert l'électricité résineuse, mais cette électricité est assez faible.

Magnétisme. Agissant par attraction sur l'aiguille aimantée, et susceptible d'acquérir des pôles.

Caract. chimiq. Réductible en oxide vert par la chaleur, avec le contact de l'air.

VARIÉTÉ.

Nickel natif *capillaire.*

(Haarkies, Werner et Reuss). *Pyrite capillaire.*

En filamens capillaires, d'un jaune de bronze, très fragiles.

Cette variété se trouve en Saxe, à Annaberg, Schneeberg et Johanngeorgenstadt, à Andreasberg, au Hartz, et à Joachimsthal en Bohême. Les échantillons que je possède viennent de ce dernier endroit, et ont pour gangue un quarz hyalin gris, mêlé de quarz – agate grossier, ayant beaucoup de rapport avec le hornstein des Allemands.

On a pris d'abord en Allemagne cette substance pour un fer sulfuré capillaire; on soupçonna ensuite que c'était du bismuth capillaire. M. Klaproth l'ayant soumise depuis à l'examen, a trouvé qu'elle était composée principalement de nickel métallique, et l'on a publié que le nickel y était mêlé avec une très petite quantité de cobalt et d'arsenic (*).

J'ai fait des tentatives inutiles pour reconnaître la vertu magnétique dans les filamens de cette substance; mais cette observation ne prouve rien relativement à l'existence de cette faculté dans le nickel pur, car l'arsenic a cette propriété singulière, que sa présence, lors même qu'il est en petite quantité, masque entièrement l'action du magnétisme.

Annotations.

La substance dont on retire communément le nickel est celle qui est connue sous le nom de *kupfernickel*, et qui appartient à l'espèce suivante. Elle contient, outre l'arsenic, d'autres métaux, et en particulier du fer. Lorsqu'on avait, pour ainsi dire, tourmenté le nickel de toutes les manières, on trouvait qu'il agissait sur l'aiguille aimantée, et on en

---

(*) Journal des Mines, n° 130, p. 321.

concluait qu'il était resté quelques molécules de fer
unies au nickel, et qu'il était impossible d'en séparer.

Cependant M. Klaproth, après avoir découvert que
le quarz-agate nommé *chrysoprase* devait sa couleur verte au nickel, crut pouvoir regarder comme
très pure la portion de ce métal qu'il avait obtenue
par l'analyse de la pierre dont il s'agit, et voyant que
le nickel, dans cet état, continuait d'agir sur l'aiguille aimantée, il pencha fortement à croire que le
même métal partageait avec le fer la propriété magnétique.

Cette opinion de M. Klaproth a eu d'abord peu de
partisans. On était accoutumé depuis si long-temps à
voir le fer seul en possession des propriétés magnétiques, que l'on s'imaginait que si un autre métal en
manifestait de semblables, il les devait à la présence
du fer, et cette conséquence paraissait d'autant plus
admissible dans le cas présent, que le nickel, tel
qu'on l'a trouvé jusqu'ici dans la nature, renferme
toujours une certaine quantité de fer, qui devient
sensible par l'analyse, et qu'il semble que l'on ait
droit d'en conclure que c'est à un reste de fer, dont
l'adhérence au nickel ne peut être vaincue par aucun moyen, que sont dus les effets magnétiques
que produit ce dernier métal. Il faudrait pourtant
que le fer eût une tendance bien forte pour rester attaché au nickel; car Bergmann, qui a fait de nombreuses expériences sur le nickel, et qui l'a manié et

remanié pendant des mois entiers, non-seulement
n'a jamais pu réussir à lui enlever sa propriété magnétique, mais a observé que plus il s'épurait, plus
cette propriété acquérait d'énergie.

On pouvait d'ailleurs répondre que la prérogative
qu'on accordait ici au fer devait paraître d'autant
plus extraordinaire, que la nature n'est pas, en
général, aussi exclusive dans sa manière d'agir. On
avait cru d'abord que la tourmaline était le seul minéral qui possédât la propriété étonnante de s'électriser par la chaleur, et voilà aujourd'hui plusieurs autres substances qui la possèdent comme elle.
La double réfraction du spath d'Islande avait paru
une merveille unique lors de sa découverte par Bar-
tholin, et depuis on l'a retrouvée dans presque tous
les autres minéraux. Et pourquoi n'en serait-il pas
du magnétisme comme de ces deux propriétés ?
Pourquoi voudrait-on que le fer fût, à cet égard, un
être privilégié, et qu'il n'y eût pas quelque autre
métal qui eût comme lui la faculté de coërcer le fluide
magnétique dans son intérieur, et d'être soumis à
son action ?

Ces réflexions s'étaient offertes plusieurs fois à mon
esprit, lorsque M. Vauquelin me remit une lame de
nickel qu'il avait épurée, en employant tous les
moyens que lui fournissait la Chimie. Pour écarter
jusqu'au moindre soupçon sur l'influence du fer
dans le magnétisme du nickel, je soumis à l'expérience cette lame, dont le poids était de 45 centi-

grammes, ou environ 8 grains $\frac{1}{5}$. Elle agissait d'abord seulement par attraction sur l'aiguille aimantée; mais, en employant la méthode de Coulomb, je parvins facilement à lui communiquer le magnétisme polaire, en sorte qu'elle exerçait des attractions et des répulsions très marquées sur l'aiguille, et qu'ayant été suspendue à un fil de soie très délié, elle se dirigea aussitôt de la même manière qu'une aiguille de fer qui avait reçu le magnétisme. J'observai de plus que cette lame portait un fil de fer qui avait environ le tiers de son poids. Or, si l'on considère que le fer ne serait point ici à l'état d'acier, on concevra que la quantité de fer magnétique que l'on supposerait disséminée dans l'intérieur de cette lame, ne devrait pas être très inférieure à celle du fer qu'elle est capable de supporter. Mais, pour s'assurer que le nickel ne contenait pas à beaucoup près $\frac{1}{100}$ de fer, M. Vauquelin, en faisant fondre le nickel, y ajoutait une quantité de fer beaucoup moindre, et cet atome de fer devenait sensible à l'aide des réactifs. J'ajoute que le fer n'étant point combiné dans le nickel, son magnétisme serait fugitif comme celui du fer ordinaire, et ne pourrait se conserver pendant plusieurs années. Il faut donc que le magnétisme dépende ici du nickel, qui, par sa nature, exerce sur le fluide magnétique une force coërcitive analogue à celle de l'acier.

Dans ces derniers temps, M. Laugier ayant soupçonné que le terme auquel s'était arrêtée l'analyse dans les tentatives faites pour épurer le nickel, n'était pas le dernier auquel il fût possible d'atteindre, entreprit de nouvelles recherches dans la vue d'essayer s'il ne débarrasserait pas ce métal d'une petite quantité de matière étrangère, qui serait restée jusqu'alors comme enchaînée à ses molécules propres. Il employa les précautions les plus scrupuleuses pour écarter jusqu'aux moindres causes d'erreur, et pour arriver à un résultat qui pût être regardé comme étant en quelque sorte le dernier mot de la Chimie (*). M. Laugier ayant bien voulu me donner une lame de son nickel, je m'aperçus, en la faisant tourner vis-à-vis d'une des extrémités d'une aiguille aimantée, qu'elle avait acquis naturellement des pôles entre les mains de ce célèbre chimiste; et cette vertu s'est soutenue depuis plus de six mois sans altération sensible. L'action polaire est d'autant plus remarquable dans le cas présent, qu'elle est le résultat d'une simple opération d'analyse qui semble être étrangère aux moyens qu'on emploie communément pour la faire naître.

SECONDE ESPÈCE.

NICKEL ARSENICAL.

(*Kupfernickel*, W. *et* K.)

Caractères spécifiques.

Caractères essentiels. Jaune-rougeâtre; formant en peu de temps un dépôt verdâtre dans l'acide ni-

---

(*) Annales de Chimie et de Physique, t. IX, p. 267.

trique. Exhalant une odeur d'ail par le choc du briquet.

Caract. phys. Pesant. spécif., 6,6086...6,6481.

Consistance. Très cassant.

Couleur. Jaune rougeâtre, tirant sur celui du cuivre pur.

Cassure. Raboteuse et peu brillante.

Caract. chim. Mis dans l'acide nitrique, il y forme presque aussitôt un dépôt verdâtre. Au chalumeau, il répand une odeur d'ail.

Caract. dist. 1°. Entre le nickel arsenical et le cuivre natif. Celui-ci est ductile et l'autre cassant ; il se dissout dans l'acide nitrique, le nickel y forme un précipité verdâtre. 2°. Entre le même et le cuivre pyriteux hépatique. Celui-ci ne donne point de dépôt verdâtre dans l'acide nitrique, et ne répand point d'odeur d'ail par l'action du feu.

VARIÉTÉ.

Nickel arsenical *massif.*

Annotations.

Le nickel arsenical accompagne ordinairement l'une des quatre substances métalliques suivantes ; l'argent, le plomb, le cobalt et le cuivre ; et ainsi ses gissemens doivent être rapportés à ceux de ces substances. J'ai dans ma collection des morceaux qui offrent les réunions dont je viens de parler. L'une est

celle du nickel arsenical avec le cobalt arsenical ;
les deux substances ont pour gangue le quarz-agate
grossier, et ce morceau vient de Schneeberg en Saxe.
Une autre réunion est celle du nickel arsenical avec
le cuivre natif ; ils sont accompagnés de baryte sulfatée ; ce morceau vient de Bieberg dans le Hanau.
Un troisième morceau présente le cobalt arsenical
ramuleux, filiciforme, pseudomorphique sur le cobalt
arsenical nickélifère. Il arrive quelquefois que l'argent
filiciforme qui accompagne le cobalt arsenical devient
le sujet d'une pseudomorphose dans laquelle il est
remplacé par le cobalt. C'est ce que les anciens minéralogistes ont appelé *cobalt tricoté*, ainsi que je
l'ai dit en parlant de l'argent.

On trouve aussi le nickel arsenical dans le comté
de Cornouailles en Angleterre, et à Allemont en
France dans le département de l'Isère.

La ressemblance qui existe entre ce minéral et le
cuivre le fit prendre d'abord pour une mine de ce
dernier métal. Cronstedt annonça le premier, dans les
Transactions philosophiques de Suède, 1751, qu'il
avait reconnu dans le minéral dont il s'agit l'existence d'un nouveau métal auquel il donna le nom de
nickel, et les résultats de ses expériences qui avaient
d'abord souffert quelques contradictions ont été depuis pleinement confirmées par Bergmann et par plusieurs autres chimistes d'un mérite distingué.

Mais si l'on ne peut douter aujourd'hui que le
nickel ne soit un métal particulier, il ne me paraît

pas que nos connaissances soient de même fixées par rapport à la véritable composition des espèces qui sous-divisent le genre de ce métal.

On avait annoncé que dans le nickel capillaire, il était simplement mêlé d'une petite quantité de cobalt et d'arsenic. D'une autre part, M. Vauquelin regardait le kupfernickel comme le résultat d'une véritable combinaison du nickel avec l'arsenic. C'est en partant de ces indications que j'avais établi ici deux espèces sous les noms de *nickel natif* et de *nickel arsenical*. Aussi M. Karsten, qui était auprès de M. Klaproth et se conformait en tout à ses résultats, a-t-il placé le nickel capillaire à la tête du genre de ce métal sous le nom de *gediegen nickel*, c'est-à-dire *nickel natif*.

Klaproth, dans son nouveau Dictionnaire de Chimie, regarde le nickel capillaire comme une combinaison du nickel avec l'arsenic et le cobalt ; et le kupfernikel comme une combinaison du même métal avec le fer, le cobalt, l'arsenic et le soufre. M. Thomson y ajoute le cuivre et le bismuth. (Syst. de Chimie, t. I, p. 309.) Il me semble que les chimistes ont un peu prodigué le mot de *combinaison*. J'ai peine à croire qu'une espèce puisse résulter de la réunion intime de six ou sept substances différentes ; la nature procède d'une manière plus simple. Je ne nie pas que l'affinité n'ait agi dans le cas présent, et même avec une grande énergie, puisqu'il est extrêmement difficile d'obtenir le nickel à l'état de pureté. Mais il en résulte seulement que les molécules des autres substances ont été fortement soudées par l'affinité aux molécules du nickel, et non pas que leurs manières d'être les unes à l'égard des autres aient déterminé cette limite à laquelle répond la véritable combinaison, savoir celle qui influe sur la forme de la molécule intégrante.

Ce qui me paraît résulter au moins de la discussion précédente, c'est qu'on ne voit pas encore clairement en quoi le nickel capillaire diffère du kupfernickel, puisque tous deux renferment de l'arsenic que l'on dit y être à l'état de combinaison; c'est que la nature du kupfernickel lui-même n'est pas encore bien connue.

TROISIÈME ESPÈCE.

NICKEL ARSENIATÉ (Stromeyer), ci-devant NICKEL OXIDÉ.

(*Nickelocher*, W.)

Caractères spécifiques.

Caractère essentiel. Verdâtre; non soluble dans l'acide nitrique.

Caract. phys. Couleur. Verdâtre.

Caract. chim. Réductible par le chalumeau en nickel métallique, à l'aide du borax. Non soluble dans l'acide nitrique.

Caract. distinct. 1°. Entre le nickel arseniaté et le bismuth oxidé. Celui-ci se dissout avec une vive effervescence dans l'acide nitrique, en y répandant un nuage verdâtre, qui disparaît après la dissolution. Le nickel arseniaté s'y précipite sous la forme d'un dépôt verdâtre, qui y est permanent. 2°. Entre le même et le cuivre carbonaté vert. Celui-ci se dissout plus ou moins lentement dans l'acide nitrique; l'autre y reste sous la forme d'un précipité verdâtre.

VARIÉTÉS.

1. Nickel arseniaté *massif*.
2. *Pulvérulent*.

Annotations.

Le nickel arseniaté recouvre souvent les mines de nickel arsenical, sous la forme d'une espèce de croûte, ou d'une efflorescence plus ou moins verte; et la présence du minéral qui lui a donné naissance en se décomposant, et qu'un œil exercé reconnaît facilement, est un indice heureux, relativement à cet oxide, dont les caractères extérieurs sont, au contraire, si peu parlans. Lorsque le nickel arseniaté est d'une couleur blanchâtre, il suffit d'en mettre un petit fragment dans l'acide nitrique, pour voir la couleur naturelle se développer.

Une circonstance assez remarquable, c'est que ce minéral soit encore ici mélangé d'une certaine quantité de fer, qui est d'environ 8,6 sur 100. Il semble que le fer soit le satellite du nickel : il se trouve associé à ce métal jusque dans les masses pierreuses tombées de l'atmosphère, et les deux substances, toujours en société l'une avec l'autre dans le sein de la terre, s'unissent encore pour voyager ensemble dans les espaces célestes, comme si l'attraction magnétique qui leur est commune intervenait avec l'affinité pour les rendre inséparables.

TROISIÈME GENRE.

CUIVRE.

(*Kupfer*, W. et K.)

PREMIÈRE ESPÈCE.

CUIVRE NATIF.

(*Gediegen kupfer*, W.)

Caractères spécifiques.

Caract. géométr. Cristallisation susceptible d'être ramenée au cube.

Caract. auxiliaire. Rouge-jaunâtre et malléable.

Caract. phys. Densité. Moindre que celle du platine, de l'or, du mercure, du plomb et de l'argent; plus grande que celle du fer et de l'étain. Pesanteur spécifique du cuivre natif de Sibérie, 8,5844.

Dureté. Moindre que celle de l'acier et du platine; plus grande que celle de l'argent, de l'or, de l'étain et du plomb.

Elasticité. Id.

Ductilité. Moindre que celle de l'or, du platine et de l'argent; plus grande que celle du fer, de l'étain et du plomb.

Ténacité. Moindre que celle de l'or et du fer; plus grande que celle du platine, de l'argent, de l'étain et du plomb.

Éclat. Moindre que celui du platine, de l'acier, de l'argent et de l'or; supérieur à celui de l'étain et du plomb.

Couleur. Le rouge-jaunâtre.

Résonnance. Le plus sonore des métaux.

Odeur. Par le frottement, stiptique et nauséabonde.

Caract. chim. Dissolution bleue par l'ammoniaque.

Caractères distinctifs. 1°. Entre le cuivre natif et l'or natif. La pesanteur spécifique de l'or est presque double de celle du cuivre; il n'est point soluble comme celui-ci, du moins d'une manière sensible, par l'acide nitrique. Sa couleur est le jaune pur, et celle du cuivre le rouge-jaunâtre. 2° Entre le même et le cuivre pyriteux. Celui-ci est cassant, et le cuivre natif ductile. La couleur du cuivre pyriteux est d'un jaune légèrement verdâtre, et celle du cuivre natif d'un rouge mêlé de jaunâtre. 3° Entre le même et le nickel arsénical, dit *kupfernickel*, qui a du rapport avec lui par sa couleur. Celui-ci n'est pas ductile comme le cuivre. Il étincelle sous le briquet en donnant une odeur d'ail, ce que ne fait pas le cuivre.

VARIÉTÉS.

Formes déterminables.

1. Cuivre natif *cubique* (fig. 1), pl. 86.

2. Cuivre natif *octaèdre* (fig. 2). Octaèdre régulier. De Born, Catal., t. II, p. 308.

a. Transposé.

3 Cuivre natif *cubo-octaèdre* (fig. 3). *De Lisle*, t. III, p. 305.

4. Cuivre natif *cubo-dodécaèdre* (fig. 6). Le cube émarginé.

5. Cuivre natif *triforme* (fig. 8). Dérivé du cube par les faces *r*, du dodécaèdre rhomboïdal par les facettes *s*, et de l'octaèdre régulier par les facettes *n*.

6. Cuivre natif *trihexaèdre?* Composé d'un dodécaèdre bi-pyramidal très surbaissé, et d'un prisme hexaèdre très court, interposé entre les deux pyramides. Cette forme est du même genre que celle du molybdène sulfuré trihexaèdre. Les cristaux que j'ai dans ma collection sont trop petits pour que j'aie pu en déterminer les angles avec précision. L'incidence des faces de chaque pyramide sur les pans correspondans, m'a paru s'éloigner peu de 125^d, ce qui donnerait à peu près 146^d pour celle de deux faces adjacentes, telles que *s* et *t*.

Formes indéterminables.

Cuivre natif *ramuleux*.

a. Divergent. En rameaux qui s'étendent dans différens sens.

b. Réticulaire. Formant des espèces de réseaux engagés entre les feuillets des pierres.

Cuivre natif *filamenteux*. Cette variété, qui est très rare, a été trouvée près de Temeswar.

Cuivre natif *laminaire*.

Cuivre natif *lamelliforme*.

Cuivre natif *granuliforme*.

Cuivre natif *concrétionné*.

a. Mamelonné.

b. Botryoïde. En grains dont l'assemblage imite une grappe de raisin.

Cuivre natif *massif*.

Annotations.

Les minéralogistes ont attribué une double origine au cuivre natif. Celui qui se rapporte à la première est en cristaux réguliers, en lames ou en filamens. Quoique son origine soit ancienne, il n'appartient cependant pas aux terrains qui tiennent le premier rang dans la succession des époques géologiques. On en trouve en Angleterre, au comté de Cornouailles, qui est disséminé dans les granites, sous la forme de petites touffes imparfaitement ramuleuses; mais

M. Playfair, géologue anglais, regarde ces granites comme étant de seconde formation. Le pays où le cuivre natif abonde le plus, savoir la Sibérie, dans les monts Ourals, offre aussi ce métal engagé dans des roches que l'on regarde comme ayant été formées après les plus anciennes, telles que le mica schistoïde, et où sa gangue immédiate est souvent une chaux carbonatée lamellaire. Souvent aussi le cuivre natif s'associe d'autres espèces du même genre, tels que le cuivre oxidulé, le cuivre carbonaté et le cuivre hydro-siliceux. Parmi les substances métalliques d'un genre différent qui accompagnent le cuivre, une des plus communes est le fer oxidé. Le cuivre natif de première formation appartient aussi aux terrains de nature douteuse : on le trouve avec la prehnite dans le xérasite d'Oberstein, et les wackes de Feroë contiennent du cuivre natif associé à la mésotype. La même substance est enveloppée d'argile lithomarge, à Dognatzka. Elle n'a guère été trouvée en France, jusqu'ici, qu'à Saint-Bel, et à Chessy, près de Lyon.

La seconde formation du cuivre natif nous présente cette substance métallique à l'état de concrétion : c'est ce qu'on appelle communément *cuivre de cémentation*. Il paraît que ce cuivre provient de la décomposition du cuivre pyriteux, pendant laquelle il s'est formé du cuivre sulfaté par l'intermède de l'oxigène, dont une partie, en s'unissant au soufre, a produit de l'acide sulfurique, et l'autre, en se portant sur le cuivre, l'a converti en cuivre oxidé, qui s'est combiné avec l'acide sulfurique; le cuivre sulfaté, entraîné par les eaux, a subi, à son tour, une décomposition, au moyen de laquelle le cuivre, devenu libre et ayant repris l'état métallique, s'est déposé à la surface des pierres, ou même de certains corps organiques, tels que des branches d'arbre. On a supposé que la décomposition dont je viens de parler avait eu lieu par l'intermède du fer, qui s'était emparé de l'acide sulfurique uni au cuivre; ce qu'il y a de certain, c'est qu'il est facile de produire instantanément une semblable décomposition, en faisant passer avec frottement un morceau de cuivre sulfaté sur du fer humide.

Le cuivre, beaucoup plus commun que l'or et l'argent, et beaucoup plus traitable que le fer, est une espèce de métal intermédiaire, dont la privation laisserait un grand vide dans les productions les plus utiles des Arts. Mais il est sujet à se couvrir de vert-de-gris par le contact de l'air et de l'humidité, et cette couleur verte, qui a tant d'attraits par elle-même pour nos yeux, devient ici un indice d'autant plus fâcheux de l'altération dont elle est l'effet, qu'elle annonce la présence d'un véritable poison. Le célèbre Schoëffer, que la reine Christine de Suéde avait appelé à Upsal, pour y professer l'éloquence et la politique, ayant persuadé aux Suédois de proscrire l'usage de ce métal dans leurs cuisines, la reconnaissance publique lui décerna une statue, dont la matière ne pouvait être mieux choisie : c'était le cuivre qui l'avait fournie.

Cependant, les vases de cuivre ne seraient réellement dangereux qu'autant qu'il y aurait dans l'étamage des interruptions qui mettraient des parties cuivreuses à découvert. On avait cru que, dans le cuivre même le mieux étamé, les alimens pouvaient contracter des qualités nuisibles, en se chargeant de quelques atomes métalliques ; mais les expériences de M. Proust tendent encore à nous rassurer à cet égard, seulement il faut éviter de laisser séjourner dans les vases de cuivre étamé, des liqueurs acides ou des comestibles salés.

L'usage le plus distingué que l'on fasse du cuivre est de l'employer, au moyen de la gravure, à multiplier les copies des chefs-d'œuvre de peinture et de sculpture, et les dessins en perspective ou en projection d'une multitude d'objets.

L'alliage de cuivre et de zinc porte le nom de *cuivre jaune* ou de *laiton*, lorsqu'on le fait en cémentant le cuivre avec l'oxide de zinc nommé *calamine* ; mais si l'on unit directement les deux métaux par la fusion, l'alliage est appelé *similor*, *tombac* ou *or de Manheim*. Cette union du zinc avec le cuivre diminue beaucoup la tendance du cuivre pour se convertir en vert-de-gris.

D'une autre part, le cuivre jaune est moins docile sous le marteau que le cuivre *de rosette* ou le cuivre rouge fondu; mais il coule facilement dans tous les moules qu'on lui présente, il en prend fidèlement tous les traits, il se prête à l'action la plus délicate de la lime, et reçoit un beau poli. Il fournit ainsi à l'horlogerie la plupart des pièces que cet art emploie dans la construction des montres et des pendules; il offre des ressources précieuses à une multitude d'autres arts; toutes ces machines électriques ou pneumatiques qui meublent nos cabinets de physique, ces quarts de cercle et autres instrumens destinés pour les opérations astronomiques ou géodésiques, sont autant de preuves des nombreux services que le cuivre transformé en laiton rend aux sciences.

On a déterminé la quantité dont le laiton se dilate par l'élévation de la température, et l'on a trouvé que, pour chaque degré de Réaumur, il se dilate d'environ $\frac{1}{43000}$ de chacune de ses dimensions; dans le même cas, la dilatation du fer est de $\frac{1}{73000}$, d'où il suit que les dilatations du laiton et du fer, toutes choses égales d'ailleurs, sont entre elles dans le rapport d'environ 5 à 3. On a profité de ce rapport pour corriger les irrégularités des horloges, qui résultent de ce que, quand la chaleur augmente, elle alonge la verge du pendule, ce qui ralentit le mouvement d'oscillation de cette verge; et quand le temps devient froid, la verge se raccourcit, ce qui accélère ses oscillations.

Pour remédier à cet inconvénient, on réunit ensemble des verges de cuivre et des verges de fer,

auxquelles on donne les dimensions requises pour que
leurs longueurs soient en rapport inverse de leurs dilatations, d'où il suit qu'elles doivent se dilater ou se
contracter de la même quantité par une même variation dans la température. Le tout est tellement
ajusté, que quand la verge à laquelle est suspendue
la lentille, dont les oscillations règlent le mouvement
de la pendule, s'alonge ou se raccourcit de manière
à faire descendre ou monter le centre d'oscillation,
la verge d'un métal différent subit, en sens contraire,
les mêmes changemens, en sorte que la partie qui
oscille reste constamment de la même longueur, ou,
ce qui est l'équivalent, les oscillations ont toutes la
même durée. C'est à cela que revient l'effet du pendule que l'on appelle *compensateur* : on est ainsi parvenu, par un procédé ingénieux, à tourner la cause
de son irrégularité contre elle-même, et à faire naître de ses anomalies, la constance et l'uniformité.

Ce que les anciens appelaient *æs*, expression que
nous traduisons par *bronze* et *airain*, était un alliage de cuivre avec d'autres substances métalliques
de différentes espèces. Le bronze ou l'airain des modernes est composé de cuivre allié à une certaine
quantité d'étain. Il fournit la matière d'une grande
partie des statues, celle des canons, des mortiers et
de tout ce que l'artillerie a de plus redoutable. La
surface de ces différens ouvrages se couvre souvent,
à la longue, d'un enduit verdâtre que les antiquaires
nomment *patine*; et cet enduit, qui est l'effet d'un

commencement de destruction, devient ensuite un préservatif pour le métal intérieur, en sorte que les statues anciennes, protégées par cette espèce de manteau contre les injures du temps, doivent leur conservation à la cause même qui avait paru d'abord menacer leur existence.

SECONDE ESPÈCE.

CUIVRE PYRITEUX.

(*Kupferkies*, W. et K.).

Caractères spécifiques.

Caract. géométr. Forme primitive : le tétraèdre régulier (fig. 100, pl. 97). Quelques cristaux offrent des indices de lames parallèles aux faces de ce solide.

Moléc. intégrante. Id.

Cassure. Raboteuse.

Caract. auxiliaire. Couleur d'un jaune métallique.

Caract. physiq. Pesant. spécif., 4,315.

Consistance. Non malléable; cédant aisément à la lime; donnant rarement des étincelles par le choc du briquet.

Couleur. Le jaune de laiton, mais plus foncé; tirant quelquefois sur la couleur de l'or allié au cuivre.

Caract. chim. Au chalumeau, il se fond d'abord en un globule noir, qui, à l'aide d'un feu prolongé, finit par offrir le brillant métallique du cuivre.

Caract. distinct. 1°. Entre le cuivre pyriteux et l'or natif. Celui-ci est malléable et l'autre cassant; il se fond au chalumeau, en conservant sa couleur, tandis que le cuivre pyriteux y donne d'abord un globule noir. 2°. Entre le même et le fer sulfuré. Celui-ci résiste beaucoup plus à la lime; il donne communément des étincelles par le choc du briquet, et le cuivre pyriteux rarement. Ses formes cristallines ne sont jamais le tétraèdre, soit complet, soit épointé ou émarginé. 3°. Entre le même et le bismuth natif. Celui-ci a le tissu beaucoup plus sensiblement lamelleux; il coule facilement au chalumeau, sans perdre son éclat, au lieu que le cuivre pyriteux commence par s'y convertir en un globule noir.

Analyse du cuivre pyriteux mamelonné d'Angleterre, par Chenevix (Transact. philosoph., 1801):

Cuivre métallique	30
Oxide de fer	53
Soufre	12
Silice	5
	100.

Du cuivre pyriteux de Saintbel, par Gueniveau (Journal des Mines, n° 112, p. 117):

Cuivre métallique	30,2
Fer métallique	32,3
Soufre	37
Perte	0,5
	100,0.

Analyse du cuivre pyriteux de Baigorry, par le même (*ibid.*) :

$$
\begin{array}{ll}
\text{Cuivre métallique.} & 3o,5 \\
\text{Fer métallique} & 33 \\
\text{Soufre} & 35 \\
\text{Perte} & 1,5 \\
\hline
& 100,0.
\end{array}
$$

Du cuivre pyriteux hépatique, par Klaproth (Karst., Tab. min., p. 166) :

$$
\begin{array}{ll}
\text{Cuivre} & 63,7 \\
\text{Fer} & 12,7 \\
\text{Soufre} & 19 \\
\text{Oxigène} & 4,5 \\
\text{Perte} & 0,1 \\
\hline
& 100,0.
\end{array}
$$

VARIÉTÉS

FORMES DÉTERMINABLES.

Quantités composantes des signes représentatifs.

PA 'A' BBBBA *A* A.

Combinaisons une à une.

1. Cuivre pyriteux *primitif*. P (fig. 100)
Romé de l'Isle, t. III, p. 310.

2. *Dodécaèdre.* $B\overset{3}{B}$ (fig. 101).

De l'Isle, t. III, p. 313.

Deux à deux.

3. *Épointé.* PA $^{\prime}A^{\prime}$ (fig. 102).

a. Symétrique. Toutes les faces sont des triangles équilatéraux, et la forme est celle de l'octaèdre régulier (*).

b. Transposé. En octaèdre dont une moitié est censée avoir tourné sur l'autre d'une quantité égale à un sixième de circonférence. Voyez la variété de spinelle qui porte le même nom, t. II, p. 168.

Henckel a cité des pyrites cuivreuses qui, d'après la description qu'il en donne, seraient des pyramides droites ayant pour faces des triangles isocèles. Romé de l'Isle, qui en parle d'après lui, en fait sa 3ᵉ variété, p. 313. Je n'ai point observé cette forme, qui dérogerait à la symétrie ordinaire des cristaux, en ce que les décroissemens n'agiraient pas de la

---

(*) M. Mohs ayant mesuré les angles de cristaux appartenans à cette variété, a trouvé qu'ils différaient sensiblement de ceux de l'octaèdre régulier, et ne pouvaient se rapporter qu'à un octaèdre à base carrée, qu'il adopte pour forme primitive de l'espèce. Les échantillons dont j'ai pu disposer jusqu'à présent, ne m'ont pas permis d'apprécier la justesse de cette observation.

même manière, relativement à des parties opposées
entre elles sur la forme primitive.

4. *Cubo-tétraèdre.* $\overset{2}{P}BB$ (fig. 103).
$$f$$

Trois à trois.

5. *Unibinosénaire.* $A\ {}^{1}A\ {}^{1}A\ {}^{1}A\ \overset{2}{A}$.

Formes indéterminables.

Cuivre pyriteux *concrétionné.* En masses mamelonnées ou tuberculeuses, dont la surface est souvent
d'un gris bronzé, plus ou moins sombre, et dont
la cassure est plus terne que celle des autres variétés.

Cuivre pyriteux *massif.* En masses quelquefois
très considérables.

Accidens de lumière.

Cuivre pyriteux *irisé.* Vulgairement *pyrite à gorge
de pigeon* ou *à queue de paon.*

APPENDICE.

Cuivre pyriteux *hépatique.* Bunt-Kupfererz, W.
Cette variété présente, à sa surface et dans sa cassure, différentes teintes de jaune-rougeâtre, de violet, de bleu et de verdâtre. Elle est souvent fragile

au point de céder à la pression de l'ongle. Souvent aussi elle se délite par feuillets. L'endroit où on l'a grattée est ordinairement rougeâtre, quelle que fût la couleur primitive. Quelques morceaux, dont la décomposition est plus avancée, sont tout-à-fait bruns. En plaçant ici cette substance, j'ai suivi l'opinion de plusieurs minéralogistes d'un mérite distingué, qui la regardent comme devant son origine au cuivre pyriteux. Il semble que les couleurs vives et variées qui ornent certaines masses de cette dernière mine, soient le premier degré de l'altération qui produit le cuivre hépatique, en pénétrant à l'intérieur. Le résultat de l'analyse citée plus haut est d'accord avec cette opinion, en ce qu'on y retrouve, comme dans le cuivre pyriteux, les principes du fer sulfuré unis au cuivre.

Relations géologiques.

Parmi les diverses espèces de substances métalliques qui constituent un même genre, il y en a souvent une que l'observation indique comme étant la tige de la famille entière, considérée sous le rapport de la géologie, et celle qui, suivant l'expression de M. Jameson, donne la clef pour déterminer l'époque à laquelle répond la naissance du métal pris en général; et ce n'est pas toujours l'espèce qui offre le métal à l'état natif, et qui tient le premier rang dans la méthode minéralogique. Dans le genre du cuivre, c'est le cuivre pyriteux qui doit être considéré comme le chef de la famille. Seul, il constitue des masses considérables engagées dans le gneiss, ce qui lui a fait donner un rang parmi les roches proprement dites. On le trouve aussi en couches dans le mica schistoïde, dans le talc schistoïde, dans le schiste et dans la chaux carbonatée stratiforme la plus ancienne. La variété dite *cuivre hépatique* forme aussi des couches dans le mica schistoïde, en Silésie, près de Temeswar, dans le Bannat, et à Röraas en Norwége.

Le cuivre pyriteux existe aussi en filons dans les différentes roches dont j'ai parlé, surtout dans les primitives, où il adhère, soit à d'autres espèces de cuivre, soit à des minéraux de diverses natures, tels que le quarz, la chaux carbonatée, la chaux fluatée, la baryte sulfatée, le spath perlé, le fer spathique, etc. Dans la province de Smoland en Suède, il a pour gangue un diorite abondant en amphibole (grünsteinbasalt), accompagné de quarz, et renfermant des parcelles de pyrite magnétique.

Annotations.

Il n'est pas facile, dans l'état actuel de nos connaissances, de décider en quoi consiste précisément la nature du cuivre pyriteux. J'ai cité trois analyses de ce minéral, dont la première a été faite par M. Chenevix, l'un des plus habiles chimistes d'Angleterre, et les deux autres par M. Gueniveau, ingénieur des mines d'un mérite distingué.

Ces analyses coïncident relativement à la quantité de cuivre; mais elles diffèrent beaucoup dans le rapport du fer au soufre. M. Gueniveau essaie de les concilier, en supposant que, dans l'opération faite par M. Chenevix, l'action de l'acide nitrique a brûlé une certaine quantité de soufre, et qu'en même temps le fer s'est oxidé. Effectivement, M. Gueniveau, en calculant la quantité d'oxigène dont le fer a dû s'emparer, trouve qu'elle compense à peu près la perte que la pyrite a faite de son soufre par la combustion. Mais M. Chenevix avait prévu l'objection; il est persuadé que le cuivre et le fer sont ici dans les deux états énoncés par l'analyse, et cela d'autant plus que les produits de l'opération ont donné un poids égal à celui de la matière employée, et qu'il n'est rien moins que probable que l'oxigène soit venu compenser tout juste la perte que la pyrite aurait faite de son soufre par la combustion.

L'incertitude qui nous reste encore sur la nature de la substance qui nous occupe m'a engagé à lui donner le nom de cuivre *pyriteux*, qui ne présume rien, en attendant que la Chimie nous ait indiqué celui qu'elle doit porter. Il serait d'autant plus à désirer qu'elle nous donnât son dernier mot à cet égard, qu'il servirait à répandre du jour sur une discussion dans laquelle j'entrerai bientôt, à l'occasion du cuivre gris, et dans laquelle nous verrons reparaître le cuivre pyriteux.

Cette substance métallique étant la plus commune

des mines de cuivre, est en même temps celle qui fournit la plus grande partie du cuivre employé par les Arts; et comme elle contient beaucoup de fer, il reste ordinairement des particules réduites de ce métal engagées dans le laiton, qui résulte de l'union du cuivre avec le zinc. De là vient qu'un grand nombre de chandeliers et autres instrumens de laiton agissent sur l'aiguille aimantée; mais ce n'est qu'un magnétisme d'emprunt, bien différent de celui du nickel, qui appartient en propre à ce métal.

Le cuivre pyriteux est susceptible d'une altération à la faveur de laquelle sa surface s'embellit des plus belles couleurs de l'iris. On a comparé ces couleurs à celles qui ornent la queue du paon ou la gorge des pigeons. Mais il y a ici une différence physique qui est à l'avantage de ces oiseaux: car, au lieu que chaque nuance de couleur est fixe au même point de la pyrite, les couleurs du paon deviennent mobiles avec l'oiseau lui-même, en sorte que chacune de ses positions produit un jeu de reflets qui disparaissent ensuite pour faire place à de nouveaux reflets, et aller eux-mêmes se reproduire ailleurs.

TROISIÈME ESPÈCE.

CUIVRE GRIS.

MINE DE CUIVRE GRISE ET D'ARGENT GRISE DES ANCIENS MINÉRALOGISTES.

Caractères spécifiques.

Caract. géométr. Forme primitive : le tétraèdre régulier (fig. 110, pl. 98).

Molécule intégrante. *Id.*

Cassure. Raboteuse et peu éclatante.

Caract. auxil. Couleur d'un gris métallique.

Caract. physiq. Pesant. spécif. 4,8648.

Consistance. Non malléable. Facile à briser.

Couleur de la surface. Semblable à celle de l'acier poli ; mais les cristaux sont susceptibles de se ternir à l'air, et de se couvrir d'une espèce de rouille.

Couleur de la poussière. Noirâtre, quelquefois avec une légère teinte de rouge.

Electricité. Acquérant par le frottement une forte électricité résineuse, lorsqu'il est isolé.

Caract. chim. Réductible au chalumeau en un bouton métallique, qui contient du cuivre.

Analyse du cuivre gris arsenifère (fahlerz) de la mine de Jung-Hohe-Birke, près de Freyberg, par Klaproth (Beyt., t. IV, p. 47) :

Cuivre................ 41
Soufre................ 10
Arsenic............... 24,1
Fer................... 22,5
Argent................ 0,4
Perte................. 2
                     ____
                      100,0.

Analyse du cuivre gris arsenifère de la mine de Krône, près de Freyberg, par le même (*ibid.*, p. 49) :

Cuivre................ 48
Soufre................ 10
Arsenic............... 14
Fer................... 25,5
Argent................ 0,5
Perte................. 2
                     ____
                      100,0.

Du cuivre gris antimonifère (graugültigerz) de Kapnick, par le même (*ibid.*, p. 61) :

Cuivre................ 37,75
Soufre................ 28
Antimoine............. 22
Zinc.................. 5
Fer................... 3,25
Argent et manganèse... 0,25
Perte................. 3,75
                     ____
                      100,00.

Analyse du cuivre gris en masse de Poratsch dans
la Haute-Hongrie, par le même (*ibid.*, p. 65) :

$$
\begin{array}{ll}
\text{Cuivre} & 39 \\
\text{Soufre} & 26 \\
\text{Antimoine} & 19,5 \\
\text{Fer} & 7,5 \\
\text{Mercure} & 6,25 \\
\text{Perte} & \underline{1,75} \\
& 100,00.
\end{array}
$$

Du cuivre gris de Saint-Wenzel, près de Wolfach,
à l'état de cristallisation, par le même (*ibid.*, p. 73) :

$$
\begin{array}{ll}
\text{Cuivre} & 25,5 \\
\text{Soufre} & 25,5 \\
\text{Antimoine} & 27 \\
\text{Fer} & 7 \\
\text{Argent} & 13,25 \\
\text{Perte} & \underline{1,75} \\
& 100,00.
\end{array}
$$

Du cuivre gris de la vallée de Loanzo en Piémont,
par Nappione (Mém. de l'Acad. de Turin, an 1791,
p. 73) :

$$
\begin{array}{ll}
\text{Cuivre} & 29,3 \\
\text{Soufre} & 12,7 \\
\text{Antimoine} & 36,9 \\
\text{Fer} & 12,1 \\
\text{Argent} & 0,7 \\
\text{Arsenic} & 4,0 \\
\text{Alumine} & 1,1 \\
\text{Perte} & \underline{3,2} \\
& 100,0.
\end{array}
$$

Caractères distinctifs. 1°. Entre le cuivre gris et le fer oligiste. Celui-ci agit sur le barreau aimanté; ses formes cristallines ne sont jamais ni le tétraèdre, ni ses modifications, comme dans l'espèce du cuivre gris. 2°. Entre le même et le fer arsenical. Celui-ci donne une odeur d'ail sensible par le choc du briquet, ou par l'action du feu, ce qui n'a point lieu pour le cuivre gris. Sa couleur tire sur le blanc d'argent, et celle du cuivre gris, sur le gris d'acier. Ses formes cristallines n'ont aucun rapport avec le tétraèdre régulier.

VARIÉTÉS.

FORMES DÉTERMINABLES.

Quantités composantes des signes représentatifs.

$$PA\ ^1A^1\ A\ ^2A^3\ A^{\frac{2}{3}\frac{2}{3}}A^{\frac{2}{3}}BBBB.$$
$$P\ ^1e\ \ \ ^2e\ \ \ \ r\ \ \ f\ ^1l^3$$

Combinaisons une à une.

1. Cuivre gris *primitif* (fig. 100).
De l'Isle, t. III, p. 317.

2. *Dodécaèdre.* $\overset{3}{B}\overset{}{B}$ (fig. 101)
$$\overset{3}{}{}_{1}$$

De l'Isle, t. III, p. 323. La forme primitive dont chaque face porte une pyramide triangulaire très obtuse.

Deux à deux.

3. *Épointé.* PA^1A^1 (fig. 102).
$$\overset{1}{P}\ _e$$
De l'Isle, t. III, p. 317 ; var. 1.

4. *Cubo-tétraèdre.* $P\overset{1}{B}B$ (fig. 103).
$$P f^1$$
De l'Isle, t. III, p. 318 ; var. 2.

5. *Triépointé.* PA^*A^* (fig. 104).
$$\overset{*}{P}\ _b$$
De l'Isle, t. III, p. 318 ; var. 3.

6. *Mixte.* $PA^{\frac{2}{3}}A^{\frac{2}{3}}$ (fig. 105).
$$P^{\frac{2}{3}}\ _r$$
De l'Isle, t. III, p. 319 ; var. 4. La forme primitive dont chaque angle solide est remplacé par trois facettes disposées sur les arêtes (*).

7. *Encadré.* $P B \overset{3}{B}$ (fig. 106).
$$P^3 l$$
De l'Isle, t. III, p. 320 ; var. 5 ; et p. 321, var. 6.

Trois à trois.

8. *Apophane.* $PA^*A^* BB^3$ (fig. 107).
$$\overset{*}{P}\ _o\ ^3 l$$
La variété encadrée, augmentée à chaque sommet de trois facettes *o* qui répondent aux faces

---

(*) Chacune de ces facettes se rejette vers l'arête située derrière l'angle plan, sur lequel le décroissement prend naissance.

primitives. Les décroissemens sont déterminés d'après la seule condition que ces facettes soient de véritables rhombes, et les facettes *l* des rectangles ; ce qui est sensible à la seule inspection des cristaux. De l'Isle, t. III, p. 323, var. 8 ; et 324, var. 9.

Quatre à quatre.

9. *Progressif.* $\text{PA}\,'\text{A}'\,\text{A}\,'\text{A}^*\overset{3}{\text{BB}}$ (fig. 108).

La variété précédente épointée à chaque angle solide terminal. De l'Isle, t. III, p. 325, var. 10 et 11.

10. *Équivalent.* $\text{P}\overset{3}{\text{B}}\text{BA}^*\text{A}^*\,\text{A}\,'\text{A}'$ (fig. 109).

La variété cubo-tétraèdre (fig. 103), avec les sommets de la progressive (fig. 108). De l'Isle, t. III, p. 326; var. 12.

11. *Identique.* $\text{P}\overset{3}{\text{B}}\text{BA}^*\text{A}^*\,\text{A}^{\frac{3}{3}}\text{A}^{\frac{3}{3}}$ (fig. 110).

La variété apophane émarginée aux sommets. Les facettes *r*, *r*, et *l*, *l*, ont les mêmes positions relativement aux rhombes *o*, *o* qui les interceptent, malgré la différence des lois de décroissement. De l'Isle, t. III, p. 327; var. 15.

Cinq à cinq.

12. *Triforme.* $\text{P}\overset{3}{\text{B}}\text{BA}^*\text{A}^*\,\text{A}^{\frac{3}{3}}\text{A}^{\frac{3}{3}}\,\text{A}\,'\text{A}'$ (fig. 111).

Composé de l'octaèdre régulier, du dodécaèdre rhomboïdal, et du solide à 24 trapézoïdes.

13. *Bifère.* $\overset{2}{P}\overset{3}{B}\overset{}{B}\overset{}{B}\overset{}{B}A$ *A* A 'A' (fig. 112).
$$p' \, f^3 \, l^2 \, o \quad i \; .$$
La variété équivalente émarginée entre f et P. De l'Isle, t. III, p. 327; var. 13 et 14.

Formes indéterminables.

Cuivre gris *massif.*

Variétés relatives à la composition et à la couleur.

a. Cuivre gris arsenifère. Couleur d'un gris d'acier clair. Un fragment exposé à la simple flamme d'une bougie, répand des vapeurs, sans éprouver de fusion proprement dite. Fahlerz, W. et K.

b. Cuivre gris antimonifère. Couleur tirant sur le noir de fer. Un fragment exposé à simple flamme d'une bougie, répand des vapeurs, et finit par se fondre en un globule métallique éclatant. Schwarz-gültigerz, W. Graugültigerz, K.

APPENDICE.

Cuivre gris *platinifère.* Se trouve à Guadalcanal en Espagne, où il est accompagné d'argent antimonié sulfuré arsenifère. (Vauquelin, Journal de Physique, novembre 1806, p. 412.)

Annotations.

Une grande partie des gissemens du cuivre gris lui est commune avec le cuivre pyriteux.

On trouve du cuivre gris à Baygorry dans la Basse-Navarre; à Sainte-Marie-aux-Mines, dans l'Alsace; à Schemnitz en Hongrie; à Kapnick en Transylvanie; à Freyberg en Saxe; dans différentes mines du Hartz; à Stalhberg, dans le Palatinat, etc. Celui de Baygorry et de quelques autres endroits a pour gangue la chaux carbonatée ferrifère, dont les cristaux sont entremêlés avec les siens. Le cuivre pyriteux accompagne très souvent le cuivre gris, avec lequel il est quelquefois comme incorporé. On voit même des cristaux de cuivre gris entièrement recouverts de cuivre pyriteux, qui s'est moulé sur leur surface.

Le cuivre gris est une des substances métalliques les plus anciennement connues, une de celles que l'on voyait le plus communément dans les collections minéralogiques. Les mineurs, et à leur exemple quelques méthodistes, en faisaient deux espèces différentes, l'une qu'ils nommaient *mine d'argent grise*, parce qu'elle renfermait assez d'argent pour mériter d'être exploitée comme mine de ce métal; l'autre qu'ils nommaient *mine de cuivre grise*, et qui ne contenait qu'une petite quantité d'argent; mais les minéralogistes avaient fini par regarder l'argent comme n'étant ici qu'un principe accidentel, et en Allemagne, on désignait sous le nom commun de *fahlerz* les deux substances dont je viens de parler.

Dans la suite, MM. Klaproth et Karsten ont cherché à établir dans le fahlerz une sous-division, en combinant les résultats de l'analyse avec l'observation des caractères tirés de la forme et de l'aspect. Ils ont conservé le nom de *fahlerz* à l'une des espèces comprises dans cette sous-division, et ont donné à l'autre le nom de *graugültigerz*, c'est-à-dire *mine grise*. Le fahlerz est distingué par sa couleur d'un gris d'acier clair, par sa forme, qui est celle d'un solide composé de deux pyramides triangulaires réunies base à base, mais dont l'une est aiguë et l'autre très obtuse, enfin par la prédominance de l'arsenic dans sa composition.

La mine grise est caractérisée par sa couleur, qui tire sur le noir de fer, par ses formes, qui, en général, présentent le tétraèdre régulier plus ou moins modifié par des facettes additionnelles, et enfin par la prédominance de l'antimoine dans sa composition (*).

J'avoue que la distinction admise ici par MM. Klaproth et Karsten ne me paraît pas fondée. Je vais exposer en peu de mots les raisons qui m'ont empêché d'adopter l'opinion de ces savans célèbres.

(*) Klaproth, Analyse des Minéraux, t. IV.

Je remarque d'abord, au sujet de la cristallisation, que la double pyramide trièdre citée comme caractère du fahlerz, n'est autre chose que notre variété dodécaèdre, dans laquelle une seule des faces primitives porte une pyramide; la cristallisation a comme oublié les trois autres, et même cela arrive rarement; mais l'observateur, qui doit l'entendre à demi-mot, les restitue par la pensée. La forme primitive commune aux deux substances est le tétraèdre régulier, et à cet égard il n'y a absolument aucune différence entre elles.

A l'égard de l'analyse, j'ai fait voir, dans mon tableau comparatif, que la variation qui a lieu dans les quantités d'antimoine et d'arsenic que renferment les différens individus, pouvait s'expliquer naturellement dans l'hypothèse où ces deux principes ne seraient qu'accidentels. Il y a des morceaux où l'arsenic se trahit lui-même, en se montrant à nu autour du cuivre gris qui se confond imperceptiblement avec lui.

La différence de couleur n'est autre chose qu'une suite des variations que subissent les quantités d'arsenic et d'antimoine mêlées aux divers individus. La seule chose qui mérite ici d'être remarquée, c'est le ton que prend la couleur du mélange, comparé à celui qu'elle a naturellement dans chaque métal. On aurait été tenté de croire que la teinte la plus claire devait provenir de la présence de l'antimoine, qui est naturellement blanc, et que le noir de fer devait naître de l'intervention de l'arsenic, qui, dans son état ordinaire, est noirâtre. Au contraire, l'arsenic et l'antimoine semblent jouer ici le rôle l'un de l'autre.

Quant à l'arsenic, il paraît qu'en général il blanchit les métaux avec lesquels il s'unit; on en a un exemple dans le mispickel, qui est d'un blanc d'étain, et qui résulte de la combinaison du fer et de l'arsenic, et je ferai connaître dans la suite un alliage de cuivre et d'arsenic auquel sa couleur a fait donner le nom de *cuivre blanc*.

Loin d'admettre ici, avec MM. Klaproth et Karsten, deux espèces distinctes, je ne sais s'il est bien prouvé que le cuivre gris pris en totalité, constitue une espèce à part, et si, en se renfermant dans la simple observation de la nature, sans avoir égard aux résultats chimiques, qui, dans le cas présent, ne paraissent offrir aucun point fixe dont la méthode puisse partir, on ne devrait pas être tenté d'adopter l'opinion de Romé de l'Isle, qui regardait le cuivre gris comme n'étant autre chose qu'un cuivre pyriteux, sous le masque de l'antimoine ou de l'arsenic. Ces deux minéraux, outre qu'ils affectent tous les deux la même forme, qui ne se retrouve comme primitive dans aucune autre espèce, sont souvent associés ensemble. Quelquefois le cuivre pyriteux recouvre le cuivre gris, comme si la matière de celui-ci avait fini par s'épurer et par se trouver réduite à ses principes essentiels, qu'elle aurait déposés à

la surface des mêmes cristaux qu'elle avait produits,
lorsqu'elle était à l'état de mélange.

De plus, lorsque je compare les formes si nettement prononcées du cuivre gris avec celles du cuivre
pyriteux, qui ont l'air d'avoir été simplement ébau-
chées, il me semble ne voir autre chose dans l'antimoine ou dans l'arsenic, qu'un de ces principes ad-
ditionnels, dont les molécules, en ajoutant leur force
attractive à celle du liquide, comme je l'ai expliqué
ailleurs, réduisent à la mesure requise pour la cristallisation régulière, les vitesses respectives des molécules, qui, abandonnées à elles-mêmes, n'auraient
produit, comme dans le cuivre pyriteux, que les résultats d'une cristallisation précipitée.

Ce qui me paraît bien prouvé, pour le présent,
c'est que la ligne de séparation tracée par MM. Klaproth et Karsten entre le fahlerz et le cuivre gris
doit être effacée ; et quant à l'idée d'associer le
cuivre gris au cuivre pyriteux, je pense qu'on
ne doit pas la perdre de vue, et que peut-être il se
présentera dans la suite quelque observation inattendue, qui sera décisive en faveur d'une réunion
déjà présumée avec vraisemblance.

J'ai observé, comme un fait digne d'attention,
que le tétraèdre régulier ne s'est encore rencontré
jusqu'ici, comme forme primitive, que dans l'espèce
dont il s'agit et dans celle du cuivre pyriteux, qui
très souvent l'accompagne. Il suit de là qu'abstraction faite de l'analyse, et en se bornant aux carac-

tères géométriques et aux circonstances locales, on pourrait présumer que les deux substances ont quelque chose d'identique dans leur composition, et d'où dépend l'analogie de leurs formes. Si cette présomption était fausse, comme cela pourrait bien être, puisque le tétraèdre régulier est une des formes susceptibles d'appartenir à des minéraux différens, elle mériterait au moins d'être détruite par des analyses comparatives ; et je ne puis me défendre de répéter ici le vœu que j'ai déjà manifesté tant de fois de voir les chimistes faire entrer la Minéralogie pour quelque chose dans le plan de leurs opérations.

La cristallisation du cuivre gris, considérée en elle-même, présente une réunion de formes régulières, qui mérite d'intéresser sous le point de vue de la Géométrie. Ainsi, l'on y trouve d'abord le tétraèdre régulier, qui est la forme primitive, ensuite l'octaèdre régulier ; et si, dans la figure 103, on suppose que les faces f, f se prolongent jusqu'à s'entrecouper, on aura le cube représenté fig. 113. La variété triépointée (fig. 104), en faisant de même abstraction des faces qui appartiennent au tétraèdre, donnera le dodécaèdre à plans rhombes ; et la variété identique (fig. 110), considérée indépendamment des faces P et o, donnera un solide semblable au grenat trapézoïdal. Je ferai remarquer de nouveau que, dans le cas présent, les faces r, r d'une part, et l, l de l'autre, qui sont comprises entre les rhombes, quoique également inclinées sur eux, résultent de deux lois différentes de décroissement, l'une simple et l'autre mixte; en sorte qu'ici, comme dans plusieurs autres cristallisations, la nature parvient à la symétrie par les moyens mêmes qui sembleraient devoir l'en écarter.

QUATRIÈME ESPÈCE.

CUIVRE SULFURÉ.

(*Kupferglas*, W. *Kupferglanz*, K.)

Une partie du cuivre vitreux de l'ancienne Minéralogie.

Caractères spécifiques.

Caract. géomét. Forme primitive : prisme hexaèdre régulier (fig. 114, pl. 98), dans lequel le rapport entre la perpendiculaire menée du centre de la base sur un des côtés B, et la hauteur G, est à peu près celui de 1 à 2 (*). Les joints naturels se reconnaissent par un chatoiement très vif lorsqu'on les fait mouvoir à la lumière.

Molécule intégrante : prisme triangulaire équilatéral.

Caract. phys. Pesanteur spécifique, suivant de Born, 4,81....5,338.

Consistance. Tendre et cassant. Les morceaux,

(*) Le rapport que j'ai adopté est celui de $\sqrt{7} : \sqrt{20}$. Toutes les mesures d'angles auxquels il conduit, ont été vérifiées par M. de Monteiro, qui les a trouvées exactes

soit cristallisés, soit amorphes, que j'ai essayés, s'é-
grenaient sous le couteau, sans qu'il fût possible
d'en détacher des lames.

Couleur de la masse. Le gris plus ou moins
sombre, tirant sur l'éclat métallique du fer, quelquefois nuancé de bleuâtre. Les morceaux noirs acquièrent le même éclat, lorsqu'on les coupe, ou qu'on
les frotte avec un corps dur.

Couleur de la poussière. Noirâtre.

Caract. chimiq. Au chalumeau, il répand d'a-
bord une légère odeur d'acide sulfurique, puis se
fond en bouillonnant, et finit par donner un bouton
qui, à raison du fer dont il est mélangé, présente
le gris métallique, et agit sur l'aiguille aimantée.
Fondu avec le borax, il le colore en vert-bleuâtre,
donne des indices de cuivre sous la forme de lames
très minces, à l'endroit du contact avec le charbon ;
le reste du bouton est d'un gris d'acier et attirable
à l'aimant comme dans le premier cas.

Dissolution bleue par l'ammoniaque.

Analyse du cuivre sulfuré de Sibérie, par Klaproth (Beyt, t. II, p. 379) :

Cuivre.................	78,5
Soufre.................	18,5
Fer...................	2,25
Perte.................	0,75
	100,00.

Analyse du cuivre sulfuré de Sibérie, par Gueniveau (Journal des Mines, n° 122, p. 110):

Cuivre................ 74,5
Soufre................ 20,5
Oxide de fer.......... 1,5
Perte................. 3,5
                       ———
                       100,0.

Du cuivre sulfuré de Rothenburg, par Klaproth
(Beyt., t. IV, p. 39):

Cuivre................ 76,5
Soufre................ 22
Fer................... 0,5
Perte................. 1
                       ———
                       100,0.

De celui d'Angleterre, par Chenevix (Transact.
philosoph., 1801):

Cuivre................ 84
Soufre................ 12
Fer................... 4
                       ———
                       100.

Caractères distinctifs. 1° Entre le cuivre sulfuré
et le cuivre gris. Les fragmens de celui-ci, exposés
à la flamme d'une bougie, décrépitent, ou, si on les
en approche avec assez de précaution pour qu'ils
demeurent entiers, ils répandent une vapeur qui

coloré en blanc l'extrémité de la pince ; ces effets
n'ont pas lieu avec le cuivre sulfuré. La poussière du
cuivre gris, mise dans l'acide nitrique, y devient
grise au bout de quelque temps ; celle du cuivre
sulfuré y reste noire. 2° Entre le même et le cuivre
oxidulé. Les morceaux de celui-ci présentent la couleur rouge, tantôt sous tous les aspects, tantôt au
moins sous certains aspects ; ce qui n'a pas lieu pour
le cuivre sulfuré. Ils produisent dans l'acide nitrique
une effervescence soutenue ; ceux de cuivre sulfuré
n'en excitent aucune, si ce n'est par accident et dans
le premier moment. Le cuivre oxidulé, exposé au chalumeau, ne donne point d'odeur d'acide sulfurique,
comme le cuivre sulfuré. 3° Entre le même et l'argent
sulfuré. Celui - ci se coupe comme le plomb, en
lames flexibles. Le cuivre sulfuré s'égrène lorsqu'on
essaie de le couper. L'argent sulfuré, exposé au chalumeau, donne un bouton métallique blanc, et le
cuivre sulfuré un bouton d'un gris d'acier.

VARIÉTÉS.

FORMES DÉTERMINABLES.

Quantités composantes des signes représentatifs.

$$\overset{1\ \ 2\ \ 3}{\text{MBBB}}\ {}^{1}G^{1}\ P.$$
$$M \quad t \quad h \quad r \quad \varphi \quad P$$

Combinaisons une à une.

1. Cuivre sulfuré *primitif.* MP (fig. 114).

a. Cruciforme. Dans le comté de Cornouailles en Angleterre.

2. *Dodécaèdre*. $\overset{1}{\underset{e}{B}}$ (fig. 115).

Deux à deux.

3. *Trapézien*. $\overset{1}{P}\overset{1}{B}$ (fig. 116).
$\qquad P\ t$

4. *Binaire*. $P\overset{1}{B}$ (fig. 117).
$\qquad h$

Trois à trois.

5. *Uni-annulaire*. $P\overset{1}{B}M$ (fig. 118).
$\qquad P\ r\ M$

6. *Terno-annulaire* $\overset{3}{P}\overset{1}{B}\overset{1}{M}$ (fig. 119).
$\qquad P\ r\ M$

Quatre à quatre.

7. *Uniternaire*. $\overset{3}{P}\overset{1}{B}\overset{1}{B}M$ (fig. 120).
$\qquad P\ r\ t\ M$

8. *Émarginé*. $\overset{3}{P}\overset{1}{B}M\ {}^{1}G^{1}$ (fig. 121).
$\qquad P\ r\ M\ \ o$

Six à six.

9. *Doublant*. $\overset{3}{P}\overset{1}{B}\overset{1}{B}\overset{1}{B}M\ {}^{1}G^{1}$ (fig. 122).
$\qquad P\ r\ h\ t\ M\ \ o$

Formes indéterminables.

Cuivre sulfuré *laminiforme*. En Norwége.

Compacte. En Sibérie.

Pseudomorphique.

a. Spiciforme. Vulgairement *argent en épis.* Cuivre gris spiciforme (Traité , 1re édit. , t. III, page 542) ; en petites masses ovales , aplaties , relevées par des saillies noirâtres en forme d'écailles.

Parmi les naturalistes , les uns attribuent l'origine de cette variété à des portions de cônes de pin , que la matière du cuivre sulfuré a pénétrées , ou même remplacées ; en sorte que la surface présente des espèces d'écailles imbriquées comme celles de ces cônes. D'autres pensent que les types de la pseudomorphose sont les épis d'un *gramen* nommé par Linnæus *phalaris pulposa.*

APPENDICE.

Cuivre sulfuré *hépatique.* C'est l'effet d'une altération analogue à celle qui a lieu par rapport au cuivre pyriteux. On le reconnaît à ce qu'il accompagne le cuivre sulfuré ordinaire.

Annotations.

On peut juger de l'ancienneté du cuivre sulfuré, comme de celle du cuivre gris , par sa réunion , dans divers pays, avec le cuivre pyriteux, que j'ai dit être comme la tige des mines du même métal. Cette réunion est surtout très fréquente dans les filons du comté de Cornouailles en Angleterre.

Le cuivre sulfuré abonde surtout en Sibérie ; mais on ne l'y rencontre qu'accompagné de cuivre carbonaté vert, et non pas avec le cuivre pyriteux, qui paraît être très rare dans cette contrée.

On en trouve aussi en Suède, en Hongrie et en différens endroits de la Saxe. En général, le cuivre sulfuré forme, dans divers pays, des filons qui traversent les montagnes primitives et dont quelques-uns sont très puissans.

C'est dans un de ces filons, situé à Frankenberg, en Hesse, que l'on trouve le cuivre sulfuré spiciforme, où il a pour gangue immédiate une argile. La nature de cette gangue et l'origine végétale attribuée à cette variété tendent à faire supposer que le filon dont il s'agit est d'une formation très postérieure à celle du terrain environnant.

Il paraît que les principes essentiels du cuivre pyriteux sont le cuivre, le fer et le soufre, tandis que le cuivre sulfuré ne consisterait que dans une combinaison binaire de cuivre et de soufre. Mais les analyses qu'ont publiées de ce dernier minéral, d'une part MM. Klaproth et Gueniveau, d'une autre part M. Chenevix, diffèrent dans le rapport des deux principes, au point que suivant les premiers, qui ont opéré sur le cuivre sulfuré de Sibérie, la quantité de cuivre serait un peu moindre que le quadruple de la quantité de soufre, tandis que selon M. Chenevix, le cuivre sulfuré d'Angleterre, qui étant cristallisé paraîtrait devoir être le plus pur, renfermerait sept fois autant de cuivre que de soufre. Cette divergence est d'autant plus surprenante qu'il s'agit ici d'une combinaison binaire qui, par sa simplicité, semblerait devoir se prêter plus facilement à la précision des résultats.

En attendant que de nouvelles expériences mettent les analyses d'accord, la cristallisation du cuivre sulfuré nous offre une forme de molécule intégrante qui seule suffit pour caractériser cette substance, et pour en fixer, sans équivoque, le type géométrique.

Nous avons vu le cuivre pyriteux passer par degrés à l'état de cuivre hépatique. Le cuivre sulfuré est susceptible de subir une altération semblable qui suit la même gradation. On ne peut guère distinguer ces deux mines hépatiques l'une de l'autre qu'à l'aide de leur connexion dans une même masse avec les substances dont elles sont originaires. D'autres minéraux subissent des altérations d'un genre différent, dont on a fait, comme dans le cas présent, des variétés particulières. Une des plus remarquables est celle qui offre ce que j'appelle une *épigénie*.

J'ai déjà eu plusieurs fois l'occasion de comparer la Botanique avec la Minéralogie. On observe ici un nouveau point de partage entre ces deux sciences. A mesure que les végétaux s'altèrent, ils fixent moins les regards du botaniste, qui ne se plaît à les considérer que dans l'état de fraîcheur, où leurs caractères sont nettement prononcés. Il n'en est pas ainsi des minéraux; les altérations qu'ils éprouvent les font passer à de nouvelles modifications, qui sont encore un sujet d'étude pour le minéralogiste, comme étant le résultat d'un nouveau travail de la nature; en sorte que dans la durée d'un minéral, depuis sa formation jusqu'à son entière décomposition, il y a quelquefois différentes époques, qui toutes méritent de fixer l'attention, parce qu'il en résulte une succession d'états qui offrent comme des matériaux pour l'histoire complète de ce minéral. Ainsi l'on peut dire que si les végétaux sont dignes d'exciter un si vif intérêt, ce n'est que dans leur vigueur, au lieu que les minéraux sont intéressans à tout âge.

CINQUIÈME ESPÈCE.

CUIVRE OXIDULÉ.

(*Rothkupfererz*, W. Vulgairement *cuivre vitreux. Cuivre oxidé rouge*, Traité, 1re édit., t. III, p. 555.)

Caractères spécifiques.

Caract. géomét. Forme primitive : l'octaèdre régulier (fig. 123, pl. 99); les joints naturels sont assez sensibles.

Molécule intégrante : le tétraèdre régulier.

Caract. auxiliaire. Poussière rouge.

Caractères physiques. Pesant. spécif., 5,4.

Dureté. Facile à pulvériser.

Couleur de la surface. Le rouge plus ou moins

intense. Celle de la poussière est d'un rouge un peu obscur.

Beaucoup de cristaux présentent à la surface le gris métallique; mais il suffit de les broyer pour voir reparaître la couleur rouge.

Caract. chim. Soluble avec effervescence dans l'acide nitrique, et sans effervescence dans l'acide muriatique.

Analyse du cuivre oxidulé d'Angleterre, par Chenevix (Transact. philosoph., 1801, p. 235):

$$
\begin{array}{ll}
\text{Cuivre métallique....} & 88,5 \\
\text{Oxigène............} & 11,5 \\
\hline
& 100,0.
\end{array}
$$

De celui de Sibérie, par Klaproth (Beyt., t. IV, p. 29):

$$
\begin{array}{ll}
\text{Cuivre...............} & 91 \\
\text{Oxigène............} & 9 \\
\hline
& 100.
\end{array}
$$

Caractères distinctifs. 1°. Entre le cuivre oxidulé et le cuivre sulfuré. Celui-ci n'offre point, comme l'autre, la couleur rouge, au moins sous certains aspects, ou lorsqu'on regarde ses fragmens minces par réfraction. Il ne produit pas non plus, comme lui, une effervescence soutenue dans l'acide nitrique. 2° Entre le même et l'argent antimonié sulfuré, dit *argent rouge.* Celui-ci ne fait pas effervescence dans l'acide nitrique, comme le cuivre oxidulé. Ses formes ne tendent jamais vers l'octaèdre ou le cube, comme celles du cuivre oxidulé. 3°. Entre le même et le mercure sulfuré ou *cinabre*. Celui-ci est volatil au chalumeau ; l'autre s'y réduit. Le mercure sulfuré n'est pas soluble comme le cuivre oxidulé dans l'acide nitrique. 4°. Entre le même en filamens capillaires et l'antimoine sulfuré, dit *antimoine en plumes rouges*. La couleur de celui-ci est d'un rouge sombre, et celle de l'autre d'un rouge vif. L'antimoine sulfuré se volatilise au chalumeau ; le cuivre oxidulé s'y réduit.

VARIÉTÉS.

FORMES DÉTERMINABLES.

Quantités composantes des signes représentatifs.

$$\text{PA 'A' }\breve{\text{B}}\text{ 'B'}.$$
$$\text{p} \quad i \quad r$$

Combinaisons une à une.

1. Cuivre oxidulé *primitif.* (fig. 123). Se trouve en Sibérie ; dans le comté de Cornouailles, en Angleterre ; à Chessy, près de Lyon, etc.

a. Cunéiforme.

b. Périépigène. Recouvert d'une couche de cuivre carbonaté vert ; c'est-à-dire que les molécules situées près de la surface se sont oxidées davantage, en même temps qu'elles s'unissaient à des molécules

d'acide carbonique ; mais l'intérieur est resté intact.
A Nikolewski, en Sibérie ; à Chessy, près de Lyon.

2. *Cubique.* A ,A, (fig. 124).

Se trouve à Moldava dans le Bannat de Hongrie.

3. *Dodécaèdre.* B (fig. 125).

De la mine de Chessy.

Deux à deux.

4. *Cubo-octaèdre.* PA ,A, (fig. 126). *Idem.*

5. *Emarginé.* PB (fig. 127). *Idem.*

6. *Cubo-dodécaèdre.* BA ,A, (fig. 128). *Idem.*

Trois à trois.

7. *Triforme.* PBA (fig. 129).

Dans le comté de Cornouailles.

Formes indéterminables.

Cuivre oxidulé *capillaire*. Haarförmiges Rothkupfererz, W. Les minéralogistes apprécient doublement
cette variété, et par sa rareté et par l'effet agréable
que produit sa couleur, d'un rouge vif, jointe à un
étal soyeux.

Filiforme. En filamens tortueux, qui paraissent composés de très petits cristaux rangés à la file.

Laminaire.

Lamellaire.

Drusillaire. D'Ecatherinburg.

Subréticulé.

Massif. Dichtes Rothkupfererz, W. en Pensylvanie.

Terreux. Ziegelerz, W. Vulgairement *cuivre tuilé.* Il est toujours mêlé de fer. Ses fragmens, chauffés à la flamme d'une bougie, agissent sur l'aiguille aimantée. Il colore le verre de borax en vert sale.

APPENDICE.

Cuivre oxidulé *arsénifère.*

M. Lelièvre a reconnu que le cuivre oxidulé qui accompagnait des cristaux de cuivre arseniaté, dont nous parlerons à l'article de cette dernière substance, contenait de l'arsenic. Suivant ses observations, le cuivre oxidulé dont il s'agit, traité par le chalumeau, à la flamme d'une bougie, se fond en bouillonnant, devient d'un brun-rougeâtre, et ne donne ni vapeurs ni odeur, tandis que si on l'expose sur le charbon, il répand des vapeurs très sensibles, qui exhalent l'odeur arsenicale. Ces différences annonçaient que l'arsenic était ici à l'état d'acide. Une observation ultérieure vint à l'appui de cette conséquence. Le cuivre oxidulé ayant été mis en dissolution dans l'acide nitrique, y laissa, au bout de quelques heures, un dépôt jaunâtre qui présentait tous les caractères de l'acide arsenique.

Relations géologiques.

Le cuivre oxidulé, suivant le rapport des géologues, recouvre souvent le cuivre natif; on en a un exemple dans le comté de Cornouailles, où le cuivre oxidulé cubo-octaèdre repose sur le cuivre natif ramuleux.

Parmi les autres substances qui servent immédiatement de support au cuivre oxidulé, ou qui lui sont associées, le fer oxidé me paraît être une de celles dans lesquelles on le rencontre le plus ordinairement.

Le cuivre oxidulé terreux offre une nouvelle preuve de la tendance que semble avoir eue ce minéral vers le fer, puisqu'il en est tout pénétré.

Il n'est pas rare de trouver le cuivre carbonaté vert associé au cuivre oxidulé; je citerai pour exemple cette belle variété en filamens soyeux, que l'on trouve à Rheinbreitenbach, pays de Nassau, où sa gangue immédiate est un quarz hyalin.

A l'égard des octaèdres isolés, où le cuivre carbonaté vert qui les recouvre est l'effet d'une altération, on les trouve en Sibérie, à Nikolewski. Ils y étaient incrustés originairement dans un jaspe rouge, qui, en se décomposant, leur a permis de se dégager.

3o..

Il paraît que le cuivre oxidulé est beaucoup plus communément associé au cuivre carbonaté vert qu'au cuivre carbonaté bleu. Nous avons un exemple de son union avec tous les deux, dans celui qui a été trouvé en 1812, à Chessy, près de Lyon, en masses éclatantes et en cristaux d'une forme très prononcée.

Les cristaux isolés, que l'on trouve dans le même endroit, et qui offrent la plupart des variétés de formes décrites précédemment, ont aussi, comme ceux de la mine de Nikolewski, leur surface recouverte d'une couche de cuivre carbonaté vert.

Annotations.

Les minéralogistes étrangers ont cité une analyse faite par le célèbre Fontana, d'après laquelle le cuivre oxidulé serait composé, comme le cuivre carbonaté vert dit *malachite*, de cuivre et d'acide carbonique. Ce qui peut en avoir imposé à ce savant, c'est l'effervescence que le cuivre oxidulé produit dans l'acide nitrique ; mais, d'après les expériences de M. Vauquelin, cette effervescence a une cause très différente.

Le minéral dont il s'agit ici, n'étant oxidé qu'au minimum, est encore, pour ainsi dire, avide d'oxigène, en sorte que, quand il est en contact avec l'acide nitrique, il décompose cet acide, et, lui enlevant une partie de son oxigène, le convertit en gaz nitreux, qui s'échappe en vertu de son élasticité, et fait naître l'effervescence dont j'ai parlé. Mais il ne s'en produit aucune quand on met le cuivre oxidulé dans l'acide muriatique, parce que cet acide est susceptible de se combiner avec lui.

Une autre erreur qui s'est glissée dans les méthodes des savans étrangers, et spécialement dans celles qui ont été publiées par Emmerling et Reuss, consiste dans le double emploi qu'ils ont fait des variétés du cuivre oxidulé, en plaçant dans l'espèce du cuivre sulfuré celles qui offrent l'aspect métalloïde. Ainsi, on trouve à la suite l'une de l'autre la forme du cube, celle de l'octaèdre et celle du prisme hexaèdre régulier, dont les deux premières, qui ont été empruntées au cuivre oxidulé, sont incompatibles avec la troisième, qui appartient réellement au cuivre sulfuré. Je n'ai pas besoin de motiver ici cette impossibilité de réunir dans un même système de cristallisation le cube et l'octaèdre, avec le prisme hexaèdre régulier.

SIXIÈME ESPÈCE.

CUIVRE SÉLÉNIÉ.

(*Séléniure de cuivre*, Berzelius.)

Caractères.

Cette espèce et la suivante nous offrent le cuivre combiné avec un nouveau corps découvert par M. Berzelius, et auquel ce savant chimiste a donné le nom de *selenium*. Elles sont encore très rares, et

n'ont été trouvées jusqu'ici que sous des formes indéterminables, qui n'ont permis d'étudier leurs caractères que d'une manière incomplète. Le séléniure
de cuivre a une couleur qui approche de celle de
l'argent natif. Il est mou, se laisse aplatir et polir,
et prend alors la couleur de l'étain. Il acquiert l'é-
lectricité résineuse par le frottement. On le trouve disséminé dans la chaux carbonatée laminaire de Skrickerum, en Smolande, sous la forme de taches noires,
à l'endroit des fentes naturelles de la substance cristallisée. Lorsqu'on divise celle-ci en faisant passer
les sections par les fentes, les nouvelles surfaces que
l'on met à nu se trouvent recouvertes d'une végétation métallique blanche. Les taches noires elles-
mêmes prennent un poli métallique, lorsqu'on les
lime, ou qu'on les gratte avec un corps dur.

SEPTIÈME ESPÈCE.

CUIVRE SÉLÉNIÉ ARGENTAL.

(*Eukairite*, Berzelius. *Séléniure double de cuivre et d'argent.*)

Caractères.

Couleur. D'un gris métallique plombé.

Cassure grenue. Mou, se laissant entamer par le
couteau. La coupure a le brillant de l'argent. Électrique résineusement, lorsqu'il est isolé et frotté. Soluble dans l'acide nitrique chauffé et mêlé d'eau
froide, en donnant un précipité blanc. Traité au
chalumeau, il répand une forte odeur de rave, signe

caractéristique de la présence du sélénium, et donne un grain métallique gris, non malléable (Berzelius).

Analyse par Berzelius (Annales de Physique, t. IX, p. 356) :

Argent. 38,93
Cuivre. 23,05
Sélénium 26,00
Substances terreuses étrangères. 8,90
Perte 3,12

100,00.

Ce minéral se trouve à Skrickerum, en Smolande, où il est entremêlé de chaux carbonatée, et de parties noires, qui, suivant M. Berzelius, prennent aussi le brillant métallique par l'action de la lime, et paraissent être de la serpentine pénétrée de séléniure de cuivre. Il a été pris d'abord pour une mine de tellure, et MM. Hausmann et Stromeyer l'ont décrit sous le nom de *silberkupferglanz*; mais c'est le savant chimiste suédois qui nous a fait connaître sa véritable nature, et ses principales propriétés.

HUITIÈME ESPÈCE.

CUIVRE HYDRO-SILICEUX, OU CUIVRE HYDRATÉ SILICEUX.

(*Eisenschüssiges kupfergrün*, W. *Variété du cuivre carbonaté vert, selon d'autres.*)

Caractères spécifiques.

Caract. géomét. Forme primitive : prisme rhomboïdal droit (fig. 130, pl. 100), dont les pans font entre eux des angles de 103^d $20'$ et 76^d $40'$. Ce prisme se sous-divise dans le sens d'un plan qui passe par les petites diagonales des bases (*).

Molécule intégr. Prisme triangulaire isocèle.

Caract. phys. Pesant. spécif., 2,733.

Electricité. Acquérant, lorsqu'il est isolé, l'électricité résineuse, à l'aide du frottement.

Couleur. Présentant, suivant les morceaux, des teintes de vert pur, de vert foncé, de vert-bleuâtre et de bleu-verdâtre.

Caract. chim. Mis dans l'acide nitrique à froid, il perd sa couleur et devient blanc et translucide, au bout d'un temps plus ou moins considérable. Ce caractère le distingue du cuivre dioptase, qui, dans le même cas, conserve sa couleur verte sans altération.

Fusible au chalumeau en un bouton d'un rouge cuivreux, lorsque le fragment est pur, et d'un gris métallique noirâtre lorsqu'il est mêlé de fer.

Analyse par John.

Cuivre oxidé..............	49,63
Silice....................	28,37
Eau......................	17,5
Acide carbonique........	3
Sulfate de chaux.........	1,5
	100,00.

(*) Le rapport entre les deux demi-diagonales de la base est celui de 4 à $\sqrt{10}$; et la hauteur est le quart de la grande diagonale.

VARIÉTÉS.

FORMES DÉTERMINABLES.

Quantités composantes des signes représentatifs.

$$\text{PM }^{1}\text{H}^{1}\text{ A\overset{*}{E}.}$$
$$\text{P M}\quad r\quad d\ l$$

Combinaisons deux à deux.

1. Cuivre hydro-siliceux *ditétraèdre*. $\text{M}\overset{*}{\text{E}}$ (fig. 131).
$$\text{M }l$$
D'un vert obscur. Se trouve en Sibérie, près d'Ecatherinburg, dans un quarz ferrugineux.

Trois à trois.

2. *Périhexaèdre.* $\text{PM }^{1}\text{H}^{1}$ (fig. 132).
$$\text{P M}\quad r$$
Voyez Traité de Cristallographie, t. II, p. 580.

3. *Bisunitaire.* $\text{M}^{1}\text{H}^{1}\overset{\cdot}{\text{A}}$ (fig. 133). *Ibid.*
$$\text{M}\quad r\quad d$$

Indéterminable.

1. *Globuliforme radié.* En globules d'un vert
clair, composées de petites lames satinées, quidiver-
gent en partant du centre.

2. *Résinite.* Schlackiges eisenschüssiges Kupfergrün **W.**
Couleur. D'un vert foncé, qui passe quelquefois au

vert pur. Cassure imparfaitement conchoïde. Indices de tissu lamelleux, dans quelques morceaux. Se trouve en Sibérie.

3. *Compacte*. Vert-bleuâtre ou bleu-verdâtre. Erdiges eisenschüssiges Kupfergrün.

a. Solide.

b. Fragile. Il s'éclate par la pression de l'ongle.

Cette variété est quelquefois mêlée au cuivre hydraté résinite.

Il y a des morceaux qui sont mamelonnés à la surface. La gangue du cristal de ma collection, qui présente la variation périhexaèdre, est couverte, dans les parties environnantes, de cuivre hydraté mamelouné, blanc-verdâtre à l'intérieur, blanchâtre à l'extérieur; c'est aussi l'effet d'une altération.

Annotations.

Le cuivre hydraté siliceux cristallisé se trouve en Sibérie, près d'Ecatherinburg; sa gangue est un fer oxidé brun. Je suis redevable des cristaux que j'ai décrits à M. Chrichton, premier médecin de l'empereur de Russie, et à M. Roussel, marchand-naturaliste, à Paris (*).

(*) M. Roussel, propriétaire d'une nombreuse et belle collection d'échantillons de minéraux, destinée pour le commerce, réunit à des connaissances dont un simple amateur s'honorerait, une honnêteté qui lui concilie l'estime de tous ceux avec lesquels il a des relations.

Le cuivre hydraté globuliforme a été découvert en 1813, à Ehl, aux environs de Reinbreitenbach, sur le Rhin. Il a pour gangue un quarz hyalin massif, et, d'après les renseignemens qui m'ont été communiqués par M. Hardt, minéralogiste bavarois d'un grand mérite, le gissement de cette variété est au pied d'une montagne basaltique, dite *Mendeberg*, qui repose sur un schiste de transition, alternant avec la chaux carbonatée compacte. Le minéral dont il s'agit ne s'y est trouvé qu'en petite quantité, en sorte que jusqu'ici il est très rare.

Parmi les morceaux amorphes que possède ma collection, les uns viennent de Sibérie, près de Verkotnrié, dans les monts Oural, où l'on trouve le cuivre natif.

D'autres viennent du Chili, et il paraît qu'ils y ont été trouvés dans le même terrain qui renferme le cuivre muriaté, dont je parlerai bientôt.

Le cuivre hydraté existe aussi en Espagne, au cap de Gate, dans le même feldspath porphyrique altéré qui sert de gangue aux cristaux d'amphibole.

La substance qui nous occupe offre un exemple remarquable de la marche progressive à l'aide de laquelle les sciences s'avancent pas à pas vers leur but. Les minéralogistes étrangers, après avoir séparé du cuivre carbonaté la variété en masses terreuses d'une couleur verte, pour en faire une espèce à part, sous le nom de *kupfergrün*, ont associé le cuivre hydraté au kupfergrün, comme n'en étant qu'une variété ferrugineuse, qu'ils ont aussi appelée *kiesel-malachit*. Ils ont ainsi commis deux erreurs en sens inverse, en séparant ce qu'il fallait laisser réuni, et en réunissant ce qu'il fallait séparer.

Plusieurs minéralogistes français ont au contraire réuni le cuivre hydraté avec le cuivre carbonaté vert, qui, dans leurs méthodes, comprend aussi la variété terreuse. Ici nous n'avons déjà plus qu'une erreur.

L'analyse chimique, entre les mains de M. Vauquelin, a ouvert la véritable route pour arriver à une connaissance exacte du minéral dont il s'agit. La conséquence qu'il a déduite de ses résultats a été que ce minéral renfermait une certaine quantité d'eau intimement combinée avec l'oxide de cuivre, plus une quantité de silice, qui, ayant varié sensiblement dans les divers morceaux soumis à l'expérience, paraissait n'être qu'accidentelle. C'est d'après cette manière de voir que j'avais donné à ce minéral le nom de *cuivre hydraté silicifère*.

Dans la suite, MM. Klaproth et John ayant repris l'analyse du kiesel-malachit, ont obtenu des résultats qui ont paru indiquer que la silice était intimement combinée dans ce minéral avec l'eau et le cuivre. C'est du moins ce que conjecture M. Berzelius, qui se fonde principalement sur le résultat auquel est parvenu M. John.

Ce résultat est voisin de celui qu'a offert à M. Lowitz l'analyse de la dioptase, qui est l'espèce suivante. Depuis long-temps, M. Meder, directeur des fonderies de Pétersbourg, avait émis l'opinion que le *kupfergrün* en était une variété amorphe. Plusieurs minéralogistes d'Allemagne et d'Angleterre ont adopté cette opinion, et un savant de ce dernier pays, en me remettant un échantillon de la variété résinite, me la désigna sous le nom de *cuivre dioptasique*.

La comparaison récente que j'ai faite des deux substances, sous le point de vue de la Cristallographie, me paraît démontrer que la ligne de séparation tracée entre elles est ineffaçable.

Tels sont les progrès qu'a faits la science à l'égard de ce minéral, dont on n'avait, il y a deux ou trois ans, qu'une idée vague et même fautive.

Il reste cependant à résoudre une difficulté que présente sa composition chimique comparée à celle du cuivre dioptase, et que je vais faire connaître en décrivant cette dernière substance.

NEUVIÈME ESPÈCE.

CUIVRE DIOPTASE.

(*Kupferamaragd*, W. Vulgairement *dioptase*.)

Caractères spécifiques.

Caract. géométr. Forme primitive : rhomboïde obtus (fig. 134, pl. 100), dans lequel l'incidence

de P sur P est de 123ᵈ 58′, et celle de P sur P′ de
56ᵈ 2′. Les joints naturels sont très nets (*).

Molécule intégrante. *Id.*

Caractères physiq. Pesanteur spécifique, 3,3.

Dureté. Rayant difficilement le verre.

Électricité. Conducteur de l'électricité. Acquérant, lorsqu'il est isolé, l'électricité résineuse, à
l'aide du frottement.

Couleur. Le vert pur.

Poussière. D'un vert clair.

Caract. chim. Insoluble, et conservant sa couleur
dans l'acide nitrique même chauffé.

Au chalumeau, il prend une couleur d'un brun
marron, et en communique une d'un vert-jaunâtre
à la flamme de la bougie, sans se fondre. (Vauquelin.)

Traité avec le borax, il finit par donner un bouton
de cuivre. (Lelièvre et Vauquelin.)

Aperçu d'analyse par Vauquelin, sur une quantité
du poids de 3 grains ½ environ.

Silice..................	28,57
Cuivre oxidé...........	28,57
Chaux carbonatée....	43,85
	99,99.

(*) Dans la forme primitive figure 134, le rapport des
deux diagonales est celui de $\sqrt{36}$ à $\sqrt{17}$. Il en résulte
que l'axe du rhomboïde est à la moitié de la grande diagonale comme $\sqrt{5}$ est à $\sqrt{4}$.

Analyse par Lowitz (*Nova acta Petrop.*, t. XIII, p. 349) :

Cuivre oxidé.......... 55
Silice................ 33
Eau.................. 12
                      ——
                      100.

Caractères d'élimination.

Ses indications dans l'émeraude. Sa pesanteur spécifique est moindre dans le rapport d'environ 5 à 6. L'émeraude raie aisément et assez fortement le verre ; le cuivre dioptase le raie faiblement et avec peine. L'émeraude, isolée ou non, acquiert par le frottement l'électricité vitrée, et le cuivre dioptase la résineuse, seulement lorsqu'il est isolé. L'émeraude se divise parallèlement aux pans et aux bases d'un prisme hexaèdre régulier, et le cuivre dioptase parallèlement aux faces d'un rhomboïde obtus.

VARIÉTÉS

Formes déterminables.

Cuivre dioptase *dodécaèdre.* DE¹ᴱE (fig. 135) (*).

(*) Lorsque l'on fait mouvoir un cristal dodécaèdre de dioptase à la lumière, on aperçoit à l'intérieur des reflets très sensibles qui se développent sur des plans parallèles

Incidence de r sur r, $93^d\ 35'$; de r sur s, $133^d\ 12'\ 30''$. Valeur de l'angle a, $93^d\ 22'$; valeur de o, $122^d\ 51'$.

Accidens de lumière.

Couleurs.

Cuivre dioptase *vert*. C'est un vert pur, semblable à celui des belles émeraudes.

Transparence.

Translucide.

Annotations.

On avait cru que le cuivre dioptase se trouvait en Russie, sur une gangue recouverte de *malachite* ou de cuivre carbonaté vert concrétionné; mais, d'après les renseignemens qui m'ont été communiqués par M. Vagner, savant minéralogiste du même pays, c'est de la Bucharie chinoise que cette substance

---

aux arêtes contiguës au sommet; ces reflets suffiraient seuls pour indiquer les positions des joints naturels, sans qu'il fût nécessaire de recourir à la division mécanique, qui se fait d'ailleurs avec beaucop de netteté. Il en résulte que l'on voit en quelque sorte le noyau de la dioptase percer à *travers* ses cristaux, et c'est de cette observation que j'ai emprunté le nom de *dioptase*, relatif à la structure de cette substance, en attendant que celui qui doit indiquer sa composition, et qui se trouvera comme fait d'avance, nous soit mieux connu.

minérale a été rapportée par un négociant nommé Achir Malmed, ce qui lui a fait donner le nom d'*achirite*.

Ces cristaux passèrent d'abord ici pour une variété d'émeraude, sans doute à cause de leur couleur d'un beau vert, et de leur forme, qui porte l'empreinte d'un prisme hexaèdre régulier. Mais le sommet qui est rhomboïdal rend cette forme incompatible avec le vrai prisme hexaèdre qui serait ici celui de l'émeraude. Ainsi ce rapprochement avait à la fois contre lui la Cristallographie, qui défend d'allier des formes incompatibles, et la Chimie, qui défend de prendre du cuivre pour du chrome.

Aussitôt qu'il m'a été possible de déterminer ces cristaux, j'ai conclu de mes résultats qu'ils formaient une espèce à part, que j'avais placée dans la classe des substances pierreuses, en présumant qu'elle pourrait un jour passer dans le genre du cuivre, si une nouvelle analyse y indiquait la présence de ce métal en quantité suffisante; celle qu'avait faite M. Vauquelin, qui n'avait opéré que sur quelques grains, ne pouvant être regardée que comme approximative. Du moins l'espèce était nettement déterminée, et la Minéralogie avait rempli son but.

M. Estner rapporte, dans son Traité de Minéralogie, que M. Meder, directeur des fonderies de Pétersbourg, regardait cette substance comme une variété du cuivre scoriacé de Werner, que j'ai décrit précédemment sous le nom de *cuivre hydro-siliceux*.

Plusieurs minéralogistes ont partagé cette opinion, et M. Weston, savant anglais, en me remettant un échantillon de cette dernière substance, me l'a désigné sous le nom de *cuivre dioptasique*.

L'analyse que M. Vauquelin avait faite de plusieurs morceaux de cuivre hydro-siliceux semblait confirmer cette opinion, en ce qu'elle avait offert les mêmes principes que ceux qu'avait donnés la dioptase, dans l'opération de M. Lowitz. Cependant, comme M. Vauquelin n'avait pas déterminé le rapport entre le cuivre, la silice et l'eau, et comme d'ailleurs la résistance de la dioptase à l'action de l'acide nitrique, qui enlève au cuivre hydro-siliceux sa couleur, semblait indiquer une différence de nature entre ces deux substances, j'étais porté à les considérer comme deux espèces distinctes, tout en avouant qu'il restait encore un nuage, que l'observation du caractère géométrique pourrait seule faire disparaître.

Ce caractère, que je désirais pouvoir interroger, a enfin parlé; il a indiqué, comme forme primitive du cuivre hydro-siliceux, le prisme droit rhomboïdal, c'est-à-dire une forme qui suffirait, indépendamment de toute mesure d'angles, pour faire regarder le cuivre hydro-siliceux comme une espèce distincte.

Dans le temps où je m'occupais de la détermination de cette forme, M. Vauquelin soumettait à l'analyse un petit fragment que j'avais détaché du cristal mutilé qui accompagnait celui dont je m'étais servi, pour en mesurer les angles. Cette analyse a donné le résultat suivant : cuivre, 43,5 ; sable, 40 ; eau, 16,5 ; total, 100.

Ce résultat a beaucoup d'analogie avec celui qu'a donné la dioptase analysée par M. Lowitz, quoiqu'il y ait de la diversité dans les rapports des principes composans.

Mais d'où provient la différence entre l'analyse de la dioptase faite par M. Vauquelin, et celle qu'a publiée M. Lowitz ? De ce que M. Lowitz avait la matière à discrétion, tandis que M. Vauquelin n'a opéré que sur une quantité de dioptase du poids de 3 grains ½. Le même savant n'a eu à sa disposition que quelques grains de cuivre hydro-siliceux cristallisé ; de pareilles quantités ne sont pour ainsi dire pas maniables. Les résultats auxquels elles conduisent et auxquels on veut bien donner le nom de *résultats approximatifs*, peuvent rejeter à une grande distance du but, une opération tentée par l'homme même le plus habile. Il est à présumer qu'un jour une nouvelle analyse faite plus en grand et avec des moyens moins bornés, donnera un résultat définitif, qui, bien loin de contrarier celui qu'a déjà obtenu la Géométrie, fera encore mieux ressortir la ligne de séparation qu'elle a tracée entre le cuivre dioptase et le cuivre hydro-siliceux.

31..

DIXIÈME ESPÈCE.

CUIVRE MURIATÉ.

MURIATE OU HYDROCHLORATE DE CUIVRE DES CHIMISTES.

(*Salzkupfer*, W.)

Caractères.

Couleur d'un vert d'émeraude. Colorant en vert et en bleu la flamme dans laquelle on jette sa poussière; ne donnant point d'odeur arsenicale par l'action du feu. Soluble sans effervescence dans l'acide nitrique. Communiquant à l'ammoniaque une belle couleur bleue, qui se développe à l'instant. La petitesse des cristaux ne permet pas d'en mesurer les angles avec une précision suffisante.

Analyse du cuivre muriaté du Pérou, par La Rochefoucauld, Berthollet et Fourcroy (Mém. de l'Acad. des Sciences, 1786, p. 158):

Cuivre	52
Oxigène	11
Acide muriatique	10
Eau	12
Sable siliceux	11
Carbonate de fer	1
Perte	3
	100.

Analyse du cuivre muriaté du Pérou, par Proust (Journal de Physique, t. I, p. 63) :

$$
\begin{array}{lr}
\text{Oxide de cuivre}\dots\dots & 70,5 \\
\text{Acide muriatique}\dots\dots & 11,4 \\
\text{Eau}\dots\dots\dots\dots\dots & 18,1 \\
\hline
& 100,0.
\end{array}
$$

De celui du Chili, par le même (*ibid.*) :

$$
\begin{array}{lr}
\text{Oxide de cuivre}\dots\dots & 76,5 \\
\text{Acide muriatique}\dots\dots & 10,6 \\
\text{Eau}\dots\dots\dots\dots\dots & 12,7 \\
\text{Perte}\dots\dots\dots\dots\dots & 0,2 \\
\hline
& 100,0.
\end{array}
$$

Du même, par Klaproth (Beyt., t. III, p. 200) :

$$
\begin{array}{lr}
\text{Oxide de cuivre}\dots\dots & 73 \\
\text{Acide muriatique}\dots\dots & 10,1 \\
\text{Eau}\dots\dots\dots\dots\dots & 16,9 \\
\hline
& 100,0.
\end{array}
$$

Caractères distinctifs. 1° Entre le cuivre muriaté et le cuivre carbonaté vert. Celui-ci est soluble avec effervescence dans l'acide nitrique; l'autre s'y dissout sans effervescence. La flamme sur laquelle on projette le cuivre carbonaté vert, prend seulement une couleur verte sans mélange de bleu, et plus fugitive que celle qui est produite par le cuivre muriaté. Il faut un certain temps au cuivre carbonaté pour com-

muniquer à l'ammoniaque la couleur bleue, tandis
que le cuivre muriaté la lui communique à l'instant.
2° Entre le cuivre muriaté et le cuivre arseniaté d'un
beau vert. Celui-ci diffère du premier par l'odeur
arsenicale que l'action du feu en dégage.

VARIÉTÉS.

Formes déterminables.

Cuivre muriaté.

1. *Octaèdre.* Cunéiforme. Se trouve au Chili et au
Pérou ; M. Lucas a le premier observé de semblables
critaux disséminés dans le sable cuivreux rapporté
de ces pays.

2. *Quadri-hexagonal.* La variété précédente dans
laquelle l'arète du sommet cunéiforme est remplacée
par une facette rectangulaire, ce qui prouve que
l'octaèdre n'est ni régulier ni symétrique. Se trouve
au Chili.

Formes indéterminables.

Cuivre muriaté *aciculaire.* En petites aiguilles
d'un vert foncé et groupées confusément.

Lamelliforme.

Concrétionné. Au Vésuve.

Muscoïde. Semblable à une mousse naissante.

Compacte. Au Pérou.

Pulvérulent. Vulgairement *sable vert du Pérou*
et *atacamite.* Sandiges Salzkupfer, K. Suivant M. de
Rivero, tout le sable cuivreux rapporté du Pérou, et

qu'on voit dans les collections, provient de masses compactes ou aciculaires, qui ont été broyées par les naturels du pays.

Annotations.

Le cuivre muriaté a été rapporté du Pérou par Dombey, sous la forme d'une poudre verte. Il ne l'avait pas recueillie lui-même; mais il l'avait achetée d'un Indien qui l'avait assuré qu'on la trouvait dans une petite rivière de la province de Lipès, qui se perd dans les sables du désert d'Atacama, entre le Pérou et le Chili; d'où était venu à ce cuivre le nom d'*atacamite*, qu'on lui donnait dans le pays. On a retrouvé depuis le cuivre muriaté au Pérou, à l'état compacte; il y est associé à l'argent sulfuré et à l'argent muriaté.

C'est de Rimolinos, dans le Chili, que proviennent les plus beaux morceaux de cuivre muriaté que l'on connaisse. On y trouve cette substance en cristaux qui sont des octaèdres cunéiformes, et en aiguilles plus ou moins déliées. Sa gangue est un quarz mélangé d'argile ferrugineuse brune ou rougeâtre. Quelquefois le cuivre muriaté s'associe le cuivre oxidulé terreux, et quelquefois il repose sur une chaux carbonatée granulaire, mêlée d'argile. Plusieurs des minéralogistes qui ont visité le Vésuve depuis plusieurs années, y ont trouvé du cuivre muriaté qui s'était sublimé dans les fissures des laves.

ONZIÈME ESPÈCE.

CUIVRE CARBONATÉ.

(Il comprend le *kupferlasur* et le *malachit* de Werner.)

Caractères spécifiques.

Je m'étais conformé, dans mon Tableau comparatif, à l'opinion généralement reçue, d'après laquelle le cuivre carbonaté formait deux espèces séparées, dont l'une comprenait les variétés d'une couleur bleue, et l'autre celles qui étaient vertes. Chaque espèce était caractérisée par sa couleur, jointe à la propriété de se dissoudre avec effervescence dans l'acide nitrique.

Les cristaux de cuivre carbonaté bleu que j'avais eus jusqu'alors à ma disposition étant trop petits ou trop peu prononcés pour se prêter à une comparaison exacte avec les cristaux obtenus par des procédés chimiques, dans lesquels Romé de l'Isle croyait avoir reconnu les mêmes formes, je m'étais borné à indiquer, d'après ce célèbre naturaliste, quelques-unes de ces formes, en attendant que je pusse m'assurer si le rapprochement qu'il avait annoncé entre les uns et les autres devait être admis. A l'égard du cuivre carbonaté vert, je ne connaissais sa cristallisation que par les formes des aiguilles soyeuses que l'on trouve dans presque tous les gissemens de ce minéral.

Les observations faites depuis l'année 1812, sur

des cristaux trouvés en France, qui effacent tout ce qu'on avait vu jusqu'alors en ce genre, m'ont mis dans le cas de faire à la méthode minéralogique un changement auquel M. Vauquelin a concouru par les résultats de l'analyse chimique.

La conséquence qui se déduit de l'accord entre ces mêmes résultats et ceux de la Cristallographie, est que le cuivre carbonaté bleu et le vert ne sont que des variétés d'une même espèce, dont je vais donner la description, en partant de la forme primitive commune à toutes ses variétés, quelle que soit leur couleur, et qui suffit pour la caractériser.

Caract. géométr. Forme primitive (figure 136, pl. 100) : octaèdre irrégulier, dont la position naturelle, qui dépend de celle des cristaux secondaires, exige que les quatre faces M soient verticales. L'arête terminale C fait des angles inégaux avec les arêtes verticales G, dont l'un est de $97^d\ 7'$, et l'autre de $82^d\ 53'$. L'incidence de P sur la face adjacente à l'endroit de l'arête C est de $63^d\ 16'$; et celle de M sur M à l'endroit de l'arête G est de $97^d\ 46'$ (*).

Les joints naturels sont très nets, et l'octaèdre

(*) La moitié de l'axe qui va de E en E, la perpendiculaire menée du milieu de cet axe sur l'arête G, et la longueur de cette même arête, sont entre elles comme les quantités $\sqrt{21}$, $\sqrt{16}$ et 15. De plus, la perpendiculaire menée du point O sur l'arête opposée à G, est à la partie de cette arête qu'elle intercepte vers le point A, comme 8 est à 1.

se sous-divise parallèlement à un plan qui passerait par les angles E et par le milieu de l'arête C. On observe encore, mais moins distinctement, une division parallèle au plan des arêtes C et G.

Molécule intégrante : tétraèdre irrégulier.

Caract. phys. Pesant. spécif. 3,6.... 3,57.

Dureté. Facile à gratter avec un couteau.

Couleur. Le bleu d'azur, passant au bleu indigo, ou le vert pur.

Caract. chim. Facile à réduire par le chalumeau. Soluble avec effervescence dans l'acide nitrique.

Analyse du cuivre carbonaté bleu, par Pelletier (Mém. de Chimie, t. II, p. 20) :

$$
\begin{array}{lr}
\text{Cuivre pur} & \text{66 à 70} \\
\text{Acide carbonique} & \text{18 à 20} \\
\text{Oxigène} & \text{8 à 10} \\
\text{Eau........ environ} & \text{2.}
\end{array}
$$

De celui de Sibérie, par Klaproth (Beyt., t. IV, p. 33) :

$$
\begin{array}{lr}
\text{Cuivre} & \text{56} \\
\text{Acide carbonique} & \text{24} \\
\text{Oxigène} & \text{14} \\
\text{Eau} & \underline{\text{6}} \\
& \text{100.}
\end{array}
$$

Du même, par Vauquelin (Annales du Muséum, t. XX, p. 1) :

Cuivre............... 56
Acide carbonique..... 25
Eau................. 6,50
Oxigène............. 12,50
                     ——————
                     100,00.

Analyse du cuivre carbonaté vert dit *malachite* de Sibérie, par Klaproth (Beyt., t. II, p. 290):

Cuivre............... 58
Acide carbonique..... 18
Oxigène............. 12,5
Eau................. 11,5
                     ——————
                     100,0.

Du même, par Vauquelin :

Cuivre............... 56,10
Acide carbonique..... 21,25
Eau................. 8,75
Oxigène............. 14,00
                     ——————
                     100,00

Caractères distinctifs. 1° Entre le cuivre carbonaté vert et l'urane oxidé vert. Le premier se dissout avec effervescence dans l'acide nitrique, et le second sans effervescence. La râpure du cuivre carbonaté reste verte, et celle de l'urane oxidé blanchit. Le premier ne se trouve jamais, comme l'autre, en petites lames carrées, mais plutôt sous une forme aciculaire ou fibreuse. 2° Entre le même en aiguilles ou en mamelons et le plomb phosphaté vert de la même forme. Celui-ci n'a point le luisant ni l'aspect soyeux ou velouté du premier. Sa râpure est d'un blanc un peu jaunâtre, et celle du cuivre carbonaté reste verte. Le plomb phosphaté ne se dissout pas comme le cuivre carbonaté avec effervescence, dans l'acide nitrique ; il y perd seulement sa couleur et y devient pâteux. 3°. Entre le cuivre carbonaté vert pulvérulent et le cuivre muriaté. Le premier se dissout avec effervescence dans l'acide nitrique, et l'autre sans effervescence. Il faut au cuivre carbonaté un certain temps pour communiquer à l'ammoniaque une couleur bleue, tandis que le cuivre muriaté produit sur-le-champ cet effet. 4°. Entre le cuivre carbonaté vert et le cuivre arseniaté. *Ibid.*, pour la dissolution dans l'acide nitrique. De plus, l'action du feu dégage du cuivre arseniaté une odeur d'ail qui n'a pas lieu pour le cuivre carbonaté. 5°. Entre le cuivre carbonaté bleu et le fer phosphaté. Le premier communique au verre de borax une belle couleur verte, tandis que le fer phosphaté ne produit qu'une couleur d'un brun-noirâtre.

VARIÉTÉS.

FORMES DÉTERMINABLES.

Quantités composantes des signes représentatifs.

Les uns se rapportent à l'octaèdre primitif (fig. 136), et les autres au prisme rhomboïdal oblique (fig. 139), dont une partie des cristaux de cuivre carbonaté bleu porte l'empreinte. Ceux dont on a indiqué les figures correspondantes sont relatifs aux parallélépipèdes substitués, dont l'un (fig. 137) est formé par la superposition de deux tétraèdres complémentaires sur la face M' de l'octaèdre primitif et sur son opposée, et l'autre (fig. 138) résulte de la superposition de deux tétraèdres sur la face M et sur son opposée.

$$1^{\circ}. \ Pour \ l'octaèdre \ primitif.$$

$$\underset{MPh\,i\,l}{MPCCC\ 'E'\ O}\ (fig.\ 3)\ \underset{n}{O}\ (fig.\ 4)\ \underset{k}{o}\ (fig.\ 3)$$

$$\underset{k'}{o}\ (fig.\ 4)\ \underset{u}{o}\ (fig.\ 3)\ \underset{u'}{o}\ (fig.\ 4)\ \underset{x}{O}\ (fig.\ 3)$$

$$\underset{x'}{O}\ (fig.\ 4)\ \left(\underset{y}{OC'D'}\right)\ (fig.\ 3)\ \left(\underset{y'}{OC'D'}\right)\ (fig.\ 4)$$

$$\underset{s}{'G'}.$$

$$2^{\circ}.\ Pour \ le \ prisme \ rhomboïdal \ oblique \ considéré$$
$$comme \ noyau \ hypothétique.$$

Les décroissemens paraissent sous une forme beaucoup plus simple dans cette seconde notation.

$$\underset{MPhil\ \ r\ \ nhuxy\ \ s}{MEhEE\ 'H'\ DEBDO\ 'G'.}$$

Combinaisons trois à trois.

1. Cuivre carbonaté *unibinaire*, ci-devant *divergent*. Signe théorique, $\underset{M\,n\,h}{M\overset{..}{O}\overset{.}{C}}$ (fig. 140).

Signe relatif au noyau hypothétique, MD$\overset{1}{h}$.
M n h

Quatre à quatre.

2. *Sexoctonal.* Signe théorique, M$\overset{*}{O}$CC (fig. 141).
M n $\overset{i}{l}$ h

Signe relatif au noyau hypothétique, MDEh.
M n i h

3. *Dihexaèdre.* Signe théorique, M'E'CC (fig. 142).
M r $\overset{3}{l}$ h

Signe relatif au noyau hypothétique, M 'H' É$\overset{3}{h}$.
M r l h

De la mine de Chessy.

4. *Subpyramidé.* Signe théorique, M$\overset{*}{O}$o$\overset{\frac{3}{4}}{}$C (fig. 143).
M n u $\overset{i}{h}$

Signe relatif au noyau hypothétique, MD$\overset{'3}{B}h$.
M n u h

5. *Binobisunitaire.* Signe théor., M'G'$\overset{*}{O}$C (fig. 144).
M s n h

Signe relatif au noyau hypothétique, M'G'Dh.
M s n h

Cinq à cinq.

6. *Sexdécimal.* Signe théor., M'G'$\overset{*}{O}$CC (fig. 145).
M s n $\overset{i}{l}$ h

Signe relatif au noyau hypothétique, M'G'D$\overset{*3}{É}h$.
M s n h

Sept à sept.

7. *Sexbisoctonal.* Signe théorique,

M'G' $\left(\underset{\frac{3}{4}}{OC}'D^4\right)\overset{*3}{O}$oPC (fig. 146).
M s   y   z h Pi

Signe relatif au noyau hypothétique, M'G'ODBEᴸ.
M ᵡ y ᵪ ᴋ P ᴸ

Formes indéterminables.

Cuivre carbonaté *lamelliforme.*

a. Bleu. En petites lames diversement inclinées, striées, souvent amincies par les bords ou biselées.

Aciculaire-radié.

a. Vert. En aiguilles terminées par des sommets à plusieurs faces, mais si petites qu'elles ne donnent aucune prise aux mesures mécaniques.

b. Bleu. Composé de cristaux réunis en masse arrondie, et qui se prolongent à l'intérieur en aiguilles qui convergent vers un centre commun.

Fibreux-radié, mamelonné.

a. Vert. En aiguilles soyeuses disposées sous la forme d'étoiles. Fasriger Malachit, W. Quelquefois les fibres sont très courtes et forment des espèces de petites houppes très délicates.

Fibreux-testacé.

Concrétionné-mamelonné.

a. Bleu. En mamelons striés du centre à la circonférence, tantôt solitaires et tantôt groupés.

b. Vert. Vulgairement *malachite*. En mamelons, souvent striés à l'intérieur, et composés de couches concentriques de différentes nuances de vert.

Compacte.

a. Mamelonné vert. Dichter malachit, W.

b. Globuliforme bleu.

Terreux.

a. *Bleu*. Vulg. *Bleu de montagne*. Erdige kupferlasur , W.

b. Vert. Vulg. *vert de montagne*. Kupfergrün , W.

Ces deux variétés sont ordinairement mélangées de
matières terreuses qui rendent leur couleur plus
pâle.

APPENDICE.

Cuivre carbonaté vert *épigène*. Ordinairement cristallisé. Quelquefois le cuivre carbonaté bleu passe à
la couleur verte par l'effet d'une altération qui le
rend terreux et friable. C'est alors une épigénie.

Relations géologiques.

Le cuivre carbonaté se trouve souvent associé à
d'autres mines, soit du même métal , telles que le
cuivre oxidulé, le cuivre sulfuré, le cuivre pyriteux ,
le cuivre gris; soit d'un métal différent , qui alors est
ordinairement le fer oxidé brun : souvent aussi les
deux variétés bleue et verte adhèrent l'une à l'autre,
dans un même gissement. C'est ce que l'on observe
dans les mines de cuivre de Chessy près de Lyon,
de Sibérie , du Bannat en Hongrie , de Zellerfeld au
Hartz , de Pensylvanie et du Chili. Les cristaux de
Chessy sont ordinairement recouverts d'une croûte
de fer oxidé, que l'on fait tomber en les lavant. Les
autres métaux différent du cuivre et du fer accom-

pagnent plus rarement le cuivre carbonaté. En Angleterre, la variété globuliforme est associée au plomb sulfuré, et la gangue est un quarz mêlé de chaux fluatée verdâtre. Le cuivre carbonaté de Chessy est disséminé dans un terrain de grès ancien, formé de détritus de quarz, de feldspath et de mica argentin, agglutinés par un ciment argileux. Ce grès est souvent d'une couleur grisâtre, et il alterne fréquemment avec des couches d'argile schistoïde endurcie. Il renferme à quelques endroits des masses et de petites couches d'une terre argileuse, tantôt rougeâtre et tantôt blanche, qui a de l'analogie avec l'argile lithomarge. C'est dans cette terre que l'on trouve les plus beaux groupes de cuivre carbonaté bleu, souvent accompagnés de la variété verte fibreuse, de cuivre oxidulé laminaire et cristallisé. La même est aussi mélangée de cuivre oxidulé terreux. Le grès dont j'ai parlé repose immédiatement sur le terrain primitif, qui renferme la masse de cuivre pyriteux qui a fait long-temps l'objet d'une exploitation considérable.

Rien n'est si ordinaire que la réunion du cuivre carbonaté vert et de celui qui est bleu, dans un même morceau. J'en ai plusieurs dans ma collection où les deux substances semblent vouloir se fondre l'une dans l'autre. Je citerai surtout des cristaux de cuivre bleu, qui sont en partie à l'état de cuivre carbonaté vert, radié à l'intérieur. Ce n'est point ici une épigénie; le cuivre carbonaté vert a toute sa fraîcheur. Le passage a donc lieu dans un même cristal, ce qui contribue à démontrer l'unité d'espèce. J'ajouterai qu'ayant brisé la partie verte d'un des cristaux, j'y ai aperçu des joints naturels situés dans le même sens que ceux qu'offrent les cristaux bleus.

Annotations.

Les premières idées que les cristallographes et les chimistes avaient conçues des deux substances qui nous occupent étaient bien éloignées du terme où nous arrivons aujourd'hui. Romé de l'Isle, et avant lui Wallérius, avaient assimilé les formes du cuivre carbonaté bleu à celles des cristaux que l'on disait avoir été obtenus par la dissolution du cuivre dans l'alcali volatil; mais c'était réellement le carbonate d'ammoniaque qui avait été employé et qui avait fourni l'acide carbonique. A l'égard du cuivre carbonaté vert, on ne doutait pas qu'il ne dût être regardé comme une espèce distinguée de celui qui était bleu. Pelletier attribuait la différence entre le cuivre carbonaté vert et le bleu, à une plus grande quantité d'oxigène que contenait le premier. D'une autre part, les analyses des deux substances, faites par différens chimistes, s'accordaient si peu sur les quantités relatives des principes composans de chaque carbonate, que, dans mon Tableau comparatif, j'avais fini par avouer que, *dans l'état actuel de nos connaissances, on ne pouvait décider si les deux substances étaient essentiellement distinguées l'une de l'autre*, et j'avais témoigné le désir que de nou-

velles observations vinssent éclaircir les doutes qui
restaient encore sur le point de Minéralogie dont il
s'agissait. J'avais donc laissé une pierre d'attente à cet
endroit de l'édifice, où les matériaux destinés pour
le continuer n'étaient pas encore arrivés. Il fallait
que de nouvelles analyses sortissent du laboratoire
de M. Vauquelin, et que celui de la nature fournît
des cristaux aussi prononcés que ceux qui sont venus
de Chessy. J'ajouterai que leur forme, qui diffère
beaucoup de celle de toutes les autres substances,
ne ressemble pas non plus à celle des cristaux obtenus à l'aide des procédés chimiques, qui paraissent
être distingués, par leur composition, des cristaux
naturels.

Une autre réflexion, que je ne dois pas omettre,
c'est que l'octaèdre régulier étant commun à plusieurs
espèces, en sorte qu'on peut le regarder comme une
limite à laquelle la nature arrive par plusieurs che-
mins, plus une forme s'écarte de cette limite, plus
son aspect paraît extraordinaire et plus il y a pour
ainsi dire à parier qu'elle appartient à une espèce
unique, et c'est bien le cas de l'octaèdre dont il s'a-
git ici; la position inclinée à l'axe que prend son
arête terminale, la figure de ses faces, qui sont des
triangles scalènes, la mettent à une distance en quelque sorte infinie de l'octaèdre régulier, et sa singularité la place dans un rang à part. Elle isole entièrement les corps qui la présentent.

La différence de couleur ne peut donner lieu à

aucune objection sérieuse contre le rapprochement des deux substances. J'indiquerai bientôt une différence analogue dans des cristaux de cuivre arseniaté qui se ressemblent entièrement par leur forme. J'observerai, à ce sujet, que dans les cas de ce genre, la couleur qui passe à l'autre est toujours celle qui suit ou précède cette dernière dans le spectre solaire ou dans le phénomène des anneaux colorés, en sorte que l'on conçoit qu'une légère différence dans le tissu de la substance et dans la disposition des particules réfléchissantes, puisse déterminer le passage dont il s'agit. Nous verrons de même le jaune de l'arsenic sulfuré passer à l'orangé ou au rouge–aurore, qui sont des teintes voisines l'une de l'autre. Mais ici on est moins surpris du passage, parce que ces teintes ont de l'analogie entre elles par leur aspect, en sorte que l'on suit pour ainsi dire de l'œil leur gradation, au lieu que dans la succession du vert au bleu, ou réciproquement, il semble y avoir un saut brusque. Le phénomène, considéré dans la nature, est du même genre et ne diffère du précédent que dans nos sensations. Enfin, comme je l'ai déjà fait remarquer, les aiguilles vertes de cuivre carbonaté sont terminées par des sommets sur lesquels on retrouve les faces de l'octaèdre primitif. Quelques échantillons, malgré leur tissu fibreux, se divisent de manière à offrir des indices sensibles de joints naturels, qui conduisent à un octaèdre semblable à celui qu'on retire du cuivre carbonaté bleu.

Les cristaux verts de Chessy, qui présentent la forme de la variété dihexaèdre, sont composés intérieurement d'aiguilles semblables à celles de certaines malachites. Les molécules intégrantes, qui terminent ces aiguilles, s'alignent sur divers plans, dont l'ensemble prend une configuration analogue à celle des cristaux composés de lames qui décroissent en partant de la forme primitive de l'espèce à laquelle ils appartiennent. On observe quelque chose de semblable dans diverses substances, et en particulier dans le fer sulfuré radié.

La structure des cristaux dont il s'agit semble donc offrir le passage du tissu aciculaire, si ordinaire dans les malachites, à un arrangement de molécules qui dépend des lois auxquelles sont soumises celles des cristaux de cuivre carbonaté bleu; et il en résulte, ce me semble, une nouvelle preuve de l'identité des deux mines de cuivre.

Une autre considération vient à l'appui de ce que je viens de dire. Les facettes l, l n'existent que dans la variété dihexaèdre. Dans les cristaux bleus, elles sont remplacées par les faces i, i, qui naissent d'une loi différente, et quelquefois par les faces P, P. Cette observation achève d'écarter l'idée que la variété dihexaèdre provienne d'une épigénie. La même cause qui change la couleur, fait varier l'action réciproque des molécules, de manière qu'il en résulte une loi particulière de décroissement.

Les analyses les plus récentes des deux substances n'ont donné qu'une différence très légère entre les quantités respectives des principes composans, et qui provient de ce que le cuivre bleu renferme un peu moins d'eau de cristallisation que le vert. Peut-être est-ce à cette différence qu'il faut attribuer la diversité des couleurs qui distinguent les deux variétés.

Pour compléter le travail relatif à la détermination géométrique du cuivre carbonaté, il fallait encore comparer les cristaux de Chessy avec ceux de Sibérie, et les faire rentrer dans le même système de cristallisation. C'est à quoi je suis parvenu, après avoir fait l'observation que, pour mettre ces cristaux en rapport les uns avec les autres, il fallait placer horizontalement l'axe des prismes de ceux de Sibérie. Les indications de la division mécanique, devenues alors plus faciles à saisir, ne m'ont laissé aucun doute sur l'identité de forme primitive entre les deux carbonates.

Le cuivre carbonaté bleu est employé dans quelques endroits, pour la peinture, sous le nom de *bleu de montagne*. Les anciens ont beaucoup parlé d'une pierre, dont on retirait le même bleu, et qu'ils nommaient *pierre d'Arménie*. Mais il paraît que l'on a appliqué ce nom à deux pierres différentes, dont l'une était un quarz coloré par le cuivre carbonaté bleu, avec un mélange de cuivre carbonaté vert, et l'autre, qui a été beaucoup plus généralement connue sous le même nom, était une pierre calcaire colorée en bleu par la même substance, et quelquefois aussi avec un mélange de vert.

On remarque, en lisant les anciens, que la plupart des pierres qui jouissaient d'une certaine célébrité, la devaient en grande partie aux vertus médicinales qu'on leur prêtait. Boëce de Boot, l'un des grands naturalistes de son temps (*), donne un long détail de toutes celles de la pierre d'Arménie, dont la plus importante, selon lui, était de guérir la mélancolie. Il prétend en outre que, pour empêcher la pierre d'Arménie d'agir comme vomitif, et la réduire à n'agir que comme purgatif, il faut la laver dans l'eau cinquante fois, ni plus ni moins. De pareilles rêveries ne mériteraient pas d'être citées, si elles ne servaient à nous donner une idée des progrès qu'a faits l'esprit humain dans l'étude de la nature. Selon le même auteur, qui s'accorde en cela avec Wallérius, on retirait de la pierre d'Arménie une couleur bleue qui était en usage dans la Peinture, mais qui avait l'inconvénient de dégénérer en vert par succession de temps. Ceci est plus conforme à la vérité.

Le cuivre carbonaté vert, connu sous le nom de *malachite*, est susceptible d'acquérir un beau poli ; on en fait des plaques, des tabatières et autres ouvrages, dont la surface est ornée de zones, qui offrent une agréable diversité de nuances vertes, interrompues par des bandes noirâtres qui les font

---

(*) *De lap. ac gem.*, p. 294.

ressortir, en sorte que l'œil parcourt la succession des couches dont la malachite est composée. C'est, pour ainsi dire, *l'albâtre* des substances métalliques.

Il y a en Sibérie des morceaux de cette substance d'une assez grande étendue pour qu'on puisse en faire des tables, des revêtemens de cheminée, et autres ornemens d'un beaucoup plus grand prix que ceux dont le marbre fournit la matière.

DOUZIÈME ESPÈCE.

CUIVRE ARSENIATÉ.

ARSENIATE DE CUIVRE DES CHIMISTES.

(*Arseniate of copper*, Bournon, *Philosop. transact.*, 1801, p. 169.)

Caractères spécifiques.

Caract. géométr. Forme primitive présumée : octaèdre rectangulaire obtus (fig. 147, pl. 102), dans lequel l'incidence de P sur p, suivant M. de Bournon, est de 50^d, et celle de P′ sur p' de 65^d. En prenant une limite propre à faciliter les calculs relatifs à une recherche dont je parlerai plus bas, on peut supposer la première de $50^d 4'$, et la seconde de $65^d 8'$. Les joints naturels sont sensibles dans plusieurs cristaux (*).

(*) Soit *abcgo* (fig. 148) la pyramide supérieure de l'oc-

Caract. phys. Pesant. spécif. ; suivant M. de Bournon, elle varierait depuis à peu près 2, 5 jusqu'à 4 ; ce qui semblerait indiquer qu'il y a ici diversité d'espèces ; mais si l'on considère que la variété qui a donné le résultat le plus faible est celle qui se trouve en petites lames hexagonales, dont il a fallu réunir un certain nombre pour les peser, et que d'ailleurs l'expérience n'a pu être faite que sur un petit poids, on concevra que le résultat ait pu offrir une diversité sensiblement plus grande que celle qui existe dans la chose elle-même.

Dureté. Ne rayant jamais le verre, mais seulement la chaux sulfatée, ou la chaux carbonatée, et quelquefois la chaux fluatée.

Couleur. Variable entre le bleu céleste, le vert foncé, et le vert plus ou moins mêlé de brun.

Caract. chimiq. Décrépitant au chalumeau, et donnant ensuite des vapeurs arsenicales. Les variétés d'un beau vert décrépitent vivement à la simple

---

taèdre primitif. Ayant mené l'axe *ao*, puis *on* et *or* perpendiculaires l'une sur *bc*, l'autre sur *cg*, on pourra faire

$$ao : on :: \sqrt{12} : \sqrt{55}, \quad \text{et} \quad ao : or :: 7 : \sqrt{120},$$

ou bien

$$ao = \sqrt{588}, \quad on = \sqrt{2695}, \quad or = \sqrt{1440}.$$

J'ai déduit ce rapport des mesures obtenues par M. de Bournon. Il se pourrait qu'un plus grand degré de précision dans ces mêmes mesures conduisît à un rapport plus simple.

flamme d'une bougie, en lançant des parcelles qui lui communiquent leur couleur.

Soluble sans effervescence dans l'acide nitrique, qu'il verdit légèrement. Mis dans l'ammoniaque, il lui communique une couleur bleue, qui se développe plus rapidement lorsque la variété soumise à cette épreuve est d'un beau vert.

Analyse du cuivre arseniaté octaèdre obtus, par Chenevix (Transact. philos., 1801, p. 199 et suiv.):

$$
\begin{array}{lr}
\text{Oxide de cuivre} & 49 \\
\text{Acide arsenique} & 14 \\
\text{Eau} & 35 \\
\text{Perte} & 2 \\
\hline
& 100.
\end{array}
$$

Du cuivre arseniaté lamelliforme, par le même (*ibid.*) :

$$
\begin{array}{lr}
\text{Oxide de cuivre} & 58 \\
\text{Acide arsenique} & 21 \\
\text{Eau} & 21 \\
\hline
& 100.
\end{array}
$$

De la même variété, par Vauquelin (Journal des Mines, n° 55, p. 562) :

$$
\begin{array}{lr}
\text{Oxide de cuivre} & 39 \\
\text{Acide arsenique} & 43 \\
\text{Eau} & 17 \\
\text{Perte} & 1 \\
\hline
& 100.
\end{array}
$$

Analyse du cuivre arseniaté octaédre aigu, par Chenevix (Transact. philos., *ibid.*) :

        Oxide de cuivre...... 60
        Acide arsenique...... 39,7
        Perte............... 0,3
                            ______
                            100,0.

Du cuivre arseniaté prismatique triangulaire, par le même (*ibid.*) :

        Oxide de cuivre...... 54
        Acide arsenique...... 30
        Eau................. 16
                            ______
                            100.

Du cuivre arseniaté aciculaire, par le même (*ibid.*) :

        Oxide de cuivre...... 51
        Acide arsenique...... 29
        Eau................. 18
        Perte............... 2
                            ______
                            100.

De la même variété, par Klaproth (Beyt., t. III, p. 192) :

        Oxide de cuivre...... 50,62
        Acide arsenique...... 45
        Eau................. 3,5
        Perte............... 0,88
                            ______
                            100,00.

Analyse du cuivre arseniaté mamelonné, par Chenevix (*Transact. philos.*, *ibid.*) :

Oxide de cuivre...... 50
Acide arsenique...... 29
Eau................ 21
____
100.

Du cuivre arseniaté ferrifère, par Chenevix (*ibid.*) :

Oxide de cuivre...... 22,5
Acide arsenique...... 33,5
Oxide de fer........ 27,5
Eau................ 12
Perte............... 4,5
____
100,0.

Caract. distinct. 1°. Entre le cuivre arseniaté et le cuivre carbonaté vert. Celui-ci se dissout avec effervescence dans l'acide nitrique, et l'autre sans effervescence. 2°. Entre le même et l'urane oxidé. Celui-ci colore en jaune-citrin l'acide nitrique ; l'autre le colore en vert.

L'odeur arsenicale que l'action du feu dégage du cuivre arseniaté, peut servir encore à le distinguer des mêmes mines, aussi bien que du cuivre muriaté, avec lequel sa variété lamelliforme surtout a du rapport, par la promptitude avec laquelle elle colore en bleu l'ammoniaque, et par la belle couleur verte

qu'elle communique à la flamme ; elle s'en rapproche encore, comme les autres variétés, par sa
dissolution sans effervescence dans l'acide nitrique.

VARIÉTÉS.

La série des variétés que je vais décrire a été partagée, par M. de Bournon, en cinq espèces, qu'il
regarde comme essentiellement distinguées les unes
des autres. Quelques-unes d'elles me fourniront des
observations qui me serviront à discuter l'opinion de
ce savant, lorsque je ferai l'histoire du cuivre arseniaté.

Formes déterminables.

1. Cuivre arseniaté *octaèdre obtus* (fig. 147).

Première espèce de M. de Bournon. Linsenerz, W.
C'est cet octaèdre que j'ai adopté provisoirement
pour la forme primitive de l'espèce entière. La couleur varie entre le beau bleu céleste, le vert foncé
et le vert pâle.

a. Cunéiforme. Alongé, de manière que l'arête
terminale est parallèle à D.

2. Hexagonal *lamelliforme.* (fig. 149).

Seconde espèce de M. de Bournon. Kupfer-
glimmer de W. En lames hexagonales, dont les
faces étroites sont inclinées alternativement en
sens contraire, de manière que deux d'entre elles,
situées d'un même côté, telles que P', font avec l'une
des grandes faces, des angles de 135^d à peu près, et

la troisième *z* un angle de 115^d. Cette forme a de l'analogie avec celle de certains cristaux en segmens d'octaèdre que j'ai décrits à l'occasion du spinelle. Mais l'octaèdre dont elle dérive est très irrégulier, et semble déroger à la symétrie que présentent en général les octaèdres qui font la fonction de forme primitive. Quelquefois au lieu d'une seule facette latérale, il y en a deux, qui sont inclinées en sens contraire. La couleur est d'un beau vert.

3. *Octaèdre aigu* (fig. 150). Troisième espèce de M. de B. Olivenerz, W. Incidence de *r* sur *r'*, 96^d; de *l* sur *l'*, 113^d.

Si, parmi les cristaux de cuivre arseniaté, il y en avait qui appartinssent à une espèce différente de celle qui a pour type l'octaèdre obtus, ce seraient ceux qui présentent la forme dont il s'agit ici, quoiqu'il ne soit pas démontré qu'on ne puisse faire dériver cette forme de celle de l'octaèdre obtus. La couleur est le vert-brunâtre, plus ou moins foncé.

a. *Cunéiforme* (fig. 151). L'arête terminale est parallèle à *n*. Les cristaux sont d'une forme déliée et en général peu prononcée.

4. *Prismatique triangulaire*. Quatrième espèce de M. de B. Le prisme, selon lui, serait droit et aurait ses plans inclinés entre eux de 60^d. La couleur est le vert-bleuâtre, qui, par l'action de l'air, passe au vert-noirâtre. En grattant les cristaux, on voit reparaître la couleur primitive.

J'observerai ici qu'aucune substance, jusqu'à présent, n'a offert le prisme triangulaire équilatéral comme forme primitive. Mais quand même on admettrait que, dans le cas présent, il en fît la fonction, les observations de M. de Bournon ne seraient pas d'accord avec cette supposition. Ce savant cite une variété dans laquelle le prisme est tronqué sur une de ses arêtes longitudinales, ce qui est contraire à la loi de symétrie ; il dit que tantôt un des angles solides au contour de la base est tronqué obliquement, et tantôt qu'ils sont tronqués tous les trois ; nouvelle violation de la loi de symétrie.

Les cristaux de ma collection qui appartiennent à cette modification, sont groupés si confusément qu'il est presque impossible d'en saisir la forme. J'en ai un cependant qui présente une moitié d'octaèdre cunéiforme. C'est peut-être un de ceux que M. de B. dit être tronqués sur un des angles de la base.

Formes indéterminables.

5. *Cuivre arseniaté aciculaire.* Variété de la troisième espèce de M. de B., connue d'abord des Allemands sous le nom d'*olivenerz.*

6. *Mamelonné fibreux.* Cinquième espèce de M. de Bournon, qui la nomme *hématitiforme.*

M. de Bournon avait d'abord réuni cette modification à la troisième espèce, mais il a cru depuis devoir en faire une espèce distincte.

7. *Terreux*. Jaune-verdâtre.

PREMIER APPENDICE.

Cuivre arseniaté *mamelonné altéré*. C'est le résultat d'un relâchement qu'ont subi les fibres des mamelons, et qui les rend susceptibles de céder à la plus légère pression. Pendant cette altération, la couleur passe du vert-olivâtre à différentes teintes de jaune, qui se terminent par un gris-blanchâtre satiné.

SECOND APPENDICE.

Cuivre arseniaté *ferrifère*.

1. *Dodécaèdre*. En prisme rhomboïdal, terminé par des sommets à quatre triangles scalènes.

2. *Mamelonné*. Couleur d'un bleu pâle.

M. de Bournon regarde cette substance comme une triple combinaison d'acide arsenique, de fer et de cuivre ; mais M. Chenevix ayant observé que les différentes parties de la masse qu'il a soumises à l'expérience étaient inégalement dissolubles, penche plutôt à croire que la substance dont il s'agit est un mélange de cuivre arseniaté et de fer. Et, quoique ses cristaux soient trop petits pour être déterminables, cependant, comme le genre de leur forme n'est pas incompatible avec l'octaèdre, qui est celle du cuivre arseniaté pur, j'ai cru devoir les ranger à la suite de celui-ci, en attendant des observations plus concluantes.

Relations géologiques.

L'Angleterre est jusqu'ici le pays où le cuivre arseniaté se soit offert avec les circonstances les plus remarquables, soit que l'on considère son abondance ou la diversité de ses formes cristallines. On l'a trouvé dans différentes parties du comté de Cornouailles, où il a pour gangue immédiate, tantôt un quarz, tantôt un fer oxidé brunâtre, quelquefois accompagné de cuivre pyriteux ; mais, selon M. de Bournon, la masse environnante est un granite altéré dont le feldspath a passé en grande partie à l'état de kaolin. Quelquefois plusieurs variétés se trouvent juste apposées sur le même morceau.

On trouve aussi du cuivre arseniaté, mais en petite quantité, à Altenkirken, dans la principauté de Nassau-Hissingen ; sa gangue est aussi quarzeuse et la même que celle du cuivre phosphaté, dont je parlerai bientôt, et qui se trouve au même endroit ; il y est quelquefois associé au cuivre oxidulé compacte mêlé de fer oxidé.

Enfin, MM. Cressac et Alluau ont découvert, en 1809 et depuis en 1812, du cuivre arseniaté ferrifère en petits cristaux dodécaèdres et en mamelons, dans deux endroits différens, savoir : à Saint-Léonhard, et près de Limoges, département de la Haute-Vienne : ils ont un quarz pour gangue. Cette découverte est liée à une autre beaucoup plus importante, qui est celle des filons d'étain situés dans les environs de Limoges, et qui offrent l'espérance d'une exploitation abondante de ce métal, dont on regrettait depuis si long-temps que le sol de la France fût privé. Je reviendrai sur ce sujet en parlant de l'étain oxidé.

Annotations.

MM. de Chenevix et de Bournon ont publié, sur le cuivre arseniaté d'Angleterre, des mémoires très intéressans dans lesquels le premier donne les résultats de ses analyses, et l'autre ceux de ses observations sur les formes cristallines. M. de Bournon a conclu des unes et des autres que le cuivre arseniaté forme cinq espèces distinctes, dont la première comprend les cristaux en octaèdres obtus, la seconde ceux qui sont lamelliformes, la troisième ceux qui présentent l'octaèdre cunéiforme aigu, la quatrième ceux qui sont en prismes triangulaires, et la cinquième les petites masses mamelonnées fibreuses.

J'avoue qu'en lisant le travail de M. de Bournon je n'ai pu m'empêcher d'être surpris de cette fécondité de la combinaison du cuivre avec l'acide arsenique, tandis que le même acide, en s'unissant au fer et au cobalt, imprime à ces substances métalliques un caractère fixe, d'où résulte, pour chacune d'elles, une espèce, ainsi que nous le verrons dans la suite.

Je n'ai pu me défendre alors d'un désir qui devait naturellement se présenter à moi ; c'était de cher-

cher s'il ne serait pas possible d'appliquer la théorie
des décroissemens à des formes prises dans plusieurs
des espèces admises par M. de Bournon, de manière
à les faire dépendre de l'une d'elles, considérée
comme forme primitive.

J'ai supposé que l'octaèdre obtus faisait la fonction de noyau, et j'ai trouvé qu'un décroissement qui
aurait pour signe $\dfrac{\overset{..}{D}\,\overset{..}{F}}{\overset{.}{l}\ \overset{..}{r}}$ produirait un nouvel octaèdre
très voisin de l'octaèdre aigu, qui est la troisième
espèce de M. de Bournon. La différence n'est que
de $3^{\rm d}$ d'une part, et $2^{\rm d}\frac{1}{3}$ de l'autre.

J'ai trouvé encore qu'en supposant un décroissement par une simple rangée sur l'arête D, on ramè-
nerait le même octaèdre obtus, en le supposant de
plus coupé parallélement à l'une de ses faces, à un
solide qui avait exactement les mêmes angles que les
cristaux lamelliformes.

M. de Bournon, qui a eu connaissance d'un mémoire dans lequel j'avais exposé mes résultats, s'est
plaint de ce que je paraissais supposer qu'il avait
été capable de commettre une erreur de $3^{\rm d}$ dans
la mesure des angles d'un cristal. Mais, quelque
exercé que soit cet habile naturaliste, je ne sais s'il
peut répondre des mesures qu'il a prises sur les octaèdres cunéiformes aigus, qui sont très petits, et
n'ont pas leurs faces assez nettes pour se prêter à
toute la précision que l'on peut désirer ; et l'on con-
cevrait d'autant mieux que les petites différences

entre les résultats des mesures mécaniques et ceux de la théorie, ne fussent qu'apparentes, qu'il serait possible que l'erreur ne tombât pas tout entière sur une seule observation, mais qu'il y eût eu deux petites erreurs d'un degré ou d'un degré et demi en sens contraire. Or il est bien rare que toutes celles qu'on fait soient dans le même sens ; souvent les unes sont en plus et les autres en moins ; et de là vient que, quand les mesures ont rapport à une même quantité, et non pas à plusieurs quantités, comme dans le cas présent, quelquefois elles se compensent à peu près comme si toutes les observations avaient été exactes. M. de Bournon semble avoir cru que je voulais détruire son opinion ; j'étais bien éloigné d'avoir cette idée. J'ai présenté mes résultats comme la pierre de touche de ses observations ; et voici le raisonnement bien simple qui m'avait guidé : si les différences de deux ou trois degrés que donne ici la théorie sont réelles, il faudra en conclure que les cristaux qui ont conduit à ces différences appartiennent à des espèces distinctes. Si de nouvelles mesures prises avec tout le soin possible font disparaître ces mêmes différences, il y aura unité d'espèce.

Dans un article que ce savant a publié depuis (Journal des Mines, n° 85, page 1 et suivantes), il avoue que, vu la petitesse des cristaux en octaèdres aigus, il lui serait peut-être difficile de prononcer si les mesures qu'il a prises sont de beaucoup plus exactes que celles auxquelles je suis parvenu à l'aide du calcul, mais que ce qu'il peut assurer c'est que nulle trace, dans l'un ou l'autre de ces octaèdres, ne mène à la supposition qui m'a donné ce résultat (*Ibid.*, page 15). J'observerai, au sujet de cette dernière assertion, que je connais diverses formes secondaires dans plusieurs espèces de minéraux qui n'offrent aucune trace de leur forme primitive.

A l'égard de la différence de $4^{\rm d}\frac{1}{2}$ en plus qu'avait donnée la théorie appliquée aux cristaux lamelliformes, M. de Bournon assure qu'ayant répété ses mesures sur nombre d'individus, il a constamment trouvé que l'angle indiqué par le calcul était trop grand de beaucoup (*Ibid.*, page 12).

M. de Bournon, en comparant les résultats des analyses faites par M. Chenevix, avec ceux que présentait la Cristallographie, avait jugé que ces analyses donnaient la sanction la plus satisfaisante à la division établie par lui-même du cuivre arseniaté en quatre espèces distinctes ; car il n'en admettait alors que ce nombre, et c'est comme après coup qu'il en a formé une cinquième. Cependant quelques-unes de ces mêmes analyses semblaient déjà contrarier les indications de la forme. Par exemple, si l'on compare l'analyse du cuivre arseniaté prismatique triangulaire, qui est la quatrième espèce de M. de Bournon, avec celle du cuivre arseniaté aciculaire, qui est une variété de la troisième espèce en octaèdre aigu, on trouve pour les quantités de cuivre, d'acide et d'eau d'une part, 54, 30 et 16, et d'une autre part, 51, 29 et 18, résultats dont les différences sont censées être nulles. Les analyses publiées par MM. Klaproth et Vauquelin offrent au contraire des divergences considérables, par rapport à celles de M. Chenevix qui ont eu pour objet les mêmes variétés. Aussi M. de Bournon a-t-il fini par abandonner le point d'appui que la Chimie lui avait d'abord paru offrir à son opinion (Journal des Mines, n° 85, page 3).

L'intérêt de la science doit faire désirer que de nouvelles observations ajoutées à celles qui ont été faites à Londres sur les formes cristallines du cuivre arseniaté, et dans différens pays sur sa composition, puissent servir à mettre en évidence et à propager l'opinion émise par M. de Bournon, si elle est aussi fondée que ce savant célèbre le pense. Dans ce cas, mon travail aura fourni une preuve de plus en faveur de cette opinion, que je devrai m'empresser plus que tout autre d'adopter. La vérification que je propose me paraît d'autant plus importante, que ce serait un exemple jusqu'à présent inouï, que celui d'une combinaison qui offrît cinq points d'équilibre essentiellement distingués les uns des autres.

TREIZIÈME ESPÈCE.

CUIVRE PHOSPHATÉ.

(*Phosphor-kupfer*, W. *et* K.)

Jusqu'à présent je n'avais désigné cette espèce que par ses propriétés chimiques, mais je puis maintenant la caractériser d'une manière plus précise et plus conforme à l'esprit de ma méthode, d'après l'indication de sa forme primitive.

Caract. géométr. Forme primitive : octaèdre rectangulaire (fig. 152, pl. 102), qui doit être placé de manière que les deux arêtes les plus courtes de la base commune des deux pyramides, dont il est l'assemblage, aient une direction horizontale, pour qu'il se trouve en relation de position avec les variétés déjà connues (*).

Incidence de P sur P, $98^d 12'$;
de P sur M, $112^d 12'$;
de M sur M, $109^d 28'$.

Caract. phys. Pesant. spécif. (suivant M. Hersart, Journal des Mines, n° 143, p. 331), 4,07.

Dureté. Rayant la chaux carbonatée.

(*) Si du centre du cristal on mène une ligne à l'angle E, ensuite une perpendiculaire sur C et une autre sur G, ces trois lignes seront entre elles dans le rapport des nombres $\sqrt{4}$, $\sqrt{3}$, $\sqrt{2}$.

Couleur. Verte à l'intérieur, souvent noirâtre à la surface.

Caract. chimiq. Soluble sans effervescence dans l'acide nitrique.

Fusible à la flamme d'une bougie, et donnant un globule d'un gris métallique.

Analyse du cuivre phosphaté de Virneberg, près de Rheinbreitenbach dans le duché de Berg, par Klaproth (Beyt., t. III, 206) :

$$
\begin{array}{ll}
\text{Oxide de cuivre.......} & 68,13 \\
\text{Acide phosphorique ...} & 30,95 \\
\text{Perte................} & 0,92 \\
\hline
& 100,00.
\end{array}
$$

VARIÉTÉS.

Formes déterminables.

1. Cuivre phosphaté *primitif.*
a. *Cunéiforme.*
2. *Prismatique rhomboïdal curviligne.* En prisme rhomboïdal, dont les pans forment une courbure dans le sens latéral, et dont les bases, qui ont leur surface inégale, semblent devoir être perpendiculaires à l'axe, dans le cas d'une cristallisation régulière. Ces prismes, vus à la loupe, paraissent être des assemblages de prismes plus petits, de la même forme, que l'on distingue aux saillies que présentent leurs parties extérieures.

a. *Raccourci*. Ce sont ces cristaux que j'avais désignés en disant qu'*ils paraissaient être des rhomboïdes peu obtus*, parce qu'il était bien difficile de reconnaître le type de leur forme, considérée isolément. Mais en essayant de les rapprocher de l'octaèdre primitif, autant que peuvent le permettre les irrégularités de leur forme, j'ai été conduit à les considérer sous l'aspect que je viens d'indiquer.

Formes indéterminables.

Mamelonné-fibreux.
Compacte.

Annotations.

On trouve le cuivre phosphaté près de Rheinbreitenbach, dans le duché de Berg. Il a pour gangue ordinaire un quarz hyalin blanc ou grisâtre, souvent coloré en jaune-brunâtre par l'oxide de fer. Les cavités de ce quarz sont quelquefois garnies d'une couche mince de quarz - agate calcédoine, à laquelle adhèrent des concrétions cylindriques de la même variété. Ailleurs la matière du quarz passe à un état bien voisin du quarz-agate grossier, qui prend à la surface une forme mamelonnée. A l'égard des cristaux de cuivre phosphaté primitif, ils ont été découverts à Schemnitz, en Hongrie, où ils ont aussi un quarz pour gangue.

M. Léonhard, auquel je suis redevable de ceux qui sont dans ma collection, me mandait, en me les envoyant, que, parmi les minéralogistes qui en avaient connaissance, les uns les rapportaient au cuivre muriaté et les autres au cuivre arseniaté. Si la faveur démesurée dont jouissent en Allemagne les caractères extérieurs, ne donnait pas l'exclusion à ces épreuves simples et expéditives, qui ne font autre chose que de mettre ces mêmes organes, que l'on prend pour juges, à portée d'apercevoir dans un minéral, ce qui leur échappe lorsqu'ils restent abandonnés à eux-mêmes, il eût été bien facile de s'assurer que ni l'une ni l'autre des deux opinions que je viens de citer n'était admissible. En observant que les petits octaèdres exposés à la chaleur ne donnaient point de vapeur arsenicale, on en aurait conclu qu'ils ne pouvaient être du cuivre arseniaté; et en observant qu'ils ne coloraient point la flamme, on aurait jugé qu'ils n'appartenaient pas au cuivre muriaté. D'une autre part, ils réunissent la propriété de se fondre en un instant à la flamme d'une bougie, en donnant un bouton d'un gris métallique, à celle de se dissoudre sans effervescence dans l'acide nitrique, réunion qui a lieu également dans le cuivre phosphaté de Rheinbreitenbach, et qui m'avait fourni le caractère distinctif de cette espèce, tel que je l'ai indiqué dans mon Tableau comparatif.

J'ai fait part de ces résultats à M. Léonhard, qui, désirant qu'une analyse directe en offrît la confirmation, envoya des échantillons de la même substance à M. Bucholz, et cet habile chimiste a trouvé qu'ils étaient effectivement composés d'oxide de cuivre et d'acide phosphorique.

Le cuivre phosphaté est ordinairement noir à la surface, comme je l'ai dit, et souvent lorsqu'on brise ses mamelons, on y aperçoit dans leur intérieur des lignes noirâtres, qui suivent la direction des stries. Cette altération a également lieu par rapport à d'autres mines vertes de cuivre, et en particulier à l'égard du cuivre carbonaté concrétionné. Elle paraît provenir de la perte que font les substances d'une partie de leur humidité ; car, quand on les fait chauffer, leur couleur verte passe au brun-noirâtre.

QUATORZIÈME ESPÈCE.

CUIVRE SULFATÉ.

SULFATE DE CUIVRE DES CHIMISTES.

(Vulgairement *vitriol bleu, couperose bleue. Kupfervitriol*, K.)

Caract. phys. Saveur. Fortement stiptique.
Couleur. Le bleu celeste.
Transparence. Translucide, lorsqu'il est pur.
Cassure. Conchoïde et brillante.
Caract. géométr. Forme primitive (figure 153, pl. 102) : parallélépipède obliquangle irrégulier, dans lequel l'angle EOH est de 124^d 2′, ainsi que

l'incidence de M sur T. On aperçoit quelquefois des indices de joints naturels, parallèlement aux faces.

Molécule intégr. Id. (*).

Caract. chim. Exposé au feu, il se fond très vite et devient d'un blanc-bleuâtre.

Si on le passe avec frottement sur un morceau de fer poli et humecté d'eau ou de salive, on voit au bout d'un instant, à mesure que le dessèchement s'opère, la surface du fer se couvrir d'un enduit cuivreux.

Analyse du cuivre sulfaté :

(*) Soit id (fig. 154) le solide qui représente cette molécule, et qui est le même que figure 153. Par le point e faisons passer un plan $egko$ perpendiculaire sur les faces latérales, et menons la diagonale og, puis oz perpendiculaire sur gk. Par le point b faisons passer un autre plan $bznu$ perpendiculaire sur les faces $brcd$, $brie$, puis menons la diagonale bn. On fera $kz = 12$, $gz = 13$, $bg = \sqrt{\frac{2}{13}}$, $bz = \sqrt{316}$. De plus, l'angle plan rbd est sensiblement égal à l'angle egk, qui mesure l'incidence de $ebdf$ sur $rbdc$. Enfin, il résulte des observations qui seront indiquées à l'article de la variété monadique, qu'une facette dont le signe est $\overset{\cdot}{C}$ (fig. 153), fait avec le pan opposé à M, un angle égal à l'incidence d'une face dont le signe est 'G' sur le pan M, d'où il suit que l'angle nba (fig. 154) est égal à l'angle ogk, ces angles étant les supplémens des premiers. D'après ces différentes données, on pourra déterminer les angles et les dimensions respectives de la molécule.

Cuivre oxidé........... 27
Acide sulfurique...... 3o
Eau................... 43
                      ———
                      100.

Analyse du cuivre sulfaté, par Proust (Journal de Physique, t. LXII, p. 331) :

Oxide noir de cuivre.. 32
Acide sulfurique...... 33
Eau................... 36
                      ———
                      101.

Caractère distinctif. Entre le cuivre sulfaté et le cuivre carbonaté bleu. Celui-ci n'est ni soluble dans l'eau, ni sapide comme l'autre.

VARIÉTÉS.

FORMES DÉTERMINABLES.

Obtenues avec le secours de l'Art.

1. Cuivre sulfaté *primitif*. MTP (fig. 153). De l'Isle, t. I, p. 327 (*). Incidence de M sur T,

———

(*) Romé de l'Isle croyait avoir observé que le prisme rhomboïdal de cette variété était terminé à chaque extrémité par une face rhombéale qui avait cela de particulier, que deux de ses angles étaient de 64^d et 116^d, tandis que les deux autres étaient de 6o^d et 120^d; et néanmoins ce savant dit que les quatre faces latérales sont parallèles deux

124^d 2′; de P sur T, 128^d 37′; de M sur P, 109^d 32′. Valeur de l'angle EOH, 124^d 2′, la même que l'incidence de M sur T; de l'angle IOH, 88^d 32′; de l'angle EOI, 118^d 28′.

2. *Périhexaèdre*. M ¹H¹ TP (fig. 155).
   M ＂ TP

La forme primitive émarginée aux arêtes longitudinales les moins saillantes. De l'Isle, t. I, p. 327, var. 1; et p. 328, var. 2 (*).

3. *Périoctaèdre*. ¹G¹ M ¹H¹TP (fig. 156).
   ＿r＿ M ＂ TP

La forme primitive émarginée à toutes ses arêtes longitudinales. De l'Isle, t. I, p. 328; var. 3.

4. *Péridécaèdre*. ³G ¹G¹ M ¹H¹ TP (fig. 157).
   l ＿r＿ M ＂ TP

La variété précédente augmentée de deux facettes longitudinales. De l'Isle, t. I, p. 328, note 206.

5. *Triunitaire*. ¹G¹ M ¹H¹ TPĊ (fig. 158).
   ＿r＿ M ＂ TP ＂

La variété périoctaèdre émarginée de part et

à deux (t. I, p. 326 et 327), ce qui est contradictoire avec la première observation, puisque, dans tel sens que l'on coupe un prisme quadrangulaire par un plan, la section sera nécessairement un parallélogramme, et non un trapézoïde.

(*) La var. 1 de Romé de l'Isle est le parallélépipède rhomboïdal tronqué dans un de ses bords obtus; et sa var. 2 est le même tronqué dans ses deux bords obtus, ce qui est le vrai type de la forme cristalline, auquel on doit ramener la première variété, en rétablissant la symétrie, dont la nature ne s'est écartée que par accident.

d'autre à l'endroit d'une des arêtes extrêmes. De l'Isle, t. I, p. 329; var. 4.

6. *Isonome.* 'G' M 'H' TP ᵃEIC (fig. 159).
  r M n TP s y u

La variété précédente épointée de part et d'autre de la facette *n*. De l'Isle, t. I, p. 329; var. 5 (*).

7. *Octodécimal.*

  'G' M 'H' TP ᵃE(³EG'B ᵃ)IC (fig. 160).
  r M n TP s   z   y u

La variété précédente augmentée vers chaque sommet d'une facette *z*. De l'Isle, t. I, p. 330, note 209.

8. *Sous-triple.* ³G 'G' M 'H' TPᵃEIAC (fig. 161).
  l r M n TP s y k u

La variété isonome, devenue péridécaèdre, et augmentée vers chaque sommet d'une facette *k*.

9. *Dioctaèdre.* 'G' M 'H'P ᵃE(³EG'B ᵃ)B (fig. 162).
  r M n P s   z   z

La variété périoctaèdre augmentée vers chaque sommet de trois facettes étagées.

10. *Complexe.* 'G'M'H'TPᵃEE(ᵃEG'B ᵃ)B (fig. 163).
  r M n TP s i   z   z

La variété précédente augmentée vers chaque sommet d'une facette *i* à côté de la facette *s*.

(*) La description de ce savant indique que cette variété est la troisième, augmentée seulement des facettes *y* et *s*. Mais sa figure 76, à laquelle il renvoie, et le modèle en terre cuite qu'il a fait exécuter, prouvent qu'il avait en vue une autre forme plus composée, sur laquelle se trouve aussi la facette *u* (fig. 159).

11. *Octoduodécimal.*

$$\text{'G' M 'H' TP 'E}(\overset{3}{\text{'}}\text{EG'B')B\overset{..}{A}\overset{.}{I}} \quad (\text{fig. 163}).$$

$$r \quad M \;\, n \quad TP \; s \qquad s \qquad x\tfrac{1}{2}k\, y$$

La variété dioctaèdre augmentée vers chaque sommet d'une nouvelle facette k à la suite de x, et d'une seconde y dans la partie opposée. Il est remarquable que les arêtes comprises entre les facettes r, s, z, x, k, soient toutes parallèles, quoique les lois de décroissement d'où résultent ces facettes, agissent dans des sens très différens. Il sera facile aux géomètres qui possèdent la théorie, de trouver la démonstration de ce parallélisme.

Formes indéterminables.

Cuivre sulfaté *concrétionné*. Se trouve à Remmelsberg, et à Saint-Bel près de Lyon.

Amorphe.

Pulvérulent. En grains adhérens à la surface des pierres.

Annotations.

Le cuivre sulfaté est presque toujours à l'état de dissolution dans les eaux voisines des mines de cuivre. Celui qui se trouve naturellement cristallisé, et qui est très rare, ou en concrétion, ou en forme de poussière disséminée sur la surface des pierres, a été déposé par les eaux qui en étaient chargées (*).

(*) Waller., Syst. minér., t. II, p. 20 et 21.

Ce sont ces eaux que l'on a nommées *cémentatoires*, parce qu'on a pensé que, dans certaines circonstances, le cuivre en était précipité par l'intermède du fer, comme nous l'avons expliqué à l'article du cuivre natif. A l'égard des variétés de forme que nous avons décrites, elles provenaient des cristallisations obtenues artificiellement par différens chimistes.

L'origine du cuivre sulfaté a été bien connue des anciens. Ils donnaient à ce sel le nom de *calcanthe*, qui signifie *fleur de cuivre*. Pline dit qu'on le retirait des eaux de certains puits ou étangs qui se trouvaient en Espagne. Il ajoute qu'on mêlait une certaine quantité de cette eau avec une mesure égale d'eau douce, et qu'après avoir fait bouillir le mélange, on le versait dans des cuves de bois. Au-dessus de ces cuves étaient fixées des solives transversales, d'où pendaient des cordes auxquelles on avait attaché des pierres, pour les tenir tendues. La matière du calcanthe s'attachait à ces cordes, sous la forme de grains vitreux, dont Pline compare l'assemblage à une grappe de raisin. On retirait ces grains et on les faisait sécher pendant trente jours. Leur couleur était d'un très beau bleu, et on les regardait comme une espèce de verre : *vitrum esse creditur* (*). Peut-être est-ce cette opinion qui a donné naissance au mot *vitriol*. Quoi qu'il en soit, on voit par le passage

____

(*) Pline, *Hist. nat.*, *lib.* XXX, *c.* 12.

que nous venons de citer, que les anciens connaissaient certaines circonstances remarquables de la cristallisation, telle que la réunion plus prompte et plus abondante des molécules cristallines autour des corps que l'on plonge dans le liquide où elles sont tenues en dissolution.

Parmi toutes les formes primitives des minéraux, celle du feldspath et celle du cuivre sulfaté sont jusqu'ici les seules qui présentent le parallélépipède obliquangle, avec trois mesures d'angles différentes; en sorte qu'il n'y a de similitude qu'entre les faces opposées deux à deux. Mais cette forme, dans le feldspath, porte certains caractères de symétrie, tels que les incidences de 90^d et de 120^d pour les faces adjacentes, au lieu que dans le cuivre sulfaté la forme primitive est irrégulière sous tous les aspects, ce qui ne fait, au reste, que compliquer et rendre plus pénible le calcul des lois de décroissement, et n'empêche pas que ces lois n'aient, pour la plupart, la simplicité des lois ordinaires.

Le cuivre sulfaté est principalement employé dans la teinture. Il fournit la matière colorante des plumes bleues dont on fait des panaches. On colore ces plumes en les tenant plongées dans une dissolution de cuivre sulfaté en ébullition. Le même sel entre dans la composition du noir, auquel il donne de la solidité. On l'emploie à une dose moindre que le fer sulfaté, qui fait d'ordinaire la base de cette composition. Il est un des principaux mordans du principe

colorant jaune; on l'emploie ou seul ou décomposé
par l'acétite de plomb, ce qui produit un acétite de
cuivre moins corrosif que le sulfate. On le fait encore
entrer dans la composition qui donne le violet; et
dans ce cas, on l'allie avec le salpêtre, le sel marin,
le sel ammoniac, l'acétite de fer, etc.

QUATRIÈME GENRE.

FER.

(*Eisen*, W. *et* K.)

PREMIÈRE ESPÈCE.

FER NATIF.

(*Gediegen Eisen*, W. *et* K.)

Caractères distinctifs.

Cristallisation susceptible d'être ramenée à l'octaèdre régulier; couleur d'un gris obscur métallique.
Ductile et magnétique.

Caractères du fer amené à l'état de pureté par les procédés de la Métallurgie.

Pesant. spécif., 7,788; moindre que celle des autres
métaux usuels, l'étain excepté.

Éclat. Moindre seulement que celui du platine.

Dureté. Celle de l'acier est supérieure à celle des
autres métaux.

Elasticité. Id.

Ténacité. Moindre seulement que celle de l'or.

Couleur. Le gris avec une nuance de bleuâtre.

VARIÉTÉS.

1. Fer natif *cubique.* Se trouve au Sénégal (Wallérius).

2. *Massif.* Tellureisen, K. à Kamsdorf, en Saxe. D'un gris métallique, qui passe à l'éclat de fonte blanche. Cassure hérissée d'aspérités, et quelquefois hamiforme ou crochue; ayant la vertu polaire; engagé par petites masses dans une gangue composée de fer oxidé, de chaux carbonatée brunissante, et de baryte sulfatée.

APPENDICE

a. Fer natif *volcanique.* Ayant à certains endroits le gris métallique du fer, avec un tissu raboteux, et à d'autres le blanc argentin avec un tissu lamelleux, c'est-à-dire qu'il participe de la fonte grise et de la fonte blanche. Intérieur parsemé de petites cavités ou cellules, dont la surface est noirâtre. Ayant naturellement des pôles.

b. Acier natif *pseudo-volcanique.* Pesant., 7,4417. Plus dur que l'acier trempé. Cassure granuleuse semblable à celle de l'acier. Sans magnétisme polaire, dans l'état naturel; susceptible de l'acquérir, et le conservant très long-temps. Acquérant, à l'aide de la roue du lapidaire, un poli très vif. Malléable, malgré sa grande dureté.

o. Fer natif *météorique*. Meteoreisen , K.

1. *Granuliforme*. Disséminé dans les masses pierreuses nommées *aérolithes* et *bolides*, que l'on voit tomber de temps en temps de l'atmosphère. Je donnerai bientôt la description de ces pierres, ainsi que l'exposé de tout ce qui a rapport au phénomène dont il s'agit.

La plupart des minéralogistes rapportent à cette variété des masses considérables de fer qui ont été trouvées dans un état d'isolement, l'une en Sibérie, par le célèbre Pallas, et qui pesait 1680 livres russes, une autre dans l'Amérique méridionale, près de San-Yago, par dom Michel Rubin de Célis. Celui de Pallas est composé de fer blanc et très malléable. Il est criblé de petites cavités qui renferment une matière jaunâtre-vitreuse, qui paraît avoir de l'analogie avec le péridot.

Annotations.

Le fer natif cubique, qui a été cité par Wallérius, et dont on a pendant long-temps révoqué en doute l'existence, a été retrouvé récemment par M. Mollien, à Galam, dans le centre de l'Afrique, vers le haut du fleuve Sénégal.

M. Schreiber, inspecteur des mines de France, a observé du fer natif, en stalactite rameuse, enveloppé de fer oxidé brun, qui formait un filon dans une montagne située près de Grenoble, département de l'Isère. Il paraît que ce fer était beaucoup plus ductile que celui de Kamsdorff. On a cité encore du fer natif dans d'autres endroits. Mais, en général, ce fer n'a été trouvé jusqu'ici qu'en petites masses ordinairement engagées dans un fer oxidé. Il semble n'avoir qu'une existence accidentelle dans la nature. Tout le fer qui sert à nos usages est retiré des mines où ce métal est combiné avec plus ou moins d'oxigène, dont on le dégage par les opérations de la métallurgie.

Le fer natif volcanique a été découvert par M. Mossier, dans le département du Puy-de-Dôme. Il occupait un ravin creusé par les pluies, à travers les laves et scories de la montagne de Graveneire. La masse était enveloppée de fer oxidé rubigineux. Il paraît que l'action des feux volcaniques a produit un effet analogue à celui du feu de nos fourneaux, en amenant l'oxide de fer à l'état de fer malléable.

C'est encore à M. Mossier que l'on est redevable de la découverte de l'acier natif pseudo-volcanique. Il l'a trouvé près d'une mine de houille, dans un endroit nommé La Boniche, à une lieue et demie de Néri, département de l'Allier. Ayant observé tout à l'entour, des matières vitrifiées, il a conjecturé que la houille avait subi un incendie, et que l'action de la chaleur, qui avait consumé la houille en partie, avait en même temps opéré la conversion de l'oxide de fer en acier.

Les pierres météoriques ont entre elles une si grande ressemblance, qu'en décrire une seule c'est presque les décrire toutes. Les exceptions jusqu'ici sont en petit nombre. Ces pierres sont ordinairement d'une forme irrégulière, que l'on pourrait comparer à celle d'un polyèdre dont les arêtes seraient arrondies.

Elles sont recouvertes d'une croûte très mince, d'une couleur noirâtre, parsemées de petites aspérités, qui font sur le tact l'impression d'une peau légèrement chagrinée. La matière intérieure, mise à découvert par une fracture, est d'une couleur grise quelquefois tachée de jaune d'ocre. Son tissu est granuleux ; elle se brise facilement ; elle sert comme de ciment à trois substances différentes que l'on y distingue à l'œil. L'une est en forme de petits corps ovoïdes ou globuleux, d'une couleur grise ou brune, fragiles et dont la poussière passée sur le verre le dépolit. Ces globules ne sont sensibles que dans certains aérolithes, comme celui de Bénarès, dans les Indes orientales.

La seconde substance est un fer sulfuré disséminé irrégulièrement dans la masse ; il est d'une couleur rougeâtre qui paraît être l'effet d'un mélange de nickel.

La troisième substance est composée de grains de fer à l'état métallique, malléable et agissant fortement sur l'aiguille aimantée.

La pesanteur spécifique moyenne est d'environ 3,5.

Les aérolithes qui diffèrent le plus des autres, sont ceux qu'on a vus tomber, le 15 mars 1806, dans les environs d'Alais, département du Gard. Ils sont noirs, même à l'intérieur, et ressemblent tellement à une matière charbonneuse, que ceux qui en ramassèrent des fragmens essayèrent de les faire brûler. Ils sont très friables, et s'écrasent entre les doigts, qu'ils tachent en noir.

L'aérolithe tombé à Stannern en Moravie le 22 mai 1808, offre aussi une particularité, qui consiste en ce que sa surface est luisante, et comme vernissée. D'ailleurs, il n'agit pas sur l'aiguille aimantée, à moins que le fragment n'ait été fortement chauffé, parce que le fer qu'il renferme est à l'état d'oxide. On y distingue cependant des parcelles pyriteuses. Enfin, le résultat de son analyse diffère des autres, en ce qu'il a donné beaucoup plus de chaux avec une certaine quantité d'alumine, dont les autres n'ont offert que quelques traces. Il y a aussi des diversités dans l'aérolithe de Chassigny, près de Langres, comparé aux autres. Sa teinte est d'un gris plus clair; en observant son tissu, on y distingue une multitude de particules talqueuses, qui indiquent un excès de magnésie dans sa composition. Il n'agit sur l'aiguille aimantée que par son enveloppe noirâtre. Les fragmens détachés de l'intérieur ne font mouvoir l'aiguille qu'après avoir été chauffés.

L'aérolithe le plus récent dont j'aie eu connaissance, est celui qui est tombé à Aubenas, en juin 1821, et qui pesait 112 kilogrammes.

Cet aérolithe n'agit sur l'aiguille aimantée qu'à l'aide du double magnétisme. Il est composé en grande partie d'une substance noirâtre, entremêlée de cristaux et de grains de feldspath, dont les uns sont dans l'état de fraîcheur, et les autres altérés; on y distingue aussi des grains de fer sulfuré. La croûte extérieure est lustrée, comme celle de l'aérolithe de Stannern.

Le résultat général des analyses qui ont été faites des pierres météoriques, est qu'elles sont composées d'environ la moitié de leur poids de silice; les autres principes sont la magnésie, le fer, le nickel, le soufre avec un peu de chaux. M. Laugier y a découvert la présence du chrome, et M. John de Berlin, celle du cobalt. L'aérolithe du département du Gard, analysé par M. Thénard, diffère des autres en ce qu'il contient un peu de charbon, avec une plus grande quantité de fer, et en ce que tous les métaux y sont à l'état d'oxide.

Propriétés et usages du fer.

Le fer, tel que la nature l'a produit en immense quantité, est bien différent de celui dont l'aspect et l'usage nous sont si familiers. Ce n'est presque partout qu'une masse terreuse, une rouille sale et impure ; et lors même que le fer se présente dans sa mine avec l'éclat métallique, il est encore éloigné d'avoir les qualités qu'exigent les services multipliés qu'il nous rend. L'homme n'a en guère besoin que d'épurer l'or : il a fallu, pour ainsi dire, qu'il créât le fer ; et lorsque l'on considère que l'art de travailler ce métal, qui réunit tant de procédés industrieux, qui triomphe de tant de difficultés et d'obstacles, et qui emploie si ingénieusement le feu et le fer même, pour dompter le fer, remonte jusqu'à la plus haute antiquité, et au-delà du déluge (*), on est porté à regarder la première idée de cet art admirable comme une sorte d'inspiration, et à croire que le même Dieu dont la main bienfaisante avait fait naître, avec tant de profusion, dans le sein de la terre, le plus utile des métaux, a daigné encore suggérer à l'esprit humain les moyens de l'assortir à nos besoins, et de nous faire jouir de tous les avantages qu'il recèle.

Le fer est susceptible, en général, de trois états différens, qui exigent autant d'opérations particulières. Ce qu'on appelle *fer fondu* (**) est le métal dépouillé, par une première fusion, d'une partie plus ou moins considérable de son oxigène, et qui

---

(*) Genèse, ch. 4, v. 22.

(**) On se sert aussi, dans le même sens, des expressions de *fer cru, fer coulé, fer de gueuse.*

s'est emparé d'une partie du charbon avec lequel il était en contact dans le fourneau de fonte.

On distingue la fonte, suivant sa cassure, en fonte blanche et en fonte grise. La première a un tissu lamelleux et brillant; elle est dure et sujette à se casser. Le tissu de la seconde est mat et grenu; elle est plus flexible et plus facile à entamer. On attribue cette différence à la proportion de charbon, qui est moindre dans la fonte blanche, et plus considérable dans la fonte grise.

Le fer coulé, ou fer fondu, est susceptible d'une seconde fusion, ou, ce qui est la même chose, en d'autres termes, il n'est pas encore malléable. Car le fer a cela de particulier, qu'il ne peut posséder l'une de ces qualités, la fusibilité et la ductilité, qu'aux dépens de l'autre. Pour communiquer au fer coulé cette ductilité, qui est le but principal de l'opération, on le porte d'abord dans un second fourneau, que l'on nomme *fourneau d'affinage* ou *affinerie*, et dont la température très élevée détermine, par un nouveau jeu d'affinités, l'oxigène qui restait dans la fonte, à se combiner avec le carbone dont elle s'était emparée, pour former de l'acide carbonique qui se dégage. Le fer se trouve alors dans le plus grand état de pureté auquel l'art puisse l'amener. On l'expose ensuite à l'action d'un gros marteau, dont les coups redoublés rapprochant les parties métalliques, les lient davantage entre elles, et rendent le fer ductile. On le nomme alors *fer forgé*, *fer battu*, ou *fer affiné*. Dans ce nouvel état, il n'est plus fusible, et le feu le plus violent de nos fourneaux peut au plus l'amollir et le convertir en une espèce de pâte. Pour réussir à le fondre, il faudrait y mêler des fondans, qui le feraient revenir à son premier état, et le rendraient cru et non malléable.

Le fer forgé, mis en contact avec des matières charbonneuses, et ramolli par l'action du feu, au point de pouvoir se pénétrer de ces matières, se convertit en acier. L'opération de la trempe que l'on fait subir à l'acier, n'en change point la nature; elle fait seulement varier l'arrangement de ses parties. Elle augmente à la fois sa dureté, sa fragilité, son volume, et lui donne un grain plus grossier.

D'après cette théorie, qui a été très bien développée dans un mémoire de Vandermonde, Monge et Berthollet (*), la différence entre le fer fondu, le fer forgé et l'acier, dépend de deux principes, savoir l'oxigène et le carbone. Leur réunion constitue le fer fondu; l'absence de l'un ou de l'autre, au moins en quantité sensible, caractérise le fer forgé; dans l'acier, le carbone existe seul sans oxigène.

Le fer de fonte est susceptible de prendre une forme régulière, comme les autres métaux, à l'aide d'un refroidissement lent et gradué. Je n'ai rien vu de plus intéressant en ce genre que ce qu'a obtenu M. Poulain-Boutancourt, dans un fourneau de forge

---

(*) Mém. de l'Acad. des Sc., 1786, p. 132 et suiv.

où il avait tout disposé de manière à favoriser la cristallisation du métal. Il en est résulté de très jolis groupes d'octaèdres implantés les uns dans les autres, dont l'assortiment se présente à l'ordinaire sous l'aspect d'une pyramide.

La ténacité du fer est telle, que ce métal, réduit en un fil d'environ 2,7 millim. ou $\frac{1}{10}$ de pouce d'épaisseur, soutient, sans se rompre, un poids de 210,3 kilogr., ou 450 livres.

Le fer, pris dans chacun des trois états où nous l'avons envisagé, est employé pour différens ouvrages. Les mortiers, les boulets, les plaques de cheminée, les tuyaux pour la conduite des eaux, sont faits avec du fer coulé, qui a passé immédiatement dans des moules après la première fonte.

Mais c'est surtout à l'état de fer forgé et d'acier que le fer nous rend des services multipliés. C'est lui qui sert à façonner les autres matières ; et de cette multitude de vases, de meubles et d'instrumens dont nous faisons continuellement usage, il n'en est peut-être pas un qui ne doive sa forme au fer. Il prend lui-même différentes formes pour se prêter à la diversité de nos besoins. Si la terre se couvre de moissons abondantes, c'est le fer qui a déchiré son sein pour la rendre féconde ; si l'ennemi menace d'envahir ces moissons, c'est le fer qui sert à le repousser. Il contribue à la solidité de nos bâtimens, partout il fait notre sûreté ; et notre or, nos pierreries, tout ce que nous avons de plus précieux est sous sa

garde. On a vu les habitans du Nouveau-Monde
prodiguer l'or en échange pour une serpe, une bê-
che, un marteau, une scie. La plus belle prérogative
de l'or, à leurs yeux, était de pouvoir être converti
en fer à l'aide du commerce. Aussi la nature a-t-elle
répandu ce métal dans le sein de la terre avec une
profusion proportionnée à son utilité. Indépendamment des mines dont on le retire, il s'introduit partout et remplit l'univers entier de ses modifications.
Ces couleurs qui ornent la surface des marbres secondaires, celles qui produisent les taches et les
veines des agates, ces belles teintes qui flattent
l'œil dans le corindon hyalin, la topaze, le grenat
et divers autres pierres précieuses, sont dues à l'oxide
de fer diversement modifié; et l'on pourrait dire, au
moins relativement au règne minéral, que quand la
nature prend le pinceau, c'est souvent le fer qui est
sur la palette.

Dissertation sur le phénomène des aérolithes.

J'ai promis de revenir sur un fait qui a paru d'a-
bord trop singulier pour mériter d'être cru, mais
dont l'existence est trop bien prouvée aujourd'hui
pour que l'on puisse le révoquer en doute. A l'aide
de ce fait, la Minéralogie, bornée jusqu'alors à l'é-
tude des substances renfermées dans le sein de la
terre, a étendu son domaine dans la région de
l'atmosphère et peut-être même jusqu'aux espaces

célestes. Je vais exposer avec un certain détail le fait dont il s'agit, et ensuite je ferai connaître en peu de mots les différentes explications que l'on a essayé d'en donner.

Il y a long-temps que les historiens ont parlé de pierres tombées du ciel, et l'opinion s'était même établie que les nuages orageux lançaient la foudre sous la forme de certaines pierres auxquelles on avait donné le nom de *pierres de foudre*. Mais, quoique les récits faits par Tite-Live et par d'autres auteurs au sujet des pluies de pierres, se trouvent souvent répétés dans l'histoire, et même quelquefois avec des circonstances remarquables, on avait regardé ces récits comme fabuleux, ou bien on les avait expliqués en supposant que les pierres lancées à une certaine distance, par l'effet de quelque explosion volcanique, étaient retombées sous la forme d'une pluie. Ce n'est que depuis un assez petit nombre d'années que des savans distingués, après avoir recueilli et comparé les témoignages de personnes dignes de foi, qui avaient été à portée de constater le fait dont il s'agit, ont commencé à ne plus douter qu'il ne tombât de temps en temps de l'atmosphère des masses pierreuses à la formation desquelles le globe terrestre n'avait contribué en rien, au moins d'une manière immédiate.

Tous les phénomènes de ce genre ont été précédés par l'apparition d'un globe enflammé qui finissait par éclater, et il paraît que ces sortes de globes

ne sont autre chose que la matière pierreuse elle-
même à l'état incandescent, et qui, au moment de
l'explosion, s'est séparée en divers éclats que la force
de la gravité a précipités vers la terre. C'est souvent
sous un ciel calme que les globes se sont montrés ;
plusieurs cependant ont été accompagnés d'orage et
de grêle, mais on n'en connaît aucun ou presque aucun jusqu'ici dont la chute ait eu lieu par un temps
couvert, ou pendant une pluie ou une neige abondante.

Aussitôt que ces sortes de phénomènes eurent
commencé à fixer l'attention de quelques savans, les
chimistes s'empressèrent d'analyser les pierres que
l'on disait être tombées de l'atmosphère, et la conformité qui s'est trouvée en général entre les analyses de ces pierres, de quelque pays qu'elles eussent
été apportées, peut elle-même passer pour un phénomène ; et, comme si tous les genres de singularité
devaient ici se trouver réunis, tandis que toutes ces
pierres se ressemblent, à quelques légères différences
près, par leurs caractères et leur composition, elles
sont distinguées de toutes celles qui ont été retirées jusqu'ici du sein de la terre. Ce n'est pas que les substances
qu'elles contiennent ne se trouvent aussi ailleurs ;
M. Vauquelin a remarqué qu'elles existaient dans le
fer limoneux, à la réserve du nickel et du chrome
(Ann. du Mus., t. VIII, p. 459) ; mais nulle part on
ne rencontre un assemblage qui les présente dans le
même ordre et sous le même aspect. En un mot, ces

pierres, qui sont en famille les unes avec les autres, malgré la distance des pays dont elles viennent, semblent être des étrangères lorsqu'on les place parmi les pierres connues jusqu'ici.

Tandis que les chimistes s'occupaient de l'analyse des pierres envoyées de différens endroits comme étant tombées de l'atmosphère, les physiciens imaginaient différentes hypothèses pour expliquer l'origine de ces pierres. Mais une question importante qu'il fallait résoudre avant de se livrer à des conjectures sur cet objet, était celle de savoir si ces pierres étaient réellement tombées ; car plusieurs physiciens en doutaient encore, et parmi ces derniers, les uns prétendaient que ces pierres avaient été lancées par les volcans, et d'autres supposaient que la foudre les avait frappées et brûlées à l'extérieur.

Effectivement, le fait d'une pierre tombée de l'atmosphère avait quelque chose de si extraordinaire, qu'on ne doit pas être surpris que des savans d'ailleurs très éclairés, l'aient d'abord rejeté, parce que ne pouvant en concevoir la possibilité et le regardant comme inexplicable, ils ne croyaient pas d'ailleurs que les témoignages de ceux qui en certifiaient la vérité eussent assez de poids pour entraîner avec eux la conviction.

Pour fixer d'une manière irrévocable les opinions sur le fait dont il s'agit, il était à désirer que l'on prît des renseignemens exacts dans quelque lieu où le phénomène fût arrivé récemment. M. Chaptal, alors ministre de l'intérieur, ayant saisi avec empressement cette nouvelle occasion de contribuer aux progrès de nos connaissances, invita M. Biot à se rendre dans le département de l'Orne, où un météore, accompagné de la chute d'un grand nombre de pierres, avait paru près de l'Aigle quelque temps auparavant, c'est-à-dire le 26 avril 1803. M. Biot a publié depuis la relation de son voyage dans un rapport lu à la classe des sciences mathématiques et physiques de l'Institut pendant la même année, et qui a été imprimé par ordre de cette même classe. Je me bornerai ici à exposer en peu de mots la substance de ce rapport.

M. Biot se rendit d'abord à une grande distance de l'Aigle, et se laissa conduire, par les témoignages qu'il recueillait successivement, jusqu'au lieu que les premiers avis indiquaient comme le centre de l'explosion (*). Le chemin qu'il fit dans un arrondissement de 15 lieues de rayon, en passant par tous les endroits où l'on avait quelque connaissance du phénomène, lui donna la mesure exacte de l'étendue sur laquelle les effets du météore s'étaient fait sentir; il ne restait plus qu'à parcourir avec soin cet espace, en observant tout ce qui pouvait offrir des indices de l'action du météore et en écoutant les rapports des habitans.

(*) Bulletin des Sciences de la Société Philomatique. Thermidor an 11, p. 129.

Or, d'une part, il s'assura par ses propres yeux que le terrain ne renfermait aucune espèce de pierre qui eût le moindre rapport avec celles qu'on lui montrait comme étant tombées de l'atmosphère. D'une autre part, on lui a fait voir tantôt une ouverture faite dans la terre par une pierre qu'on lui présentait en même temps, et tantôt des branches d'arbres endommagées par des pierres qui les avaient rencontrées dans leur chute; il a découvert lui-même une de ces pierres encore engagée dans la terre d'un champ où on lui avait dit qu'il en était tombé un grand nombre. Enfin toutes les pierres que lui montraient de toutes parts ceux qui disaient les avoir eux-mêmes ramassées, se ressemblaient parfaitement entre elles, et présentaient tous les caractères de celles que l'on connaissait déjà.

Les témoignages moraux donnaient un nouveau degré de force aux preuves physiques. Les témoins étaient des hommes simples, pleins de candeur, également incapables, soit de se tromper sur un fait aussi remarquable, soit de vouloir tromper les autres; des ecclésiastiques respectables, et qui se respectaient trop eux-mêmes pour en imposer à un savant qu'il ne fallait que voir et entendre pour reconnaître un ami de la vérité; des jeunes gens instruits qui, ayant été militaires, devaient être à l'abri des illusions de la peur et se connaître en explosions : et toutes ces personnes, de professions, de mœurs si différentes, qui n'avaient pu se concerter entre elles, s'accordaient par-

faitement sur l'instant du phénomène et sur les circonstances qui l'avaient accompagné. Elles se répé-
taient les unes les autres quant au fond, et si elles
employaient différentes comparaisons et différens
langages pour peindre ce qui les avait frappées, cette
diversité même offrait une preuve de plus que leurs
témoignages ne leur avaient point été dictés, et
qu'elles étaient les historiens fidèles de ce qui s'était
passé sous leurs yeux. Ainsi, il n'y a plus à en douter, il est tombé des pierres de l'atmosphère aux environs de l'Aigle, et ce fait est un nouveau garant de
tous les autres semblables qui ont été publiés.

Il ne faut donc pas rejeter un fait par la seule
raison qu'il est extraordinaire et paraît déconcerter
l'imagination. Il faut suspendre son jugement, jusqu'à
ce qu'un examen attentif ait appris ce que l'on doit en
penser. J'ai entendu raconter à un savant que, s'étant
trouvé il y a un certain nombre d'années dans les environs de Bordeaux, des paysans étaient venus à lui
et lui avaient présenté des pierres qu'ils assuraient
être tombées du ciel. Il s'est rappelé depuis que ces
pierres ressemblaient à celles que nous connaissons.
Il rejeta les offres de ces bonnes gens, en mêlant
même la plaisanterie à son refus ; sur quoi il me faisait cette réflexion : Le physicien se moquait alors
des paysans, et aujourd'hui les paysans prendraient
leur revanche, s'ils savaient ce qui se passe dans le
pays des sciences.

Mais quelle a pu être l'origine de ces pierres ?

Dans quelle région de l'espace immense qui nous environne, et de quelle manière ont-elles été produites? Quelles sont les causes qui ont déterminé leur chute vers la terre? Ces questions semblent être aujourd'hui prématurées. La singularité du phénomène, qui l'a d'abord fait regarder comme incroyable, annonce seule la difficulté de l'expliquer, au moins dans l'état actuel de nos connaissances. Je me bornerai ici à exposer en peu de mots les différentes hypothèses à l'aide desquelles on a essayé d'en donner la théorie.

Les raisons décisives que nous avons de croire que les pierres dont il s'agit sont réellement l'effet d'un météore, écartent d'abord les explications qui supposent qu'elles sont venues immédiatement de la terre, ou attribuent à la foudre les indices qu'elles présentent de l'action du feu. Le point d'où elles sont parties est dans l'atmosphère ou dans l'espace immense dont elle est environnée. M. Chladni, professeur de Physique à Vittemberg, auquel nous devons des recherches très intéressantes sur les effets du son relativement aux surfaces vibrantes, paraît être le premier qui ait publié des conjectures plausibles jusqu'à un certain point sur la cause du météore dont il s'agit. Il se pourrait, selon lui, qu'il existât dans l'espace de petites accumulations de matière dense, indépendantes des grands corps planétaires, et qui, mises en mouvement par quelque force de projection ou par quelque attraction, continuent de se mouvoir en ligne droite jusqu'à ce qu'elles arrivent dans le voisinage de la terre, qui, par son attraction supérieure, décide leur chute vers cette planète. Le frottement violent qu'elles éprouvent de la part de l'atmosphère qu'elles traversent doit faire naître beaucoup d'électricité et de chaleur, en sorte qu'elles deviennent d'abord incandescentes, puis se fondent avec un dégagement de gaz capable de les faire éclater avec explosion.

Cette explication, qui a d'abord eu peu de partisans, n'est cependant pas inadmissible, comme je l'exposerai bientôt, en montrant sa liaison avec une hypothèse qui elle-même a obtenu l'assentiment d'un grand nombre de physiciens; mais il faut auparavant faire connaître les explications qui font dépendre d'une cause chimique le phénomène qui nous occupe.

Ces explications se réduisent à deux. Dans l'une, on suppose que des molécules de fer, de nickel, de soufre, de silice et de magnésie, se sont volatilisées et répandues dans l'atmosphère, qui les tient à l'état de dissolution, et que dans certains cas le dissolvant les abandonne à leur tendance réciproque; au moment de leur réunion, elles laissent dégager, en se fixant, du calorique et de la lumière, et de là ces globes enflammés qui produisent le phénomène dont il s'agit.

On a fait différentes objections contre cette hypothèse. Comment concevoir que les substances les plus fixes que nous connaissions se trouvent à l'état de volatilisation dans l'atmosphère, et en assez grande quantité pour y produire des masses de 200 livres et au-delà ? D'ailleurs nous n'avons aucun exemple d'un dégagement de lumière accompagné de détonation dans la réunion ou la fixation des molécules intégrantes des corps. Ces effets n'ont lieu que quand les principes qui se réunissent et se fixent sont à l'état gazeux.

L'autre explication suppose que les principes dont les pierres météoriques sont l'assemblage se trouvaient réellement dans cet état gazeux, et que leurs élémens étant entrés en combinaison, elles ont formé une masse solide dont la détonation l'a divisée en éclats, que la pesanteur a précipités vers la terre.

On a allégué, contre cette nouvelle explication, qu'elle avait, comme la précédente, l'inconvénient d'outre-passer la limite tracée par l'expérience et l'observation, en supposant que des substances qui ont résisté jusqu'ici à tous les efforts de l'analyse, soient composées d'élémens disséminés dans l'atmosphère. Mais, de plus, il semble que dans cette hypothèse la masse qui résulte de la combinaison des élémens devrait être uniforme et homogène, au moins en apparence, comme cela a lieu quand des substances gazeuses se réunissent ; on ne devrait pas voir des grains de fer malléable, des grains de fer sulfuré, de petits corps particuliers de forme globuleuse disséminés dans la masse, où chacun occupe une place à part. Chaque petite portion de cette masse devrait renfermer tous les principes réunis uniformément et suivant les mêmes rapports que dans la masse totale. Enfin, les globes tombés dans les différens pays ne devraient pas se ressembler aussi parfaitement par leur composition; et il serait bien singulier que le fer, le nickel, le chrome, le soufre, la silice, la magnésie, se fussent en quelque sorte donné le mot pour produire partout des combinaisons qui présentent une si parfaite identité.

Ainsi, dans l'état actuel de nos connaissances, il n'est pas facile de concevoir comment les aérolithes pourraient avoir pris naissance dans l'atmosphère. S'il appartenait à un savant de s'élever plus haut par l'essor du génie, et d'étendre jusqu'aux espaces célestes le champ des conjectures relatives à cet objet, c'était au célèbre Laplace, qui a obtenu par ses grands travaux sur l'Astronomie physique un rang si distingué parmi les successeurs de Newton. Au reste, il n'a émis son hypothèse qu'avec une sage réserve, et il a confié le soin de la développer par le calcul à deux géomètres d'un mérite très distingué, MM. Biot et Poisson, membres de l'Académie royale des Sciences (*). Voici en quoi consiste cette hypothèse. Mais, avant de l'exposer, je dois dire que les observations qui avaient paru prouver qu'il existait des volcans dans la lune ne sont plus admissibles,

____

(*) Bulletin de la Société Philomatique. Brumaire an 11, p. 153, et pluviose an 11, p. 180.

d'après celles qu'a faites plus récemment M. Arago.
Cet habile astronome s'est assuré que l'on avait pris
pour des feux volcaniques, des effets qui sont dus à la
lumière cendrée, c'est-à-dire à celle que la terre
réfléchit vers la lune, et qui en fait entrevoir la ron-
deur, lorsque la lumière du soleil n'en éclaire qu'une
petite partie que l'on appelle le croissant. Il y a des
temps où cette lumière cendrée, qui ordinairement
est faible, rencontrant à la surface de la lune des
cavités qui font en quelque sorte l'office de miroirs,
produit des jets éclatans que l'on a pris pour des
flammes lancées par un volcan. Ainsi il ne reste plus
que l'analogie pour conjecturer que la lune, qui, par
sa nature, peut être assimilée à la terre, doit avoir
aussi des volcans, qui de temps en temps donnent
naissance à des explosions, et rejettent hors des cratères des masses plus ou moins considérables, composées de la matière même de la lune, comme cela
a lieu par rapport aux volcans terrestres. Considérons
ce qui arrive à une masse lancée par un de ces derniers volcans : la force de projection tend à élever
cette masse à une certaine hauteur ; de plus, comme
tous les corps de la nature s'attirent réciproquement,
cette masse est réellement attirée par la lune ; mais
cette attraction est très faible en comparaison de celle
que le globe terrestre, beaucoup plus gros que la lune,
exerce sur la même masse ; en sorte que bientôt l'action de ce globe, détruisant à la fois et la force de projection et la force attractive de la lune, détermine la

masse à descendre et à se précipiter vers la surface de la terre. Une autre cause s'oppose à l'effet de la force de projection : c'est la résistance de l'air atmosphérique qui anéantit à chaque instant une partie du mouvement ascensionnel de la masse lancée par le volcan.

Considérons maintenant un corps que l'on suppose lancé par un volcan lunaire. Nous pouvons d'abord écarter l'obstacle qui proviendrait de la résistance de l'atmosphère, parce que la lune n'en a aucune qui soit sensible. Cette opinion est fondée principalement sur ce que, quand des étoiles s'approchent de la position où elles sont cachées par la lune, la lumière qu'elles nous envoient ne parait subir aucune réfraction, comme cela aurait lieu si la lune était entourée d'une atmosphère.

Cela posé, un corps lancé par la lune obéit à trois forces; savoir, la force de projection et l'attraction de la terre, qui tendent toutes les deux à écarter le corps de la lune, et de plus l'attraction de cette dernière planète, qui agit pour ramener le corps à la surface d'où il est parti. Or l'attraction agit en raison directe des masses et en raison inverse du carré de la distance, et l'on sait que la masse de la terre est beaucoup plus considérable que celle de la lune, à peu près dans le rapport de 68,5 à l'unité.

Si les masses de la terre et de la lune étaient égales, il est évident qu'un corps placé à égale distance de l'une et de l'autre, sur la ligne qui joint leurs centres, serait en équilibre, et il ne faudrait que lui imprimer un petit mouvement d'un côté ou de l'autre pour qu'il tombât vers la lune ou vers la terre. Mais parce que la masse de la terre surpasse de beaucoup celle de la lune, on conçoit que le point où il y aurait équilibre doit être beaucoup plus près de la lune que de la terre, pour que cette proximité produise dans l'attraction de la lune une augmentation capable de compenser la perte qui résulte de ce que la masse de la lune est plus petite que celle de la terre.

Imaginons qu'un corps soit lancé de la lune par une force d'impulsion assez grande pour qu'il dépasse tant soit peu le point où il y aurait équilibre. L'attraction de la terre venant à l'emporter sur celle de la lune, le corps continuera de se mouvoir vers la terre ; il entrera dans l'atmosphère de cette planète avec une vitesse qui s'affaiblira graduellement par la résistance de l'air, et il arrivera enfin à la surface de la terre avec la vitesse ordinaire des corps graves.

Il s'agit donc de savoir si la force d'impulsion qui aurait lieu dans le cas présent n'excède pas celle que l'on peut raisonnablement supposer à un corps lancé par un volcan. Or le calcul prouve que la vitesse initiale qui résulterait de cette force est environ quatre fois et demie plus grande que celle qu'une pièce de 24, chargée avec 12 livres de poudre, imprime à un boulet de calibre ; ce qui n'a rien d'extraordinaire, eu égard à ce que l'observation nous apprend sur les effets que les explosions volcaniques sont capables de produire. Dans la même hypothèse, le corps emploierait environ deux jours et demi à tomber sur la surface de la terre.

Plusieurs des physiciens qui ont adopté cette hypothèse, ont expliqué l'inflammation du corps tombé de la lune par le frottement violent et rapide qu'il subirait de la part de l'air, comme nous l'avons déjà dit à l'occasion d'une autre explication.

Au reste, l'hypothèse que je viens d'exposer n'a d'autre but que de faire voir que le fait de la chute des pierres n'est pas impossible par les lois connues de la Mécanique. Elle a même l'avantage d'expliquer comment la plupart des pierres météoriques connues jusqu'ici se ressemblent en général, puisqu'alors elles ont une origine commune. Enfin on peut ramener à la même hypothèse celle de Chladni, qui a pensé que des espèces de petites masses planétaires, après avoir circulé dans l'espace pendant un certain nombre d'années, étaient arrivées assez près de la terre pour obéir à son attraction et tomber à la surface sous la forme de globes enflammés ; car plusieurs des masses rejetées par les volcans de la lune ont dû être lancées sous des directions obliques par rapport à la terre, de manière que l'attraction de cette planète, en se combinant avec leur vitesse projectile, les ait déterminées à décrire d'abord des ellipses autour de la terre ; mais comme ces ellipses devaient avoir beaucoup d'excentricité, les forces perturbatrices exercées par les divers corps célestes avaient une grande influence pour déranger le mouvement

des masses dont il s'agit, en sorte qu'il venait un moment où la force attractive de la terre, devenant prépondérante, déterminait la chute de ces masses.

Plus récemment, Lagrange, qui de son côté s'est
illustré par tant d'applications importantes de la plus
sublime Géométrie, a proposé une autre hypothèse
qui se concilie également avec l'opinion de M. Chladni.
Elle consiste à supposer que la matière des aérolithes
faisait originairement partie du globe terrestre, et
que des fluides élastiques renfermés dans le sein de
ce globe, ayant fait explosion, en ont détaché et lancé
au loin des éclats, qui sont devenus de petites planètes ; en sorte qu'il est arrivé de même un moment
où l'attraction de la terre a déterminé la chute de
ces corps. Le but principal du Mémoire de Lagrange
est de prouver la possibilité que les quatre nouvelles
planètes, découvertes par les astronomes, ne soient
autre chose que des fragmens d'une plus grosse planète qu'une cause extraordinaire a fait éclater, en
sorte qu'ils ont continué à se mouvoir autour du soleil,
comme la planète elle-même dont ils avaient été détachés, à peu près à la même distance, avec des vitesses
égales, mais sous des inclinaisons différentes. Lagrange
trouve, par le calcul, que les vitesses de projection
nécessaires pour produire tous les phénomènes du
même genre sont moindres que douze ou quinze fois
celle d'un boulet de canon ; en sorte que rien ne
répugne à ce que les causes naturelles aient agi avec
de semblables vitesses, de manière à faire naître les

phénomènes dont il s'agit ; et appliquant ensuite le même calcul à un fragment détaché de la terre, il fait voir que la vitesse initiale aurait été augmentée en raison de l'attraction de la terre, qui tendait à diminuer l'effet de l'explosion, mais que cette augmentation ne devait pas être bien considérable.

La loi que je me suis imposée, de n'être ici qu'historien, m'interdit toute comparaison entre les hypothèses que je viens d'exposer. D'ailleurs Lagrange n'a prétendu, ainsi que M. de Laplace, que montrer la possibilité que le fait dont il s'agit ait été produit par la cause qu'il lui assigne. Du reste, ils n'ont prononcé ni l'un ni l'autre sur la réalité de leur hypothèse. Ils connaissent trop bien la différence qui existe entre ce qui est démontré et ce qui n'est que conjectural. S'agit-il de déterminer les grands phénomènes que présentent les mouvemens des astres, ils n'hésitent point à regarder les conséquences qui dérivent de leurs calculs comme marquées du sceau de l'évidence. S'agit-il de ces faits dont l'origine est enveloppée d'obscurité, ils n'affirment rien ; ils réduisent leurs résultats à leur juste valeur, en se contentant de les ranger dans l'ordre des possibles ; et ils acquièrent ainsi un double droit à nos hommages par l'heureuse alliance de la sagesse avec le génie.

J'ajoute que par cette réserve ils ont accordé tacitement à ceux qui envisageaient le phénomène du côté de la Physique, la liberté de faire toutes les questions que pourrait leur suggérer l'observation des faits considérés sous ce rapport. Des savans d'Allemagne se sont permis diverses questions de ce genre, qui ont été recueillies par M. Marcel de Serres, naturaliste d'un mérite distingué, et dont il a fait le sujet d'un Mémoire intéressant qui a paru dans les Annales de Chimie (en mars 1813). On a remarqué, par exemple, que la chute des aérolithes avait lieu de préférence pendant le jour, et qu'on n'en connaissait qu'un seul qui fût tombé pendant la nuit ; qu'elle était arrivée très fréquemment pendant les mois d'été, et rarement pendant l'hiver ; que le temps était ordinairement serein, que quelquefois cependant le phénomène avait été accompagné de tonnerre et de grêle, mais jamais d'une pluie ou d'une neige abondante. Si ces observations sont exactes, on demandera comment le phénomène pourrait s'expliquer par une cause purement mécanique et indépendante de l'ordre des saisons, des heures du jour et de l'état de l'atmosphère.

Ainsi toutes les hypothèses semblent avoir été épuisées, sans qu'aucune paraisse susceptible de donner une solution satisfaisante du problème. Les véritables données qui pourraient y conduire, tiennent probablement à des connaissances qui nous manquent encore. Ainsi, dans l'état actuel des choses, on regarde comme inadmissible l'origine atmosphérique attribuée par quelques savans aux aérolithes, parce qu'on ne conçoit pas comment le fer, le nickel et leurs autres composans, auraient pu se trouver dans l'air et s'y réunir pour former ces corps. Mais sommes-nous suffisamment éclairés sur la manière dont se produisent les métaux? Peut-être qu'un jour la véritable théorie des aérolithes sera développée dans un ouvrage dont un des chapitres expliquera comment l'or et le fer se produisent dans les plantes, et comment s'y opère la synthèse de ces métaux, que nous ne regardons comme simples que parce qu'ils ont résisté jusqu'ici à tous les efforts de l'analyse, et que l'impuissance de nos moyens nous a forcés de supposer que tout est fait lorsque nous ne voyons plus rien à faire, et de confondre les limites de la nature avec celles de nos expériences.

SECONDE ESPÈCE.

FER OXIDULÉ,

(Magnet-eisenstein , W. et K.)

Caractères spécifiques.

Caract. géométr. Forme primitive : l'octaèdre régulier (fig. 165, pl. 103) ; on voit dans les fractures des indices de lames assez sensibles, parallèlement aux faces de ce solide.

Molécule intégrante : le tétraèdre régulier.

Caract. auxil. Non ductile et très magnétique.

Caract. phys. Pesant. spécif., 4,2437...4,9394.

Consistance. Non ductile, cédant assez facilement à la percussion.

Magnétisme. Plus sensible que celui des autres mines.

Couleur de la surface. Gris sombre joint à l'éclat métallique, au moins dans les morceaux cristallisés.

Couleur de la limaille. Noire.

Cassure. Conchoïde.

Caract. chim. Insoluble dans l'acide nitrique.

Analyse du fer oxidulé titanifère du Puy-en-Velai, par Cordier (Journal des Mines, n° 124, p. 256):

Oxide de fer.........	82
Oxide de titane......	12,6
Oxide de mangan.....	4,5
Alumine.............	0,6
Acide chromique......	un atome
Perte...............	0,3
	100,0.

Caractères distinctifs. Entre le fer oxidulé et le fer oligiste. La poussière du premier est décidément noire ; celle de l'autre a une teinte de rouge. Les petits fragmens du fer oxidulé auxquels on présente un barreau aimanté, s'élancent vers lui, même avant le contact ; ceux du fer oligiste ne sont pas enlevés, même au contact. Les formes du fer oxidulé sont ou l'octaèdre régulier, ou quelqu'une de ses modifications; celles du fer oligiste ont pour forme primitive un rhomboïde un peu aigu.

VARIÉTÉS.

Formes déterminables.

1. Fer oxidulé *primitif*. P (fig. 165).

De l'Isle, t. III, p. 178. Incidence de P sur P,
109ᵈ 28′ 16″.

a. Cunéiforme. De l'Isle, t. III, p. 178 ; variété 1.

b. Segminiforme. *Ibid.* ; variété 2.

c. Transposé. En octaèdre, dont une moitié est
censée avoir tourné sur l'autre d'un sixième de circonférence. Voyez le spinelle de même nom, t II,
p. 168. Cette variété a été découverte en Allemagne,
dans une argile schistoïde, par M. Hassenfratz, qui
m'en a donné un cristal très prononcé.

2. *Emarginé*. PBB (fig. 166).

De l'Isle, t. III, p. 179 ; variété 4.

3. *Dodécaèdre*. BB (fig. 167).

En dodécaèdre rhomboïdal. La surface des cristaux est souvent chargée de stries parallèles aux
grandes diagonales des rhombes.

4. *Quadriépointé*. PA.

Formes indéterminables.

Fer oxidulé *lamellaire*.
Spéculaire.
Granulaire.

Terreux. Brun-noirâtre, légèrement caverneux. Magnétisme polaire ordinairement très énergique.

Fuligineux. Très friable, noir-bleuâtre, tachant les doigts. Semblable à une suie dont les grains auraient été agglutinés et réunis en masse. Eisenschwärze? Reuss. Trouvé dans les mines de Nassau-Siegen, par M. Fuchs.

L'aimant naturel appartient plus particulièrement aux variétés granulaire et terreuse, parce qu'en général elles possèdent la vertu polaire à un plus haut degré que les autres. Ce sont les morceaux relatifs à ces variétés que l'on taille pour les armer, et que l'on débite dans le commerce, sous le nom de *pierres d'aimant*.

APPENDICE.

Fer oxidulé *titanifère*. Cordier, Journal des Mines, n° 124, p. 149, et n° 133, p. 51. Plus dur que le fer oxidulé. L'éclat de la cassure approche beaucoup plus de l'éclat vitreux.

Variétés.

1. *Primitif*.
2. *Emarginé*.
3. *Dodécaèdre*.
4. *Granuliforme*.
5. *Arénacé*. Eisensand, W. Sandiger Magneteisenstein, K.

M. Cordier, qui a fait des observations très intéressantes sur les produits volcaniques, a reconnu que les sables ferrugineux qu'on rencontre dans une multitude d'endroits, proviennent des détritus des laves produites par les feux volcaniques.

Ces laves ayant subi, par succession de temps, des altérations qui ont rompu l'agrégation de leurs parties, les eaux ont charrié leurs détritus, parmi lesquels se trouvent les sables dont il s'agit. Dans certains endroits, comme au Puy, dans le ruisseau d'Expailly, le même fer existe en petits cristaux, soit octaèdres, soit dodécaèdres, ou en grains d'un volume plus ou moins sensible, et il est entremêlé de zircons, de grenats et de corindons.

Relations géologiques.

Le fer n'est pas seulement le premier des métaux, par l'abondance avec laquelle il est répandu dans la nature, mais aussi par la grandeur des masses qu'il forme en certains endroits. L'espèce qui nous occupe ici fournit des exemples d'autant plus remarquables de cette dernière manière d'être, qu'on la trouve quelquefois sous la forme de montagnes, qu'on a nommées *indépendantes*, à cause de leur isolement Telle est celle qui existe à Taberg, près de Philip-stadt, en Suède, dans la province de Smolande. Elle avait été observée par Wallerius, célèbre minéralo-giste du même pays, qui, en citant l'endroit dont il s'agit comme gissement du fer oxidulé, ajoute, *ubi*

integer mons hâc minerâ constat, tome II, p. 239.
On sait que le fer de Suède est très recherché dans
toute l'Europe, à cause des excellentes qualités du
fer forgé et de l'acier qu'il fournit, à l'aide des opérations métallurgiques.

Le fer oxidulé occupe aussi un rang parmi les
roches, à raison des couches puissantes qu'il forme
dans les montagnes primitives, et en particulier dans
celles de gneiss. Suivant M. Jameson, le fer de Dannemora, en Uplande, et celui de Kasamar en Sibérie, ont leur gissement dans les granites de première
formation. J'ai dans ma collection un morceau qui
vient de Dannemora, et qui offre des indices de ce
gissement. Il est traversé par des veines de quarz
mêlé de feldspath rouge, et d'une matière verdâtre,
qui paraît être de l'épidote.

D'après l'esquisse que M. Maclure, savant minéralogiste américain, a tracée de la Géologie des États-
Unis, on trouve aussi dans différens endroits de ce
pays des couches de fer oxidulé qui traversent les
terrains primitifs.

Le fer oxidulé entre aussi accidentellement, sous
la forme de cristaux ou de petites masses, dans la
composition de diverses roches primitives, en Chine,
dans le granite qui renferme le corindon ; en Suède,
dans le talc schistoïde ; il y est en gros octaèdres primitifs recouverts d'une enveloppe de ce même talc ;
en Corse, il est disséminé, sous la forme de petits octaèdres primitifs, dans le talc stéatite. On le trouve

aussi sous la même forme, mais ordinairement en très petits cristaux, dans le schiste tégulaire, vulgairement ardoise.

Les serpentines, en général, sont toutes pénétrées de fer oxidulé, quelquefois en grains visibles, et plus souvent en particules imperceptibles, dont on reconnaît l'existence à l'action que cette roche exerce sur l'aiguille aimantée. Quelques morceaux ont la vertu polaire.

Parmi toutes les roches qui renferment du fer oxidulé, il en est une qui est remarquable et qui est connue sous le nom de *granite magnétique* du roc Schnarcherklippe au Hartz. On n'y aperçoit aucun indice de fer, et cependant le feldspath, qui compose en grande partie ce granite, a la vertu polaire.

Le fer oxidulé joue aussi un grand rôle dans la formation accidentelle des filons. Tel est celui de Norwége, qui est accompagné d'épidote et de quelques autres substances terreuses, telles que le quarz, le mica et la tourmaline.

Les terrains regardés comme volcaniques par une partie des minéralogistes, contiennent une grande quantité de fer oxidulé imperceptiblement disséminé, et quelquefois sous des formes cristallines. Les roches rejetées par le Vésuve renferment aussi des cristaux primitifs de fer oxidulé, qui exercent une forte action sur l'aiguille aimantée.

Il paraît que tout ce qu'on a nommé *fer oxidulé arénacé* appartient à la variété titanifère.

A l'égard des variétés auxquelles on a donné le nom d'*aimant* on les trouve principalement en Sibérie, en Norwége, en Suède, en Angleterre dans le Devonshire, et dans quelques autres pays.

Annotations.

La théorie de l'aimant ne doit pas être étrangère au naturaliste, surtout à celui qui s'occupe de Géologie, puisque c'est du globe terrestre qu'émanent les forces qui dirigent le fer suspendu librement. Æpinus, guidé par l'observation des pôles de la tourmaline, qui s'offrait à ses yeux comme une espèce de petit aimant électrique, conçut et exécuta en partie l'idée heureuse de lier, dans une même théorie, les phénomènes du magnétisme et ceux de l'électricité. Coulomb, en reprenant cette idée au point où l'avait laissée Æpinus, l'a développée d'une manière si neuve et si savante, qu'il semble avoir plutôt créé la science, que perfectionné ce qui en existait jusqu'alors (*).

(*) La nécessité où nous sommes de nous borner ici à ce qui intéresse plus particulièrement le minéralogiste, ne nous permettra que d'indiquer quelques-uns des résultats de ce célèbre physicien. Ceux qui voudront prendre une connaissance plus approfondie de sa théorie, peuvent

Avant de décrire les phénomènes du magnétisme naturel, nous exposerons succinctement les notions élémentaires indispensables pour les bien saisir.

Quoique le fluide magnétique soit assujetti aux mêmes lois que le fluide électrique, il en diffère cependant par sa nature et par ses propriétés, au moins dans l'état actuel de nos connaissances ; car outre qu'il ne se développe que dans le fer, ou tout au plus dans deux ou trois métaux, il ne se transmet point d'un de ces corps à l'autre, ainsi que nous le dirons dans un instant, au lieu que ces mêmes corps sont d'excellens conducteurs du fluide électrique.

Nous considérons le fluide magnétique, de même que le fluide électrique, comme étant composé de deux fluides particuliers, dont telle est la manière d'agir, que les molécules de chacun se repoussent mutuellement en raison inverse du carré de la distance, et attirent les molécules de l'autre fluide suivant la même loi. Coulomb a démontré l'existence de cette loi par des expériences aussi décisives que celles qui l'établissent relativement au fluide électrique.

Tant que le fer ne donne aucun signe de magnétisme, les deux fluides restent intimement unis ou se neutralisent mutuellement ; mais dans le passage

---

consulter les Mémoires qu'il a publiés, parmi ceux de l'Académie des Sciences, an 1785 et suiv., ou le Traité de Physique, t. II, p. 58.

à l'état de magnétisme sensible, ils se dégagent, ou, ce qui revient au même, le fluide total qui naît de leur combinaison se décompose, en sorte que la partie de l'aimant qui se dirige librement vers le nord, devient le siége de l'action exercée par l'un des fluides, et que celle qui regarde le sud, manifeste l'action de l'autre fluide.

A l'égard des dénominations qu'il convient de donner à ces fluides, celles de *fluide boréal* et de *fluide austral* se présentent tout naturellement. Mais il y a, par rapport à l'application de ces noms aux deux pôles de l'aimant, une observation à faire, qui tient à la manière de dénommer ces pôles eux-mêmes. Suivant l'acception commune, le pôle boréal est celui qui se tourne spontanément vers le nord, et le pôle austral celui qui regarde le midi. Mais nous verrons dans la suite que le globe terrestre fait la fonction d'un véritable aimant. Nous verrons de plus que deux aimans se repoussent par les pôles de même nom, et s'attirent par les pôles de différens noms. Il en résulte que, dans une aiguille aimantée, l'extrémité tournée vers le nord est dans l'état contraire à celui du pôle de notre globe situé dans la partie du nord; et comme ce dernier pôle doit être le véritable pôle boréal, relativement au magnétisme, ainsi qu'il l'est à l'égard des quatre points cardinaux, il paraît plus convenable de donner le nom de *pôle austral* à l'extrémité de l'aiguille qui est tournée vers le nord, et celui de *pôle boréal* à l'extrémité

opposée. Nous adopterons, en conséquence, ces dénominations, qui sont maintenant usitées en Angleterre et en France; et, par une suite nécessaire, nous
nommerons *fluide austral* celui qui sollicite la
partie de l'aiguille la plus voisine du nord, et *fluide
boréal*, celui qui réside dans la partie située vers le
midi.

Il en est du magnétisme comme il en serait de
l'électricité, s'il n'existait dans la nature que des
corps parfaitement isolans. Chaque aimant n'a jamais
que sa quantité naturelle de fluide, qui est constante,
en sorte qu'il ne peut ni recevoir d'ailleurs une
quantité de fluide additionnel, ni céder de celui
qu'il possède par sa nature, et que le passage à l'état
de magnétisme dépend uniquement du dégagement
des deux fluides qui composent le fluide naturel, et
de leur mise en activité dans les parties opposées
du fer.

Cette théorie exclut, comme l'on voit, les atmo-
sphères et les effluves magnétiques, dont l'existence
est d'ailleurs contredite par une partie des faits, et
qui n'offrent, à l'égard des autres, que des explications vagues et lâches, ce qui est ne rien expliquer.
Nous leur substituons des forces dont la loi démon-
trée, à l'aide d'une première observation, sert ensuite à lier étroitement tous les faits entre eux, par
les méthodes rigoureuses du calcul; et l'idée des
deux fluides dans lesquels nous faisons résider ces
forces, idée dont la théorie pourrait absolument se

passer, ne sera, si l'on veut, qu'une hypothèse propre à aider nos conceptions, en les rapportant à des êtres qui font image, et qui sont, du moins à notre égard, comme s'ils existaient réellement.

Plus le fer est dur, et plus les deux fluides éprouvent de difficulté à se mouvoir dans ses pores, et en général cette difficulté est supérieure de beaucoup à la résistance que les corps même les plus isolans, opposent au mouvement interne des fluides dégagés de leur fluide naturel. Coulomb compare cette résistance au frottement, et lui donne le nom de *force coërcitive*. C'est elle qui maintient pendant si long-temps l'énergie des aimans en balançant la tendance qu'ont les deux fluides à se réunir, en vertu de leur attraction mutuelle.

Les phénomènes magnétiques, ainsi que les phénomènes électriques, dépendent, d'après ce qui a été dit plus haut, des actions simultanées de quatre forces; savoir, deux attractions et deux répulsions, lesquelles se balancent mutuellement dans le fer qui ne donne aucun signe de magnétisme.

Supposons maintenant que l'on présente deux aimans l'un à l'autre. Ces corps se trouveront alors dans le même cas que deux corps isolans qui ont une de leurs parties électrisée vitreusement, et l'autre résineusement. Il en résulte que si les aimans tournent l'un vers l'autre leur pôle austral ou leur pôle boréal, il doit y avoir répulsion, et que si, au contraire, le pôle austral de l'un regarde le pôle boréal de l'autre, il y aura attraction. Ces résultats se démontrent à l'aide d'un raisonnement semblable à celui que nous avons fait relativement à deux tourmalines électrisées. Il n'y a que les noms à changer.

Si l'on place un barreau de fer non aimanté MN (fig. 168) vis-à-vis d'un aimant AB, de manière qu'il se trouve dans la sphère d'activité de cet aimant, on jugera, en appliquant encore ici ce que nous avons dit d'un corps électrisé à l'égard d'un autre corps dans l'état naturel, que le barreau doit acquérir lui-même la vertu magnétique, en conséquence de l'action que l'aimant exerce sur lui ; de sorte que si A est le pôle austral de l'aimant, M deviendra le pôle boréal du barreau , ou réciproquement. Il y aura donc, dans tous les cas, attraction entre les deux corps.

On conçoit, d'après ce qui vient d'être dit, qu'il n'y avait pas lieu à la surprise qu'ont témoignée quelquefois les minéralogistes, en voyant que certains minéraux ferrugineux, tels que des serpentines, se trouvaient incapables de soulever une parcelle de fer, quoiqu'ils manifestassent des pôles, et agissent par attraction et par répulsion sur le barreau aimanté: car les forces étaient toutes préparées d'avance, de part et d'autre, pour un effet d'ailleurs aussi facile à produire que le dérangement d'équilibre d'un barreau suspendu sur son pivot. Mais les corps dont il s'agit n'auraient pu soulever une molécule de limaille, sans faire naître dans celle-ci une des forces nécessaires à l'effet, c'est-à-dire sans la convertir elle-même en aimant, par le déplacement de son fluide, ce qui exigeait de la part de ces corps une énergie dont ils n'étaient pas capables.

J'ai parlé, à l'article de la tourmaline, d'un fait singulier que présentaient les corps de cette espèce, et qui consiste en ce qu'un fragment détaché d'une de leurs extrémités, lorsqu'ils ont été chauffés, se trouve à l'instant pourvu de deux pôles électriques, comme la tourmaline entière. De même si l'on coupe un aimant par un bout, le fragment se change tout à coup en aimant complet, quoique la moitié dont il faisait partie fût dans un seul état de magnétisme. Je vais exposer ici, dans un grand détail, la solution très heureuse qui se déduit de la théorie de Coulomb, relativement à cette espèce de paradoxe; et comme cette solution tient à la manière dont le fluide magnétique est distribué dans l'intérieur d'un aimant, je commencerai par donner une idée de cette distribution, en exposant, autant qu'on peut le faire à l'aide du raisonnement, le système de forces dont elle dépend.

Coulomb considère chaque molécule d'un aimant comme étant elle-même un petit aimant dont le pôle nord est contigu au pôle sud de la molécule qui précède ou de celle qui suit, et réciproquement. S'il pouvait exister une aiguille magnétique infiniment déliée, et qui ne fût composée que d'une série unique de molécules ou de petites aiguilles partielles c, d, f, g, h, etc. (fig. 169), toutes les quantités de fluide libre, soit boréal, soit austral, d'où naîtraient les forces polaires de ces différentes molécules, seraient égales; en sorte que chaque pôle, excepté le pôle a de l'aiguille c et le pôle b de l'aiguille r, étant contigu à un pôle de nom différent, sollicité par une égale quantité de fluide, la force de l'un balancerait celle de l'autre, et toute l'activité de l'aiguille totale résiderait dans les extrémités. Car si quelque chose pouvait troubler l'égalité dont nous venons de parler, ce seraient les actions isolées des extrémités sur les aiguilles intermédiaires. Mais ces extrémités n'étant que de simples points, les quantités de fluide correspondantes seraient des masses infiniment petites, dont les forces, s'exerçant à des distances qui, dans ce cas, seraient censées infinies, se réduiraient à zéro.

Concevons maintenant une infinité d'aiguilles qui, étant d'abord dans le même état que la précédente, se réunissent autour d'elle en forme de faisceau, de manière que tous leurs pôles soient tournés dans le même sens que les siens, et examinons leurs actions sur cette aiguille. Alors les forces combinées des extrémités, ayant pour siéges des surfaces au lieu de simples points, deviendront infinies par rapport à ce qu'elles étaient dans l'hypothèse d'une seule aiguille. Soit A la force totale des pôles sud, et B celle des pôles nord : la force A agira pour repousser le fluide a et pour attirer en sens contraire le fluide b

contenu dans chaque aiguille partielle c, d, f, g, etc.,
et son action deviendra plus faible à mesure que la
distance augmentera. La force B, de son côté, agira
pour produire des effets analogues dans des directions opposées. Mais comme toutes les aiguilles partielles, renfermées dans chaque moitié de l'aiguille
totale, sont plus voisines de l'une des forces A ou B
que de l'autre, nous pouvons supposer que chacune
de ces forces agisse seulement sur les aiguilles situées dans la moitié qui est tournée de son côté,
avec une intensité égale à la différence entre les deux
actions.

Il résulte de ce qui vient d'être dit, 1° que le fluide
naturel se recomposera en partie dans chaque petite
aiguille c, d, f, g, etc., par la réunion des deux
quantités de fluide a et b qui se mouvront l'une vers
l'autre; 2° que la portion de fluide recomposé ira en
diminuant dans les diverses aiguilles, depuis chaque
extrémité jusqu'au milieu, ou, ce qui revient au
même, la portion de fluide qui restera libre ira en
augmentant dans le même sens (*).

(*) Je n'ai considéré que les actions des extrémités sur
les points intermédiaires, en sorte que l'explication que je
viens de donner n'est relative qu'à ce qui se passe dans
l'instant même de la jonction de toutes les aiguilles qui composent le faisceau; car lorsque les forces des aiguilles partielles c, d, f, g, etc., sont devenues inégales, ces aiguilles
agissent à leur tour sur toutes les autres, et réciproquement. Mais comme les plus grandes forces sont aux extré-

Cela posé, il est facile de voir que le pôle austral *a*
de la molécule *g*, par exemple, étant plus fort que
le pôle boréal *b* de la molécule *f*, la force du premier
peut être considérée comme étant composée de deux
forces, dont l'une est équilibrée et détruite par la
force boréale de *f*, et l'autre, qui dépasse le point
d'équilibre, reste en activité. En appliquant ce raisonnement aux autres molécules, on en conclura
que l'état de l'aiguille deviendra le même que si
toutes les molécules situées dans la première moitié,
depuis *c* jusqu'à *h*, n'étaient sollicitées que par du
fluide austral, et si toutes celles de l'autre moitié,
depuis *r* jusqu'en *k*, étaient seulement dans l'état
de magnétisme boréal, et cela de manière que dans
les points qui correspondent, de part et d'autre, à
des distances égales des extrémités, les quantités de
fluide en activité seront aussi égales. Or, chacune
des aiguilles qui forment le faisceau étant de même
en prise à l'action de toutes les autres, l'état du
faisceau entier s'assimilera à celui de l'une quelconque des aiguilles composantes; et cet aperçu peut
nous aider à concevoir, en général, la distribution
des fluides dans un aimant considéré comme un
faisceau d'aiguilles magnétiques infiniment déliées.

---

mités, l'explication se rapproche toujours jusqu'à un certain point de la réalité, et sert du moins à faire entrevoir
le véritable résultat auquel on ne peut être conduit que
par un calcul rigoureux.

Maintenant la loi suivant laquelle décroissent, en allant des extrémités vers le milieu, les quantités de fluide actif, soit austral, soit boréal, qui sollicitent les deux moitiés de l'aimant, doit être telle, qu'il y ait équilibre entre toutes les forces de ces quantités de fluide, en supposant que ces mêmes forces agissent les unes sur les autres en raison inverse du carré de la distance. Or, la théorie fait voir que, dans cette hypothèse, les quantités de fluide dont il s'agit décroissent rapidement, en partant des extrémités, jusqu'à une assez petite distance, passé laquelle le décroissement se fait avec beaucoup de lenteur. Il en résulte que dans un aimant les centres d'action sont peu éloignés des extrémités, et que l'action des parties qui se rapprochent du centre est presque nulle, ce que nous avons vu avoir également lieu pour les tourmalines.

Nous sommes à présent en état de concevoir ce qui arrive, lorsqu'on détache d'un aimant une partie située vers l'une des extrémités. Car il est d'abord évident que le fragment commencera par un pôle austral et finira par un pôle boréal. De plus, les forces de ces deux pôles qui n'étaient pas égales au moment de la séparation, le deviendront ensuite par une nouvelle distribution des fluides, conformément aux lois de l'équilibre; en sorte que le fragment aura, ainsi que l'avait l'aimant entier, ses deux moitiés animées de forces égales et contraires.

Passons maintenant à l'exposition des phénomêmes produits par le magnétisme naturel. Si l'on porte une aiguille aimantée successivement à différens points du globe, il y en aura quelques-uns où sa direction coïncidera exactement avec le méridien du lieu. Mais dans d'autres points, elle s'écartera du plan de ce cercle, tantôt vers l'orient, tantôt vers l'occident, et la quantité de l'écartement variera suivant les lieux. On a donné à cette déviation le nom de *déclinaison*.

Pour mesurer la déclinaison, on suppose un plan vertical qui passe par la direction de l'aiguille. L'angle formé par ce plan avec le méridien du lieu, donne la quantité de la déclinaison, et l'on appelle *méridien magnétique* le cercle qui coïncide avec le plan dont il s'agit.

L'aiguille est sujette à une autre espèce de déviation. Supposons qu'étant en équilibre sur son pivot, avant d'être aimantée, elle se trouvât située dans un plan exactement parallèle à l'horizon. Dès qu'elle aura reçu la vertu magnétique, elle prendra une position plus ou moins inclinée par rapport à ce cercle, excepté à certains endroits de la terre. On a donné à cette seconde déviation le nom d'*inclinaison*.

Si l'on part de l'un des endroits où la déclinaison est nulle, et qu'on s'avance vers le nord ou vers le sud, on pourra passer par une suite de points où elle sera pareillement nulle. Mais ces points ne se trouveront pas sur un même méridien ; ils formeront une courbe irrégulière, qui aura des inflexions en différens sens.

Halley est un des premiers qui ait entrepris de tracer sur une mappemonde ces suites de points où la déclinaison est zéro, et que l'on a appelées *bandes sans déclinaison*. On a observé jusqu'ici plusieurs bandes sans déclinaison, qui ont été suivies par les marins, jusqu'à des latitudes plus ou moins considérables.

Mais de plus, la déclinaison varie avec le temps dans un même lieu, et ses variations ne croissent point dans le même rapport que le temps, en sorte que les bandes sans déclinaison changent continuellement et de position et de figure. A Paris, la déclinaison était nulle en 1666; aujourd'hui elle est d'environ 22^d vers l'ouest.

Ce n'est pas tout encore. L'aiguille est sujette à une variation diurne particulière, que personne n'a observée avec plus de soin que Cassini (*), et en vertu de laquelle sa direction, du moins à Paris, s'écarte un peu du pôle, depuis environ huit heures du matin jusqu'à deux ou trois heures après midi, et s'en rapproche ensuite jusqu'à environ neuf heures du soir, après quoi l'aiguille reste stationnaire jusqu'au lendemain. Elle fait ainsi continuellement de petites oscillations, dont telle est la marche générale, que

---

(*) De la déclinaison et des variations de l'aiguille aimantée. Paris, 1791.

la somme des mouvemens qui ont lieu vers l'ouest l'emporte sur celle des mouvemens en sens contraire, de manière que la déclinaison va en augmentant du même côté.

Enfin, on a remarqué que les forces qui sollicitent l'aiguille vers les mouvemens dont nous venons de parler, éprouvaient de petites perturbations passagères, qui faisaient varier les époques et les directions de ses oscillations diurnes, et qui dépendaient de certaines causes locales, telles que les aurores boréales, les neiges, les brouillards, les vents d'est et les tremblemens de terre.

L'inclinaison de l'aiguille a aussi ses variations, qui deviennent surtout sensibles lorsque l'on change de latitude. Elle est nulle à peu près à l'équateur, de manière que tous les points où l'aiguille est exactement parallèle à l'horizon forment une courbe irrégulière, qui coupe l'équateur sous de petits angles. À mesure que l'on s'écarte de ce cercle, en allant vers un pôle ou vers l'autre, l'inclinaison va en augmentant, de sorte que l'extrémité de l'aiguille, qui regarde le pôle voisin, s'abaisse continuellement en dessous de sa première position. Cette variation ne suit pas le rapport des latitudes. La plus grande inclinaison dont on ait encore parlé est de 82^d, et a été observée par Phipps à $79^d\ 44'$ de latitude méridionale, et 131^d de longitude. L'inclinaison varie aussi avec le temps dans un lieu donné.

Plusieurs physiciens célèbres, entre autres Halley

et Æpinus, ont fait dépendre la direction des aiguilles magnétiques, de l'action d'un très gros aimant, de figure sphérique ou à peu près, qui formait comme le noyau du globe terrestre. Pour
expliquer la déclinaison et sa variation annuelle, la
seule qui fût alors connue, Halley supposait que ce
noyau magnétique avait quatre pôles, dont deux
étaient fixes, et les deux autres avaient un mouvement très lent autour des premiers.

Mais pour que cette hypothèse fût admissible, il
faudrait, comme le remarque très bien Æpinus (*),
que les courbes qui passent, soit par les points où la
déclinaison est nulle, soit par ceux où elle est d'un
nombre donné de degrés, conservassent constamment
la même figure et ne fissent que changer de position
autour du globe, ce qui est loin d'être prouvé.

Æpinus propose, mais avec une sage réserve, une
autre explication qui s'adapte au cas où les courbes
dont nous venons de parler changeraient de figure
avec le temps. Il serait possible alors, selon ce savant physicien, que la déclinaison de l'aiguille aimantée provînt en général de la figure irrégulière
du noyau magnétique du globe, ou d'une distribution inégale du fluide dans son intérieur; et pour
rendre raison de la variation de cette déclinaison,
ainsi que de celle de l'inclinaison, dans un même
lieu par succession de temps, on pourrait supposer

(*) *Tentamen theoriæ electr. et magnet.*, p. 270 et 271.

que la figure du noyau ou la distribution du fluide qu'il renferme fût elle-même variable. Æpinus présume aussi que l'action des mines de fer répandues dans le sein du globe, pourrait influer sur la variation dont il s'agit, et que peut-être même elle en est la seule cause (*).

Suivant M. Prevost, il n'est pas nécessaire de recourir à un noyau particulier pour expliquer le magnétisme naturel; il suffit que la décomposition du fluide magnétique, qui ne se fait que dans l'intérieur du fer par les moyens que nous avons à notre disposition, puisse avoir lieu, même hors de ce métal, par des causes naturelles plus puissantes que les agens de l'art, et dont l'influence permanente maintiendrait les deux pôles du globe dans deux états de magnétisme opposés (**).

A l'égard de la variation diurne en déclinaison, M. Canton a cru pouvoir l'expliquer par la diminution de force attractive que la chaleur des rayons solaires devait occasionner dans le noyau magnétique du globe. Cette diminution ayant lieu le matin, par rapport aux parties situées vers l'Est, l'aiguille moins attirée de ce côté, devait décliner vers l'Ouest; et l'effet opposé devait avoir lieu pendant l'après-midi (***).

(*) *Tentamen theoriæ electr. et magnet.*, p. 268, 271 et 334.

(**) De l'origine des forces magnétiques, p. 200 et suiv.

(***) Voyez le Journal des Mines, n° 20, p. 54, où cette opinion est discutée par le célèbre Saussure.

Tout ce qu'il y a de certain jusqu'ici sur cette matière, c'est que le globe terrestre fait la fonction d'aimant par rapport aux aiguilles magnétiques. Mais pour déterminer sa manière d'agir, il faudrait savoir si les variations de l'aiguille peuvent se ramener à une loi susceptible d'être représentée. Cette connaissance exigerait des observations comparatives plus multipliées et plus exactes que celles qui ont été faites précédemment; et l'on peut dire qu'à cet égard, la science n'est pas encore mûre pour les théories.

Outre les faits généraux que nous venons de citer, on en a observé plusieurs qui sont précieux, en ce qu'ils ont une uniformité qui doit les faire regarder comme des principes secondaires, dont on peut tirer des conséquences certaines, en attendant une connaissance plus parfaite des causes dont ils dépendent. Aussi Coulomb les a-t-il adoptés parmi les données qui lui ont servi de bases pour établir sa théorie.

L'un de ces faits consiste en ce que, si l'on écarte une aiguille de son méridien magnétique, la force que le globe exerce sur elle pour l'y ramener, décomposée suivant une direction perpendiculaire à l'aiguille, est toujours proportionnelle au sinus de l'angle que fait cette aiguille avec le méridien magnétique. On a donné à cette force le nom de *force directrice*.

D'une autre part, la force qui sollicite l'aiguille

vers le retour au méridien magnétique, estimée
dans le sens d'une résultante parallèle à ce méridien, est une force constante, quel que soit le
nombre de degrés dont l'aiguille diverge par rapport à son méridien ; et de plus elle passe toujours
par un même point de l'aiguille, situé dans la moitié
qui répond au pôle boréal du noyau magnétique,
si l'expérience se fait dans une des contrées du
nord, ou au pôle austral, dans le cas contraire. Ce
résultat est intimement lié avec celui qui donne la
force directrice proportionnelle au sinus de l'angle
de divergence, en sorte qu'en le prenant pour donnée,
on peut en déduire l'autre par le calcul, ou réciproquement.

L'aiguille suspendue librement est maintenue dans
sa position par des forces dont les unes la tirent vers
le nord, et les autres vers le midi. Or, l'expérience
fait voir que ces forces contraires sont égales entre
elles. Bouguer avait conclu cette égalité, de ce qu'un
fil auquel était suspendue par le milieu une aiguille
aimantée, conservait exactement son à-plomb. Coulomb a vérifié le même résultat par un moyen bien
simple, qui consiste à peser l'aiguille avant de l'ai-
manter, et ensuite après l'avoir aimantée. Le poids
étant absolument le même dans les deux cas, on
en conclut que les forces qui sollicitent l'aiguille
vers le nord sont égales à celles qui la sollicitent
vers le midi, parce que si les unes l'emportaient
sur les autres, leur excès se composerait avec la

gravité pour changer la pression exercée par l'aiguille sur la balance.

Cet effet se concilie assez bien avec l'hypothèse d'un noyau magnétique, dont les deux centres d'action sont à une distance de l'aiguille incomparablement plus grande que la longueur de cette aiguille : car la force de chaque centre étant répulsive par rapport à l'un des pôles de l'aiguille, et attractive à l'égard du pôle contraire, l'attraction devient sensiblement égale à la répulsion, dans le cas où les distances auxquelles s'exercent ces deux actions ne diffèrent que d'une quantité presque infiniment petite par rapport à elles-mêmes. Ainsi les deux actions de chaque centre sur les deux pôles, étant égales et opposées entre elles, il y aura pareillement équilibre entre la somme des actions des deux centres sur un des pôles de l'aiguille et celle des actions relatives à l'autre pôle; mais si l'on tenait une aiguille suspendue au-dessus d'un barreau aimanté, de manière qu'elle fût plus voisine d'un des centres que de l'autre, on la verrait s'approcher davantage du premier, et le fil de suspension dévierait de ce côté, parce qu'alors la distance à laquelle chaque centre du barreau agirait sur les deux pôles de l'aiguille, serait comparable à la longueur de cette aiguille.

Il nous reste à parler du magnétisme des mines de fer situées dans l'intérieur du globe.

On a quelquefois observé que des morceaux d'aimant qu'on venait de retirer de la terre, et qu'on laissait dans la même position où ils étaient avant l'extraction, avaient leurs pôles situés en sens inverse de celui qui aurait dû avoir lieu dans l'hypothèse où ces morceaux auraient acquis leur magnétisme par l'action d'un aimant situé au centre du globe. Pour lever la difficulté qui paraît en résulter contre l'existence de cet aimant, il faut simplement supposer avec Æpinus, qu'il se forme naturellement dans les mines d'aimant des *points conséquens*, analogues à ceux que l'on observe quelquefois par rapport au fer que nous aimantons par les procédés ordinaires. On appelle ainsi une suite de pôles contraires qui se succèdent dans un même corps, et qui proviennent de ce que le fluide venant à s'engorger et à s'accumuler dans quelque endroit de ce corps, agit ensuite pour produire dans l'endroit voisin le magnétisme contraire à celui de l'espace dans lequel réside ce fluide accumulé : or, il est très possible que quand on détache un fragment de mine dans laquelle il y a une série de points conséquens, la séparation se fasse de manière que les deux pôles qui terminent le fragment, soient autrement tournés que dans les morceaux qui ont reçu le magnétisme ordinaire.

Les minéralogistes ont regardé comme une espèce particulière de mine de fer, qu'ils ont nommée *aimant*, celle qui a les deux pôles magnétiques; c'était le *ferrum attractorium* de Linnæus. Parmi les autres mines, celles qui n'avaient point de pôles distincts, mais seulement la faculté d'être attirées par le barreau aimanté, s'appelaient *ferrum retractorium* : enfin, on nommait *ferrum refractarium*, celles qui se refusaient à l'action de ce barreau. Delarbre annonça, en 1786, que les fers spéculaires de Volvic, du Puy-de-Dôme et du Mont-Dore, avaient deux pôles bien marqués (*) ; et j'ai entendu parler d'une observation semblable faite sur un cristal de fer octaèdre de Suède, ou de quelque autre endroit ; mais il restait un sujet de surprise à la vue de tant d'autres corps qui, renfermant une certaine quantité de fer à l'état métallique, avaient séjourné si long-temps dans le sein de la terre, sans paraître avoir participé à l'action qui avait converti les premiers en aimans.

J'ai entrepris de faire des expériences pour éclaircir ce point de Physique ; mais j'ai considéré d'abord que si j'employais un barreau d'une certaine force, comme on le fait communément, pour éprouver le magnétisme des mines de fer, il pourrait arriver que des corps qui ne seraient que de faibles aimans, attirassent indifféremment les deux pôles du barreau ; parce que, dans le cas où l'on présenterait, par

____

(*) Journal de Physique, même année, p. 119 et suiv. Romé de l'Isle avait déjà dit la même chose par rapport à une mine de fer spéculaire de Philadelphie. Crist., t. III, p. 187, note 35.

exemple, le pôle boréal du corps soumis à l'expérience, au pole boréal du barreau, la force de celui-ci pourrait détruire le magnétisme de l'autre, et de plus le faire passer à l'état contraire, ce qui changerait la répulsion en attraction. Je pris donc une aiguille qui n'avait qu'un assez léger degré de vertu, semblable à celui dont on garnit les petites boussoles à cadran. Dès cet instant, tout devint aimant entre mes mains. Les cristaux de l'île d'Elbe, ceux du Dauphiné, de Framont, de l'île de Corse, etc., repoussaient un des pôles de la petite aiguille par le même point qui attirait le pôle opposé. Je trouvai très peu d'exceptions; et peut-être les corps qui sont dans ce cas ont-ils perdu leur magnétisme, depuis qu'ils ont été retirés de la terre : ce qui peut le faire présumer, c'est la facilité avec laquelle ils acquièrent des pôles lorsqu'on les met en contact seulement une ou deux secondes avec un barreau d'une force moyenne. Il serait possible d'ailleurs que quelques cristaux eussent échappé à l'action du magnétisme du globe, pour avoir été situés de manière que leur axe fût perpendiculaire à la direction du méridien magnétique de leur lieu natal.

Il me vint en idée qu'il pourrait se faire qu'un cristal à l'état d'aimant, parût, en conséquence de cet état même, n'avoir aucune action sur un autre aimant. Pour vérifier cette conjecture, je substituai à l'aiguille le barreau dont on se sert ordinairement, et je présentai à l'un des pôles de ce barreau un cristal de l'île d'Elbe, par le pôle de même nom. Le barreau n'ayant à peu près que la force nécessaire pour détruire le magnétisme du pôle qu'on lui présentait, il n'y eut ni attraction ni répulsion sensible de ce côté; tandis que le même pôle du cristal, présenté à l'autre pôle du barreau, faisait mouvoir celui-ci. On voit par là qu'en se bornant à une seule observation, on pourrait en tirer une conclusion très opposée à la vérité.

Il restait à dissiper une petite incertitude relativement aux résultats que je viens d'énoncer. Lorsqu'on présente un morceau de fer non aimanté, par exemple une clef, dans une position verticale, ou à peu près, au pôle austral d'une aiguille aimantée, ce pôle est toujours repoussé par le bout inférieur de la clef, tandis que le même bout attire le pôle boréal (*) : c'est l'effet du magnétisme que l'action du globe terrestre communique à la clef, et qui est si fugitif, que si l'on renverse la position de cette clef, à l'instant les effets contraires auront lieu; mais on ne pouvait pas dire que les cristaux soumis à l'expérience fussent dans la même circonstance que cette clef, soit parce que leur action était constante, quelle que fût la position qu'on leur donnait, soit parce qu'il s'en trouvait dont l'extrémité inférieure re-

____

(*) Je suppose ici que l'observation se fasse dans nos contrées.

poussait le pôle boréal de l'aiguille, et attirait son pôle austral.

Il résulte de ces observations, que tous les morceaux de fer enfouis dans la terre, qui n'abondent pas trop en oxigène, ou du moins la très grande partie, sont des aimans naturels, qui seulement varient par leur degré de force entre des limites très étendues : en conséquence, l'aimant ne doit pas former une espèce à part en Minéralogie ; et ce qu'on appelle communément de ce nom, n'est que le premier terme et le mieux prononcé d'une série où la nature marche par nuances, à son ordinaire, et où nous pouvons la suivre de très loin, en employant des moyens assortis à la délicatesse des mêmes nuances. Seulement il convient d'indiquer la variété qui, à raison de son énergie, a porté seule, pendant si long-temps, le nom d'*aimant*, et qui a donné naissance à la boussole, présent inestimable que la Minéralogie, aidée de la Physique, a fait à l'art nautique, et dont les avantages ont reflué sur l'art même des mines.

FIN DU TROISIÈME VOLUME.

TABLE DES MATIÈRES

DU TOME TROISIÈME.

SUITE DE L'APPENDICE A LA CLASSE DES SUBSTANCES MÉTALLIQUES HÉTÉROPSIDES.

FIN DE LA TABLE DES MATIÈRES DU TOME TROISIÈME.